全国中等职业技术学校电子类专业教材

数字电路基础

（第二版）

人力资源社会保障部教材办公室组织编写

中国劳动社会保障出版社

简介

本书主要内容包括组合逻辑电路、脉冲产生与变换电路、时序逻辑电路、A/D 与 D/A 转换器的应用，以及综合与拓展任务。

本书由朱春萍主编，朱文彬、杜宏伟、陈嘉参加编写；朱伟审稿。

图书在版编目(CIP)数据

数字电路基础/人力资源社会保障部教材办公室组织编写. —2 版. —北京：中国劳动社会保障出版社，2017

全国中等职业技术学校电子类专业教材

ISBN 978-7-5167-3054-6

Ⅰ. ①数… Ⅱ. ①人… Ⅲ. ①数字电路-中等专业学校-教材 Ⅳ. ①TN79

中国版本图书馆 CIP 数据核字(2017)第 155156 号

中国劳动社会保障出版社出版发行

（北京市惠新东街 1 号 邮政编码：100029）

*

河北鹏盛贤印刷有限公司印刷装订 新华书店经销

787 毫米×1092 毫米 16 开本 15.25 印张 305 千字

2017 年 7 月第 2 版 2025 年 11 月第 14 次印刷

定价：28.00 元

营销中心电话：400-606-6496

出版社网址：http://www.class.com.cn

http://jg.class.com.cn

前言

为了更好地适应全国中等职业技术学校电子类专业的教学要求，全面提升教学质量，人力资源社会保障部教材办公室组织有关学校的骨干教师和行业、企业专家，对全国中等职业技术学校电子类专业教材进行了修订和补充开发。此项工作以人力资源社会保障部颁布的《技工院校电子类通用专业课教学大纲（2016）》《技工院校电子技术应用专业教学计划和教学大纲（2016）》《技工院校音像电子设备应用与维修专业教学计划和教学大纲（2016）》《技工院校通信终端设备制造与维修专业教学计划和教学大纲（2016）》为依据，充分调研了企业生产和学校教学情况，广泛听取了教师对现行教材使用情况的反馈意见，吸收和借鉴了各地职业技术院校教学改革的成功经验。

教材体系

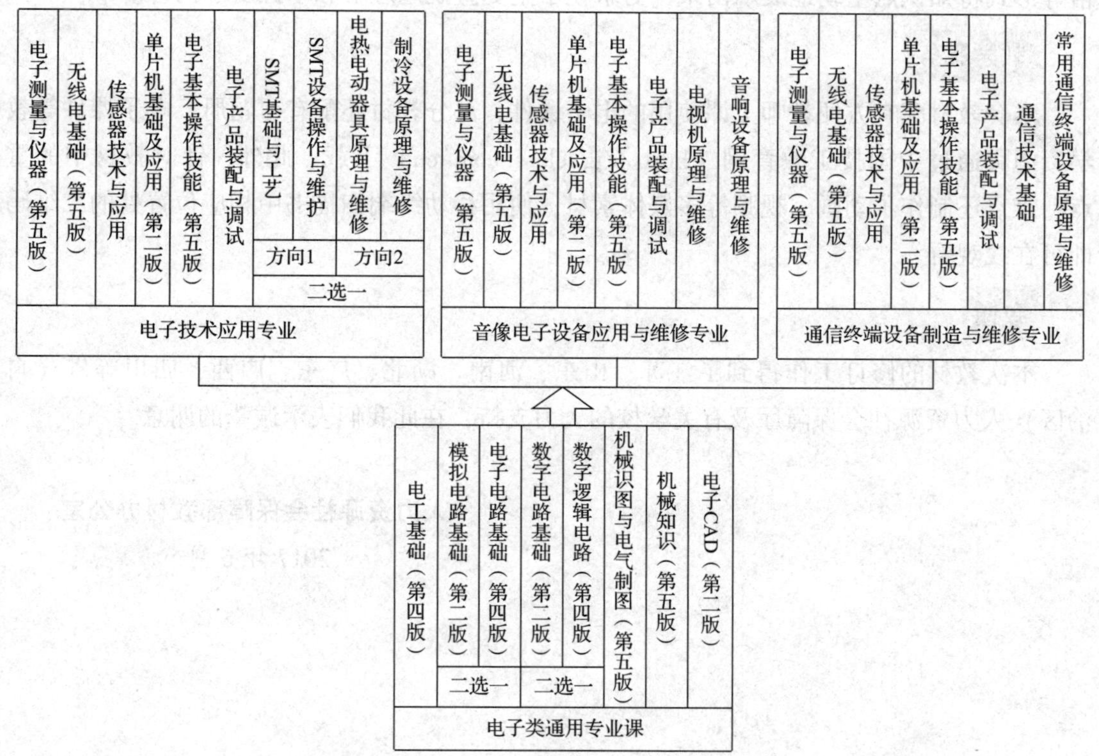

使用对象

电子技术应用专业、音像电子设备应用与维修专业、通信终端设备制造与维修专业中级、高级两个层次和以下 3 种学制：

- 初中毕业生 3 年学制培养中级工
- 高中毕业生 3 年学制培养高级工（中级阶段）
- 初中毕业生 5 年学制培养高级工（中级阶段）

编写特色

◆ **紧贴国家职业标准** 紧密贴合《中华人民共和国职业分类大典（2015 年版）》中对广电和通信设备电子装接工、广电和通信设备调试工、家用电器产品维修工、家用电子产品维修工等职业的职业能力要求，同时参照相关国家职业标准。

◆ **体现行业技术发展** 根据电子行业的最新发展，在教材中充实了电子产品表面贴装、数字电视维修、智能手机维修等方面的新技术，体现教材的先进性。

◆ **注重职业能力培养** 根据就业岗位对技能型人才所需能力的要求，进一步加强实践性教学内容。同时，在教材中突出对学生获取信息、与人交流、分析解决问题以及自学等职业能力的培养。

◆ **符合学生阅读习惯** 在教材内容的呈现形式上，尽可能使用图片、实物照片和表格等形式将知识点生动地展示出来，力求让学生更直观地理解和掌握所学内容。

教学服务

本套教材配有方便教师上课使用的电子课件，部分教材还配有习题册，电子课件等教学资源可通过中国技工教育网（http://jg.class.com.cn）下载。此外，针对教材中的重点、难点还制作了动画、视频等多媒体素材，使用移动终端扫描书中相应位置处的二维码即可在线观看。

致谢

本次教材的修订工作得到了江苏、山东、河南、湖北、广东、广西、四川等省（自治区）人力资源社会保障厅及有关学校的大力支持，在此我们表示诚挚的谢意。

人力资源社会保障部教材办公室

2017 年 6 月

目　录

课题一　组合逻辑电路

任务1　逻辑门电路的识别与应用

学习目标

1. 理解逻辑关系及相应逻辑门电路的功能。
2. 能正确识别集成电路芯片，熟悉逻辑门电路引脚功能。
3. 能完成表决器电路的仿真、安装和测试。

任务描述

在各种挑战赛中经常看到评委表决的场景，挑战成功时绿灯亮，挑战失败时红灯亮。通过数字电路就可以实现这种少数服从多数、亮灯显示表决结果的功能。本任务的主要内容就是在学习逻辑门电路的基础上，识别集成逻辑门电路芯片，完成表决器电路的仿真、安装与测试。

表决器电路示意框图如图1—1所示，三位评委的表态对应三个按钮的状态，分别用三个输入量A、B和C表示，按钮为否决键，不按和按下分别代表“肯定”和“否定”，用发光二极管指示评判的结果，“成功”（两位或两位以上评委不按按钮）时绿灯亮，“失败”时红灯亮。

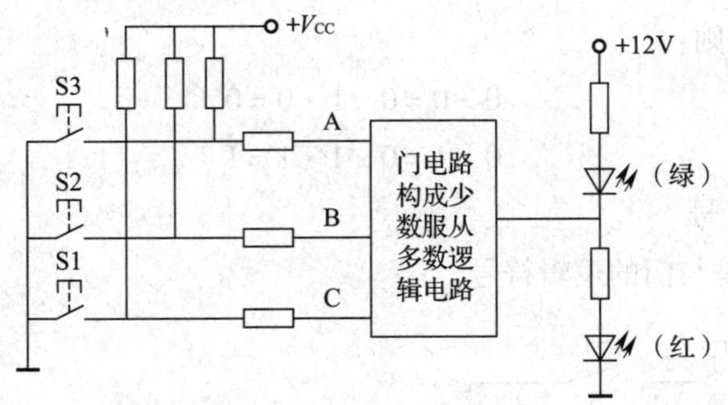

图1—1　表决器电路示意框图

相关知识

实现逻辑运算的电路称为逻辑门电路，简称门电路。逻辑门电路是数字电路中最基本的逻辑元器件。用电阻、电容、二极管、三极管等分立元器件构成的逻辑门电路称为分立元器件逻辑门电路。将门电路的所有器件及连接导线制作在同一块半导体基片上构成的逻辑门电路称为集成逻辑门电路。根据构成集成逻辑门电路晶体管类型的不同，可以分成双极型晶体管（TTL）集成电路和单极型 MOS（CMOS）集成电路两种。

一、基本门电路

数字逻辑电路中有三种基本逻辑关系，即与逻辑、或逻辑和非逻辑，实现这三种逻辑功能的电路分别称为与门电路、或门电路和非门电路，简称与门、或门、非门。

1. 与门

（1）与逻辑

1）定义

如图 1—2 所示电路是由两个开关串联控制电灯亮或灭的电路。要使电灯亮的这个事件发生，必须两个开关都闭合。这种只有当决定一个事件的所有条件都成立时事件才会发生的逻辑关系称为与逻辑关系。如果用 Y 来表示某一个事件的发生与否，用 A 和 B 分别表示决定这个事件发生的两个条件，那么与逻辑可表示为：

$$Y = A \cdot B$$

其中“·”为与逻辑的运算符号，A · B 读作“A 与 B”，与逻辑运算符号“·”在运算中可以省略，上式可写成 Y = AB。Y = AB 称为逻辑表达式，A、B、Y 都是逻辑变量，逻辑变量只有两种状态，通常用 1 和 0 来表示，作为逻辑取值的 1 和 0 并不表示数值的大小，而是表示完全对立的两个逻辑状态，可以是条件的有或无、事件的发生或不发生、灯的亮或灭、开关的通或断、电压的高或低等。

2）运算规则

与逻辑的运算规则：

$$0 \cdot 0 = 0 \quad 1 \cdot 0 = 0$$
$$0 \cdot 1 = 0 \quad 1 \cdot 1 = 1$$

（2）与门逻辑符号

如图 1—3 所示是与门的逻辑符号。

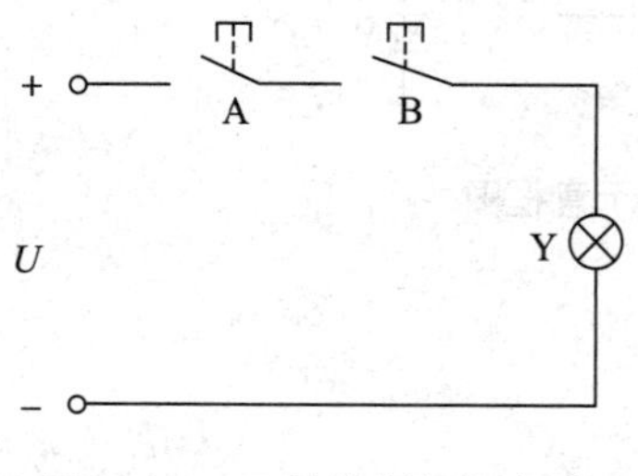

图 1—2　开关控制与门电路

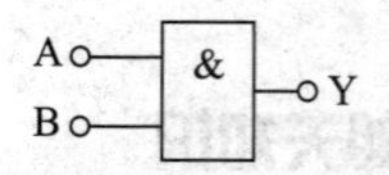

图 1—3　与门逻辑符号

（3）二极管与门电路

二极管与门电路如图 1—4 所示。

数字电路中的信号，通常只有两种状态，即高电平和低电平。如图 1—4 所示电路中，V_A，V_B是两个输入信号，设高电平 $V_H=3$ V，低电平 $V_L=0.3$ V，如忽略二极管导电时的管压降，则 A、B 两个输入端共有如下四种不同的输入情况：

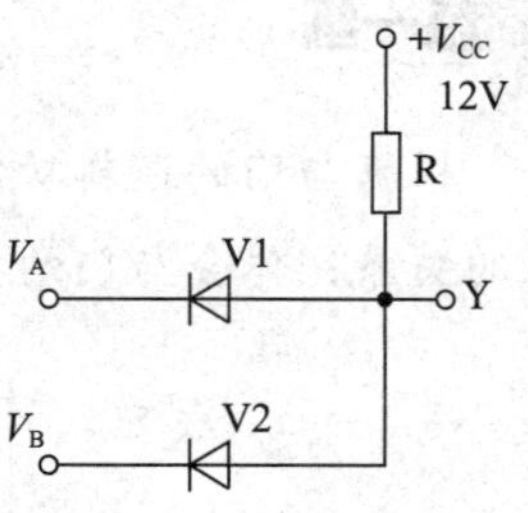

图 1—4　二极管与门电路

1）$V_A=V_B=0.3$ V 时，V1 管、V2 管均导通，输出电位 $V_Y=0.3$ V。

2）$V_A=0.3$ V，$V_B=3$ V 时，V1 管两端所承受的正向电压大而优先导通，V_Y被箝位于 0.3 V，V2 管反偏而截止。此时输出电位 $V_Y=0.3$ V。

3）$V_A=3$ V，$V_B=0.3$ V 时，这种情况与 b）类似，此时 V2 管导通，V1 管截止，输出电位 $V_Y=0.3$ V。

4）$V_A=3$ V，$V_B=3$ V 时，V1 管、V2 管均导通，输出电位 $V_Y=3$ V。

由上述分析结果可得表 1—1。由表可看出：只有当输入信号 V_A、V_B均为高电平时，该电路的输出 V_Y才是高电平。因此，这个二极管电路对输出获得高电平而言，输入信号与输出信号之间具有与逻辑关系，这是个与门电路。

（4）真值表

如果用“1”表示高电平，“0”表示低电平。用字母 A、B 来表示输入信号，字母 Y 表示输出信号。这样表 1—1 可改写成表 1—2，这种用 1 和 0 表示的，由所有可能的输入状态取值和相应输出状态取值所组成的表格称为真值表。由表 1—2 可以归纳出与门的逻辑功能为：“有 0 出 0，全 1 出 1”。

表 1—1　　二极管与门输入、输出关系表

V_A（V）	V_B（V）	V_Y（V）
0.3	0.3	0.3
0.3	3	0.3
3	0.3	0.3
3	3	3

表 1—2　　与门的真值表

A	B	Y
0	0	0
0	1	0
1	0	0
1	1	1

根据与门的逻辑功能，由与门的输入波形画出输出波形，观察分析 A = 1 时输出与输入的关系，体会与门的控制作用。

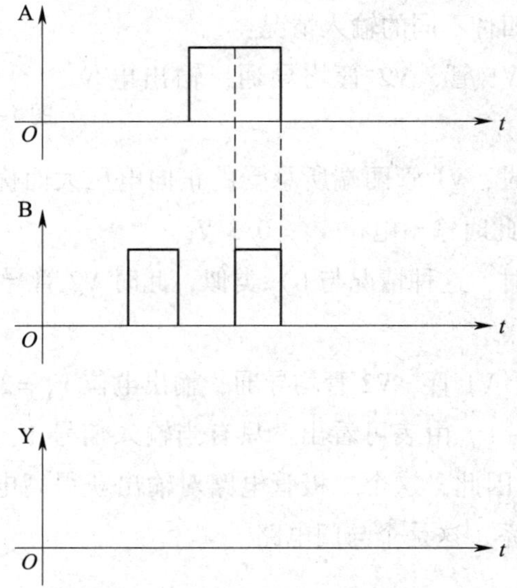

扫描二维码
查看参考答案

2. 或门

（1）或逻辑

1）定义

如果把图 1—2 中的开关 A、B 改为并联，再和电灯连接起来，就可以得到如图 1—5 所示电路。

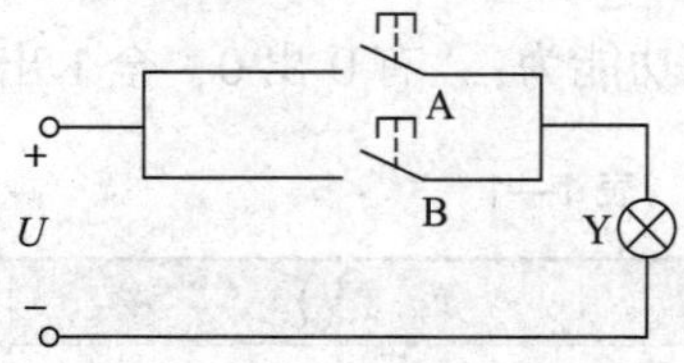

图 1—5 开关控制或门电路

显然，灯亮的条件是，只要开关 A 或 B 有一个闭合即可。这种在决定一个事件发生的几个条件中，只要其中一个或者一个以上的条件成立，事件就会发生的逻辑电路关系称为或逻辑关系。或逻辑可以表示为：

$$Y = A + B$$

式中“ + ”为或逻辑运算符号，A + B 读作“A 或 B”。

2）运算规则

$$0 + 0 = 0 \quad 1 + 0 = 1$$

$$0 + 1 = 1 \quad 1 + 1 = 1$$

（2）或门逻辑符号

或门逻辑符号如图 1—6 所示。

（3）二极管或门电路

二极管组成的或门电路如图 1—7 所示。

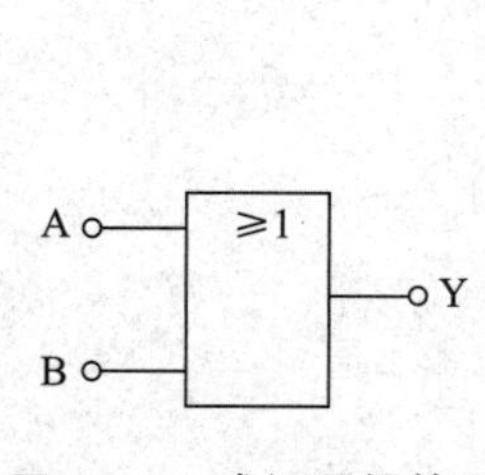

图 1—6　或门逻辑符号

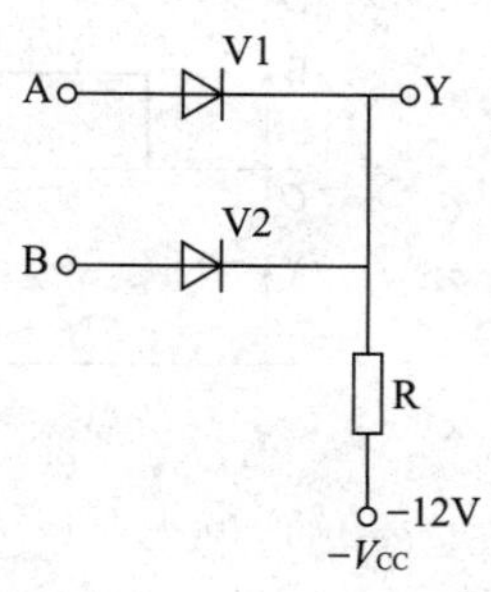

图 1—7　二极管或门电路

1）$V_A=V_B=0.3$ V，V1、V2 均导通，输出电位 $V_Y=0.3$ V。

2）$V_A=0.3$ V，$V_B=3$ V，V2 两端承受正向电压大而优先导通，V_Y被箝位于 3 V，V1 因反偏而截止，此时输出电位 $V_Y=3$ V。

3）$V_A=3$ V，$V_B=0.3$ V，这种情况与 b）类似，V1 导通，V2 截止，输出电位 $V_Y=3$ V。

4）$V_A=3$ V，$V_B=3$ V，V1、V2 均导通，输出电位 $V_Y=3$ V。

由以上分析可知，或门电路只要输入信号有一个或者一个以上高电平时，电路的输出就是高电平。

（4）真值表

由或门电路的输入、输出关系可得或门电路的真值表，见表 1—3。由表 1—3 可将或门逻辑功能归纳为："有 1 出 1，全 0 出 0"。

表 1—3　　或门的真值表

A	B	Y
0	0	0
0	1	1
1	0	1
1	1	1

根据或门的逻辑功能，由或门的输入波形画出输出波形，观察分析 A=0 时输出与输入的关系，体会或门的控制作用。

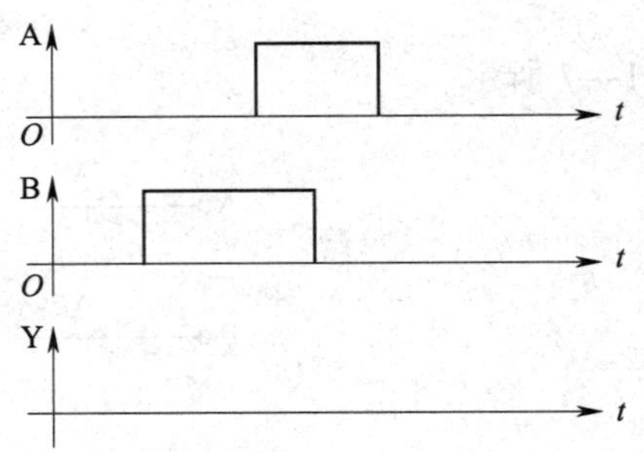

扫描二维码
查看参考答案

3. 非门

（1）非逻辑

1）定义

如图 1—8 所示开关控制电路中，要使电灯亮，开关 A 必须断开。这种在事件中，结果总是和条件呈相反状态的逻辑关系称为非逻辑关系。逻辑变量 A 的非逻辑的逻辑表达式是：

$$Y=\overline{A}$$

式中“ $\overline{\ }$ ”为非逻辑运算符号，$\overline{A}$ 读作“A 非”。

2）运算规则

$$\overline{0}=1$$

$$\overline{1}=0$$

（2）非门逻辑符号

非门逻辑符号如图 1—9 所示。

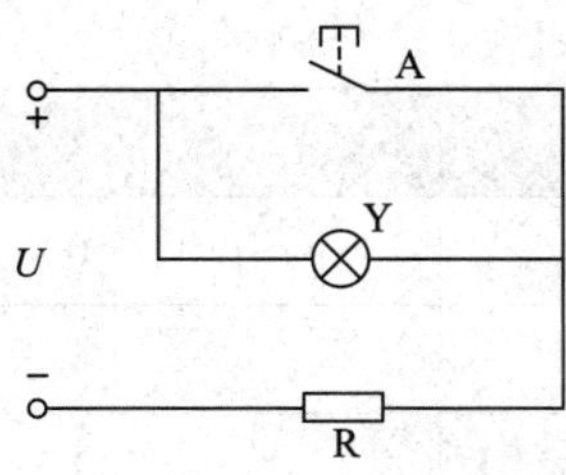

图 1—8　开关控制非门电路

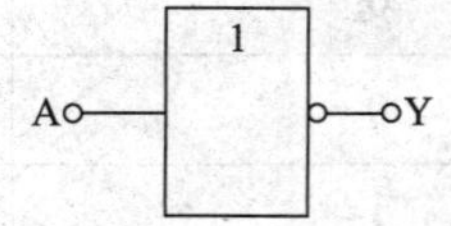

图 1—9　非门逻辑符号

（3）晶体管非门电路

晶体管非门电路如图 1—10 所示。

图 1—10 中 V_i为输入信号，V_o为输出信号，R_k为限流电阻，偏置电源 $-V_{BB}$和偏置电阻 R_B是为了保证输入为低电平时晶体管能可靠截止而设置的。通过参数的适当选择，可实现：

1）当 V_i为低电平时，$U_{BE}<0$，晶体管 V 可靠截止，$V_o=V_{CC}$，为高电平。

2）当 V_i 为高电平时，晶体管 V 饱和导通，$V_o = U_{CE}$，等于晶体管饱和压降，硅管约为0.3 V，锗管约0.1 V，输出 V_o 为低电平。

由以上分析可知，如图 1—10 所示电路的输出电平与输入电平总是相反的，实现了非逻辑关系，所以是非门，也称为反相器。

（4）真值表

非门电路只有一个输入端 A，其真值表见表 1—4。

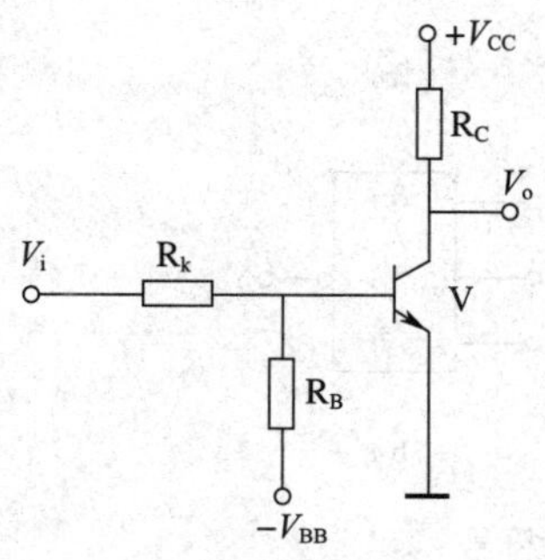

图 1—10　晶体管非门电路

表 1—4　　非门电路的真值表

A	Y
0	1
1	0

非门的逻辑功能为：输入低电平时，输出为高电平；输入高电平时，输出为低电平。

根据晶体管非门的输入波形画出输出波形。

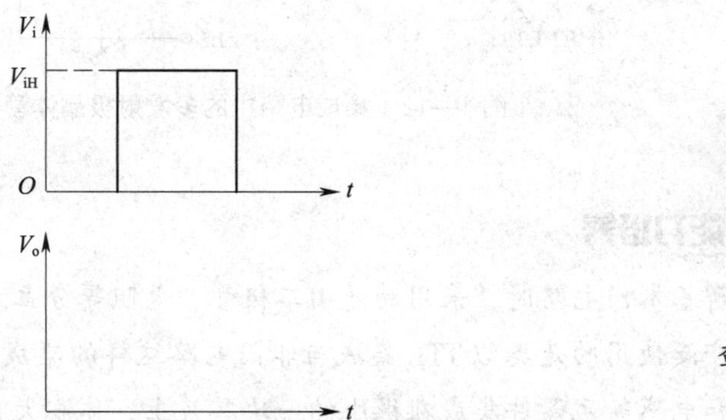

扫描二维码
查看参考答案

二、TTL 集成与非门

1. 电路

TTL（Transister - Transister - Logic）电路即晶体管—晶体管逻辑电路，是数字集成电路的一大门类。它采用双极型工艺制造，具有速度高、功耗低和品种多等特点。

如图 1—11 所示是常用的 TTL 与非门电路及其逻辑符号。

V1 是多发射极晶体管，可把它的集电结看成一个二极管，而把发射结看成与前者背靠背的几个二极管，如图 1—12 所示。因此，V1 的作用和二极管与门的作用相似。

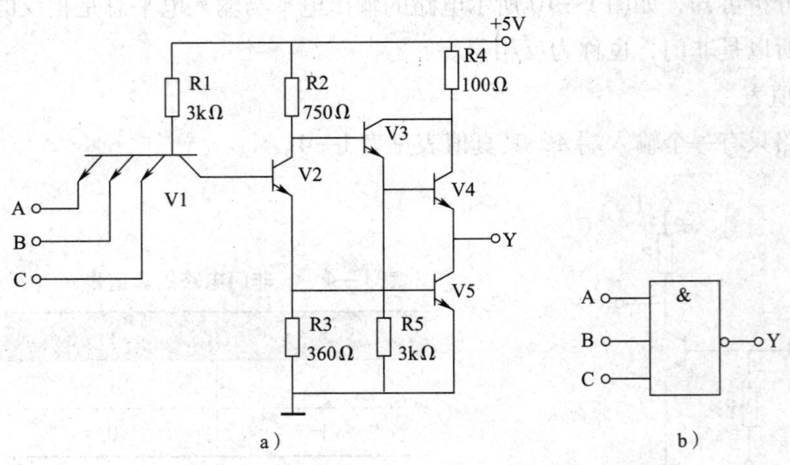

图 1—11　常用的 TTL 与非门电路及其逻辑符号

a）电路　b）逻辑符号

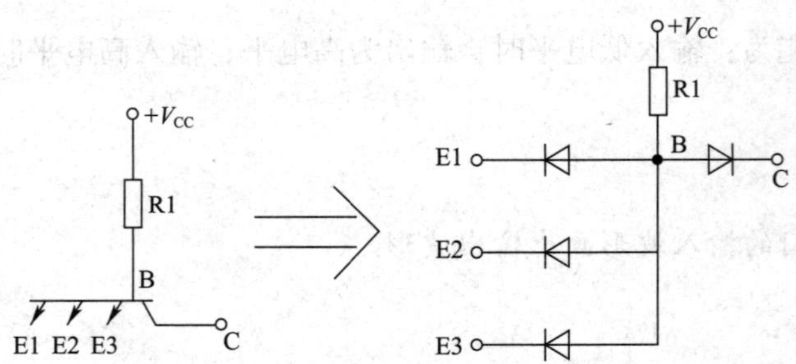

图 1—12　集成电路中的多发射极晶体管

职业能力培养

前面讲解基本门电路时，采用的是由二极管、电阻等分立元器件组成的电路，而在实际应用中，广泛使用的是类似 TTL 集成与非门电路这样的集成电路，集成电路将晶体管、电阻、电容和电感等元器件集成在很小的一块芯片上，体积大大缩小，可实现的功能却越发强大。当前功能越来越强大的计算机、手机等电子设备的发展，无不依赖于集成电路技术的进步。查阅图书资料或通过互联网检索，简要了解集成电路的发展历程，体会集成电路对数字电子技术发展的重要作用。

2. 工作原理

（1）输入端不全为高电平的情况

当输入端中有一个或几个为低电平（约为 0.3 V）时，V1 的基极与输入低电平的发射极间处于正向偏置。这时电源通过 R1 为 V1 提供基极电流。V1 的基极电位 $V_{B1}\approx0.3\ V+0.7\ V=1\ V$，它不可能使 V1 的 B－C 结、V2 的 B－E 结和 V5 的 B－E 结这三个 PN 结同时导通，因此 V2 和 V5 管截止。在 V2 处于截止状态下，电源将通过电阻 R2 使晶体管 V3 和 V4 导通，所以输出端的电位为：

$$V_Y=V_{CC}-I_{B3}R_2-U_{BE3}-U_{BE4}$$

因为 I_{B3} 很小，可以忽略不计，于是

$$\begin{aligned}V_Y&\approx V_{CC}-U_{BE3}-U_{BE4}\\&=5-0.7-0.7=3.6\ V\end{aligned}$$

即输出为高电平。

（2）输入端全为高电平的情况

当输入端均接高电平（约为 3.6 V），即 $V_A=V_B=V_C=3.6\ V$ 时，V1 的基极电位升高，当 V_{B1} 达到 2.1 V 时，就会使 V1 的 B－C 结、V2 的 B－E 结和 V5 的 B－E 结这三个 PN 结正向饱和导通，V1 的基极电位 V_{B1} 将被箝位在 2.1 V，不再升高。V2 的饱和导通使 V2 集电极电位值 $V_{C2}=V_{E2}+U_{CE2}=V_{B5}+U_{CE2}\approx0.7\ V+0.3\ V=1\ V$，此即 V3 的基极电位，所以 V3 可以导通。V3 的发射极电位 $V_{E2}\approx1\ V-0.7\ V=0.3\ V$，此即 V4 的基极电位，而 V4 的发射极电位也为 0.3 V，因此 V4 截止。

输出端的电位为：$V_Y=0.3\ V$，即输出为低电平。

可以看出，如图 1—11a 所示电路的输入、输出关系相当于与逻辑和非逻辑的组合，称为与非逻辑。该电路是一个与非门电路，是一种复合门电路。与非逻辑的逻辑表达式为：$Y=\overline{ABC}$。

如图 1—13 所示是两种 TTL 与非门的外引线排列图。一片集成电路内的各个逻辑门互相独立，可以单独使用，但共用一根电源引线和一根地线。

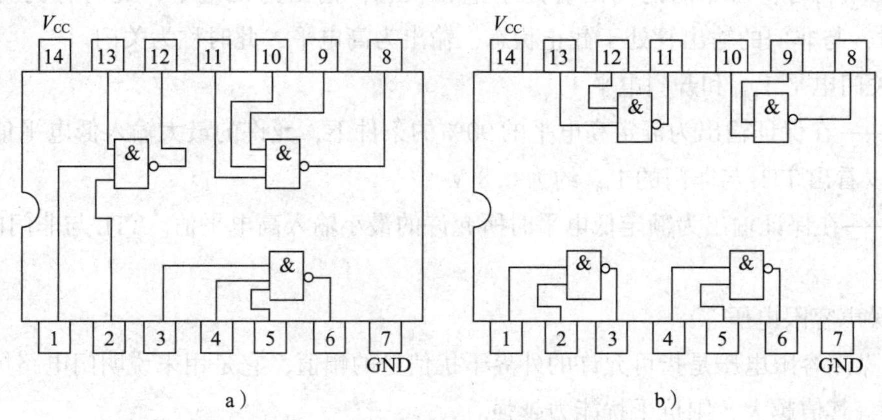

图 1—13 两种 TTL 与非门的外引线排列图

a）CT74LS10（三 3 输入与非门） b）CT74LS00（四 2 输入与非门）

3. 特性与主要参数

（1）电压传输特性

电压传输特性曲线用于研究 TTL 与非门电路的输入 V_i 改变时，输出 V_o 如何随之变化，如图 1—14 所示。这条曲线可以分成 AB、BC、CD、DE 四段。

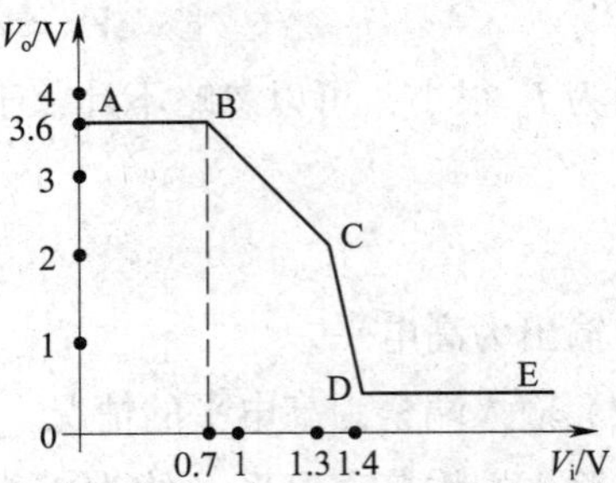

图 1—14　TTL 与非门电路的电压传输特性

AB 段——当 $V_i < 0.7$ V 时，V1 饱和，V2、V5 截止，V3、V4 导通，输出电压 $V_o \approx 3.6$ V，与非门处于截止状态。

BC 段——0.7 V $< V_i < 1.3$ V 时，TTL 与非门的 V2 开始导通，V2 的集电极电位 V_{C2} 下降，输出电压 V_o 随输入电压 V_i 的增大而线性地减小。

CD 段——当 $V_i > 1.3$ V 之后，V5 开始导通，输出迅速下降，转为低电平，最低降至 $V_o \approx 0.3$ V。

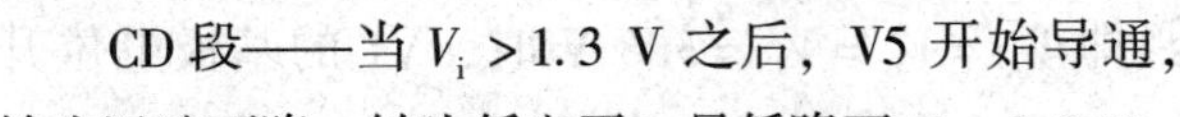

DE 段——当 $V_i > 1.4$ V 时，V5 已饱和，保持输出为低电平，$V_o \approx 0.3$ V。

（2）主要参数

1）输出高电平电压 V_{oH} 和输出低电平电压 V_{oL}

V_{oH}——对应于 AB 段的输出电压。

V_{oL}——对应于 DE 段的输出电压，它是在额定负载下测出的。

对通用的 TTL 与非门，$V_{oH} \geqslant 2.4$ V，$V_{oL} \leqslant 0.4$ V。

2）输入高电平 V_{iH}、输入低电平 V_{iL}

3）阈值电压 V_{TH}

V_{TH}——在门电路输出电平发生转变时所对应的输入电平值。

TTL 门电路的阈值电压 V_{TH} 在 1.4 V 左右。

当 $V_i > V_{TH}$ 时，与非门的输出管处于饱和状态，输出为低电平，此时称为开门；当 $V_i < V_{TH}$ 时，与非门的输出管处于截止状态，输出为高电平，此时称为关门。

4）关门电平 V_{OFF} 和开门电平 V_{ON}

V_{OFF}——在保证输出为额定高电平的 90% 的条件下，允许的最大输入低电平值。由图 1—14 可以看出 TTL 与非门的 V_{OFF} 约为 0.8 V。

V_{ON}——在保证输出为额定低电平时所允许的最小输入高电平值。TTL 与非门的 V_{ON} 约为 2 V。

5）噪声容限电压

所谓噪声容限电压是指可允许的外界干扰信号的幅值，它是用来说明门电路抗干扰能力的参数，其值越大，则抗干扰能力越强。

① 低电平噪声容限电压 V_{NL}

V_{NL}——在保证输出高电平电压不低于额定值 90% 的条件下所容许叠加在输入低电平

电压上的最大噪声电压（或干扰电压），即：$V_{NL}=V_{OFF}-V_{iL}$。

②高电平噪声容限电压 V_{NH}

V_{NH}——在保证输出低电平电压的条件下所容许叠加在输入高电平电压上（极性和输入信号相反）的最大噪声电压，$V_{NH}=V_{iH}-V_{ON}$。

如果已知某 TTL 与非门的数据为：$V_{iH}=2.7$ V，$V_{iL}=0.4$ V，$V_{OFF}=0.9$ V，$V_{ON}=1.6$ V，计算它的低电平噪声容限电压 V_{NL}、高电平噪声容限电压 V_{NH}。

扫描二维码
查看参考答案

6）扇出系数 N

扇出系数是指一个与非门能带同类门的最大数目，它表示带负载的能力，通常 $N\geqslant 8$。

7）平均传输延迟时间 t_{pd}

在与非门输入端加上一个脉冲电压，则输出电压将有一定的时间延迟，如图 1—15 所示。从输入脉冲上升沿的 50% 处到输出脉冲下降沿的 50% 处的时间称为下降沿传输延迟时间，用 t_{pHL} 表示；从输入脉冲下降沿的 50% 处到输出脉冲上升沿的 50% 处的时间称为上升沿传输延迟时间，用 t_{pLH} 表示。t_{pHL} 和 t_{pLH} 的平均值称为平均传输延迟时间，用 t_{pd} 表示，即 $t_{pd}=\frac{t_{pHL}+t_{pLH}}{2}$。$t_{pd}$ 越小，电路的开关速度越快。

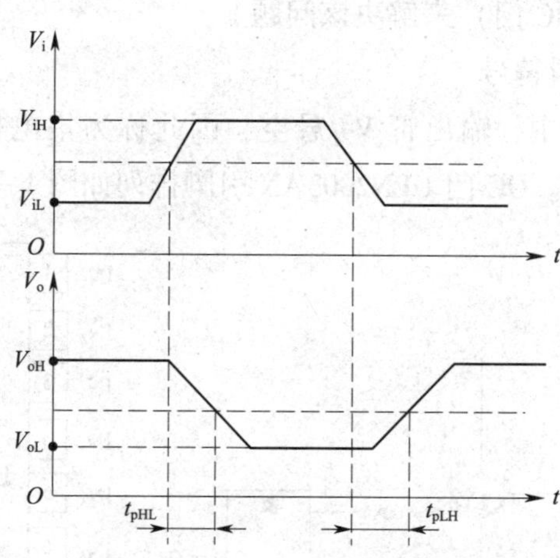

图 1—15　传输延迟时间示意图

三、集电极开路与非门（OC 门）

在实际使用中，为了扩大逻辑功能，有时需要将多个 TTL 与非门的输出端并联在一起，实现输出端相与的功能。这种靠线的连接形成与功能的方式称为线与连接。如

图 1—16a 所示，$Y=\overline{Y_1}\cdot\overline{Y_2}$，即 Y_1 或 Y_2 为低电平时，Y 为低电平；Y_1 和 Y_2 都是高电平时，Y 才是高电平。

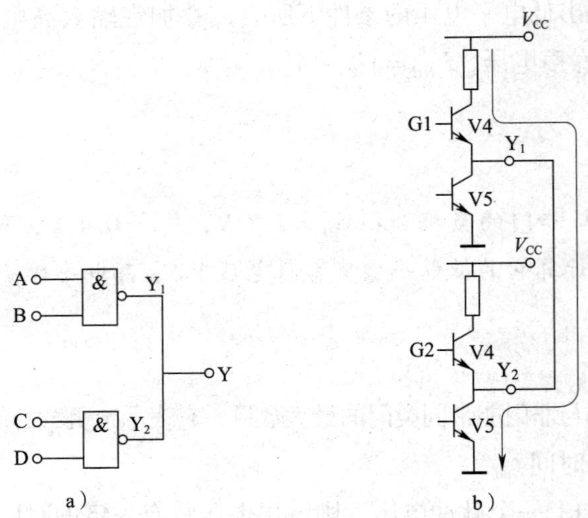

图 1—16　与非门的线与连接

a）逻辑图　b）问题示意图

一般 TTL 电路是不能连接成线与方式的，因为 TTL 电路输出电阻小。如图 1—16b 所示，如果 Y_1 输出高电平，而 Y_2 输出低电平，则将有一个很大的电流从截止门 G1 的 V4 管流入饱和门 G2 的 V5 管，V5 管将被烧坏。为了克服 TTL 电路不能接成线与方式的缺点，采用集电极开路与非门（OC 门）来解决该问题。

1. OC 门的结构和逻辑符号

如图 1—17a 所示电路中，输出管 V4 悬空，因此称为集电极开路与非门（OC 门），用图 1—17b 所示符号表示。OC 门 ULN2003AN 引脚排列如图 1—17c 所示。

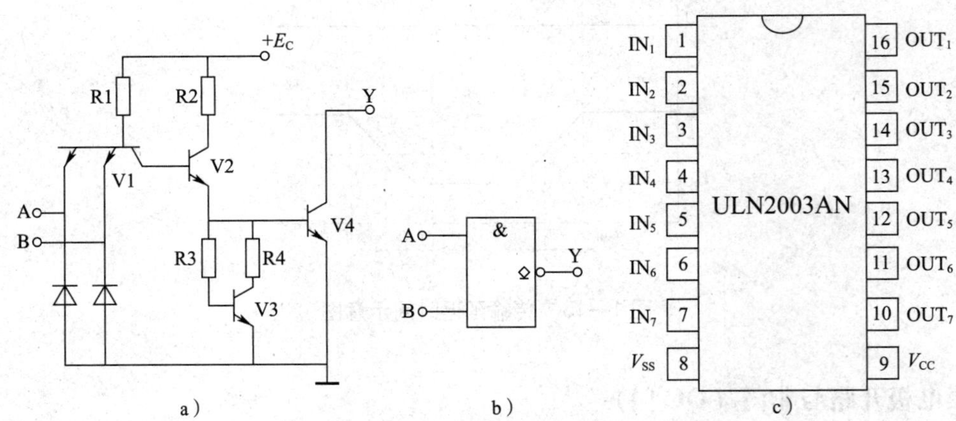

图 1—17　集电极开路与非门（OC 门）

a）电路　b）逻辑符号　c）ULN2003AN 引脚排列图

2. OC 门的使用

（1）单个 OC 门的使用

在使用单个 OC 门时，应在输出端与电源端接外接电阻 R，如图 1—18a 所示，这时仍为与非逻辑关系：$Y = \overline{AB}$。

（2）多个 OC 门的使用

在使用多个 OC 门时，可将它们并联使用，共用一个外接电阻 R，这时电路起到线与逻辑关系的作用，如图 1—18b 所示，即：

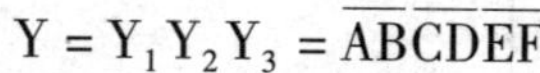

$$Y = Y_1 Y_2 Y_3 = \overline{AB}\,\overline{CD}\,\overline{EF}$$

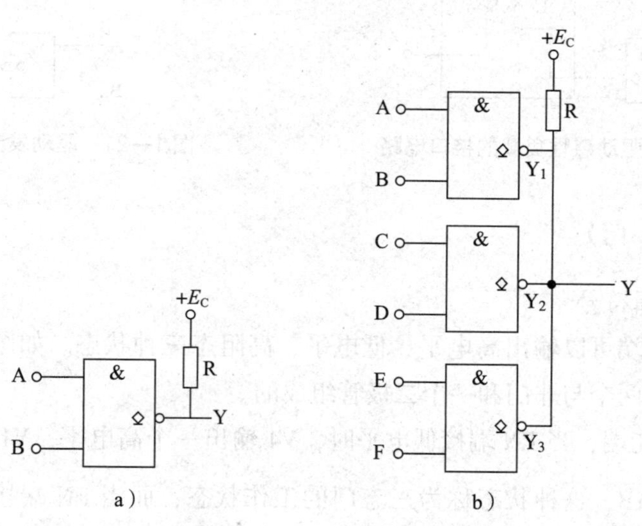

图 1—18　OC 门的使用

a）单个使用　b）多个使用

（3）OC 门的典型应用

在实际应用中，OC 门不仅可实现线与逻辑，而且可实现逻辑电平的转换。

在数字逻辑系统中，可能会应用到不同逻辑电平的电路，如 TTL 逻辑电平（U_H = 3.6 V，U_L = 0.3 V）和 CMOS 逻辑电平（U_H = 10 V，U_L = 0）不同，如果信号在不同逻辑电平的电路之间传输，就会不匹配，因此中间必须加上接口电路，OC 门就可以用来做这种接口电路。如图 1—19 所示就是用 OC 门作为 TTL 和 CMOS 门的电平转换的接口电路。TTL 的逻辑高电平 V_H = 3.6 V，输入 OC 门后，经 OC 门变换输出低电平 V_L = 0.3 V；TTL 的逻辑低电平 V_L = 0.3 V，输入 OC 门后，经 OC 门变换，输出的高电平为外接电源 V_{CC} 电平，即 $V_H = V_{CC}$ = 10 V，这就是 CMOS 所允许的逻辑电平值。

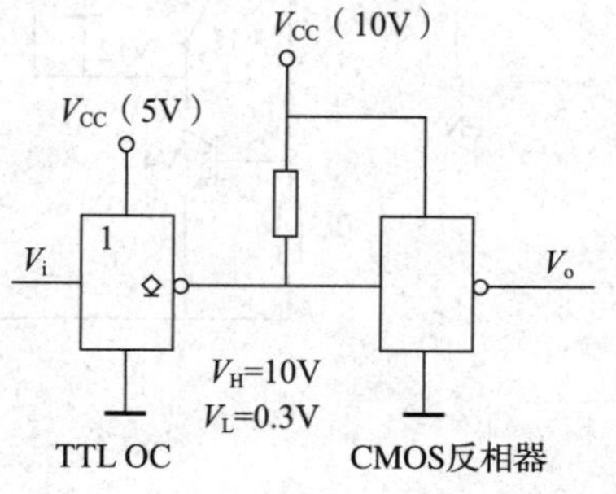

图 1—19　电平转换接口电路

OC 门除作为电平转换接口外，还可作为驱动电路，如图 1—20 所示为用 TTL OC 门作为继电器线圈的驱动电路。当 OC 门为“全高出低”时，线圈 L 上流过电流，常开触点 K 闭合；当 OC 门为“有低出高”时，线圈 L 上无电流流过，常开触点 K 断开。通常数字逻辑电路要外接指示电路，如图 1—21 所示为 OC 门与驱动发光二极管 V 的接口电路。当 OC 门为“全高出低”时，有较大的电流从 V_{CC} 经电阻 R、发光二极管 V 到 OC 门输出端 L，发光二极管 V 发亮；当 OC 门为“有低出高”时，发光二极管不亮。

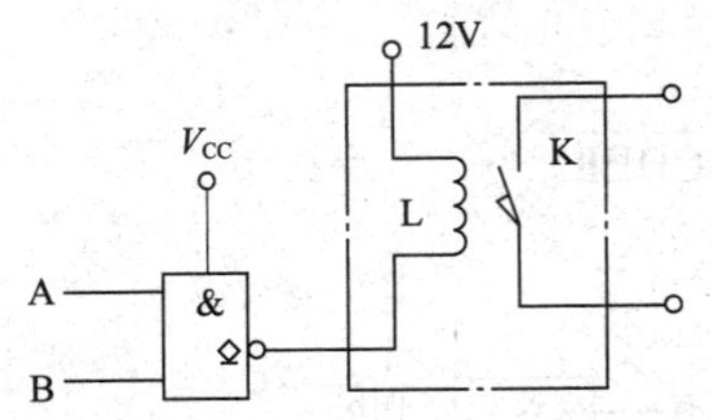

图 1—20　驱动感性负载的接口电路

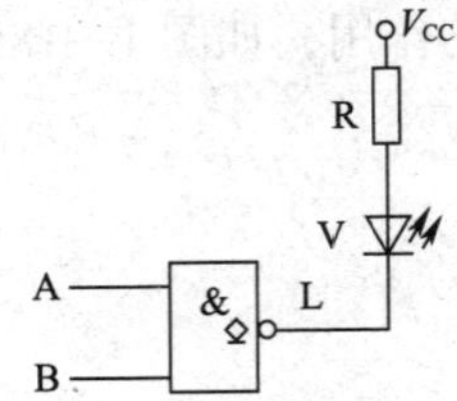

图 1—21　驱动发光管的接口电路

四、三态门（TSL 门）

1. 结构和逻辑符号

三态门的输出端可以输出高电平、低电平、高阻态三种状态。如图 1—22a 所示，三态门可以看作是由两个与非门和一个二极管组成的。

EN 端称为使能端，当 EN 端接低电平时，V4 输出一个高电平，V12 截止，电路仍是与非门电路，$Y=\overline{AB}$，这种状态称为三态门的工作状态；而当 EN 端接高电平时，V4 输出低电平给 V5，使 V6、V7、V10 截止；V12 导通，将 V8 基极电位箝在 1 V，V9 截止，从输出端看进去，电路处于高阻状态。三态门的逻辑符号如图 1—22b 所示。

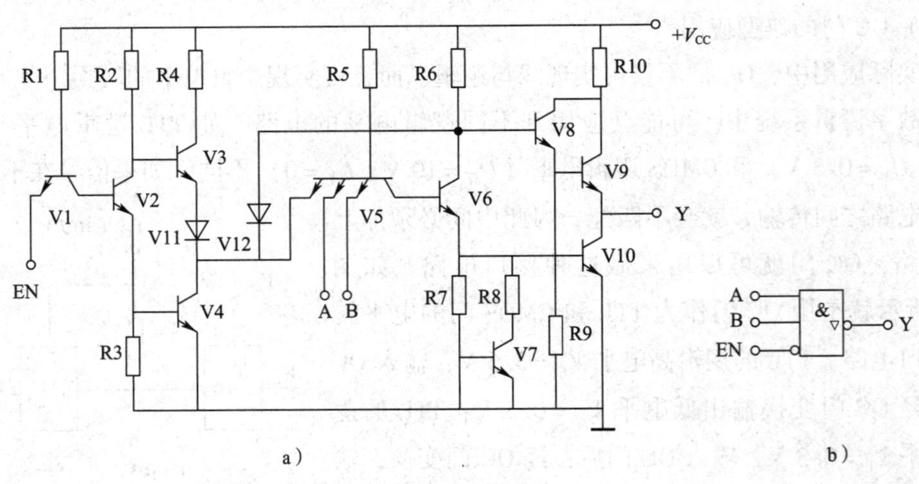

图 1—22　三态门

a）电路　b）逻辑符号

2. 真值表

上述三态门的真值表见表1—5。

表1—5　　三态门的真值表

EN	A	B	Y
0	0	0	1
0	0	1	1
0	1	0	1
0	1	1	0
1	×	×	高阻态

此外，另有一种三态门，其使能端为高电平有效，即EN＝1时为工作状态；EN＝0时输出为高阻态。其逻辑符号如图1—23所示。

3. 三态门的用途

三态门也可作为三态反相器或缓冲器，常用作计算机系统中各部件的输出级。如可用于实现用同一根导线轮流传送几个不同数据或控制信号，如图1—24所示，这根可以接受三个输出信号的线MN称为母线，如果令EN1为高电平，EN2、EN3为低电平，则门D1为与非门，而门D2、D3为高阻态，门D1的输出将由母线MN传送出去，当令EN1、EN2、EN3依次为高电平时，三个三态门的输出可以轮流送到母线MN上，实现数据和控制信号的母线传送。

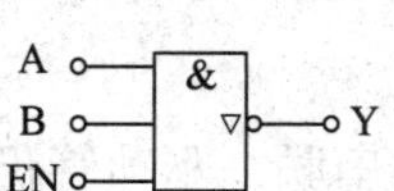

图1—23　另一种三态门的逻辑符号

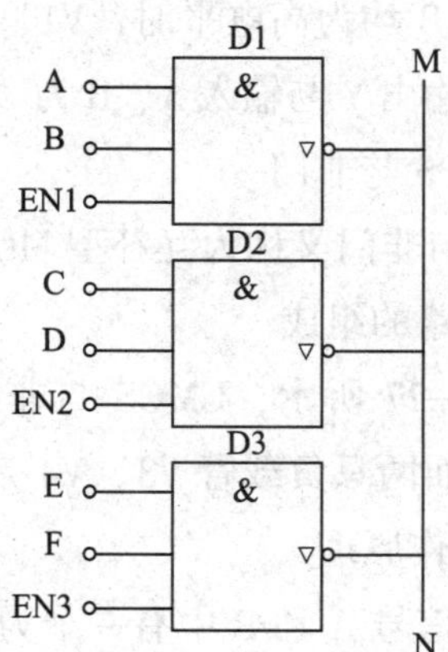

图1—24　三态门的应用

五、MOS与非门

MOS与非门可分为NMOS、PMOS和CMOS三种类型，其中PMOS速度较慢，应用较少。

1．MOS 管的开关特性

MOS 管的漏极 D 和源极 S 相当于一个开关。如图 1—25 所示，对于 NMOS 管，当 U_{GS} 大于阈值电压时，MOS 管导通，漏极 D 和源极 S 之间导通电阻只有几百欧姆，相当于开关闭合。当 U_{GS} 小于阈值电压时，MOS 管截止，漏极 D 和源极 S 之间的电阻非常大，相当于开关断开。PMOS 管与 NMOS 管类似，但导通电阻相对大一些。

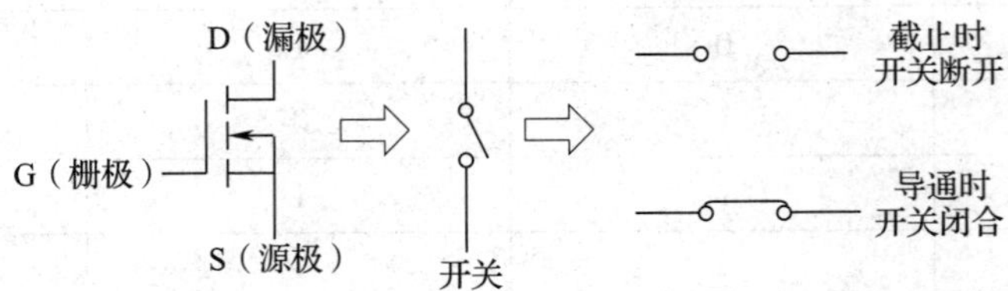

图 1—25　MOS 管的开关特性

2．NMOS 与非门

（1）电路组成

如图 1—26 所示，NMOS 与非门由驱动管 V1、V2 和负载管 V3 构成。

（2）工作原理

负载管漏极与栅极相连，始终导通，相当于一个负载电阻。当输入信号 A 和 B 中有一个为低电平时，与该输入端相连的驱动管截止，V1－V2 支路断开，输出高电平。只有当输入信号 A 和 B 均为高电平时，V1、V2 都导通，输出 Y 才为低电平，故输出 Y 与输入 A、B 为“与非”关系，即 $Y=\overline{AB}$。

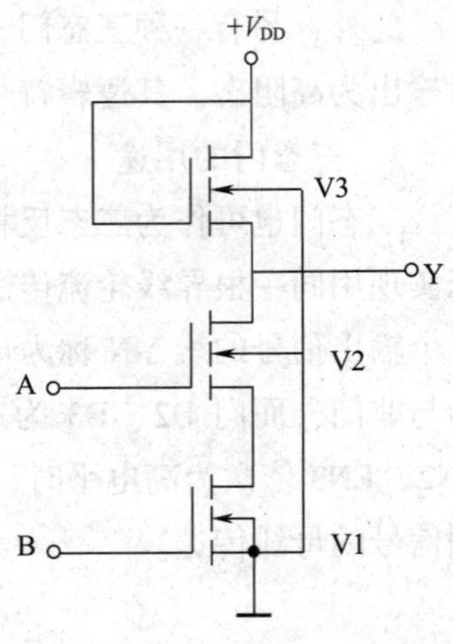

图 1—26　NMOS 与非门电路

3．CMOS 与非门

CMOS 与非门又称为互补型 MOS 与非门，由 NMOS 管和 PMOS 管共同组成。

（1）电路的组成

如图 1—27 所示，CMOS 与非门由四个 MOS 管组成，其中两只驱动管 V1、V2 是 NMOS 管，而两只负载管 V3、V4 是 PMOS 管。两个 PMOS 管并联，而两个 NMOS 管串联。

（2）工作原理

当输入信号 A 和 B 中有一个为低电平时，由于 V1 与 V2 串联，驱动管仍不导通，而负载管中有一个导通，因此输出端 Y 为高电平。当输入信号 A 和 B 同时为高电平时，V1、V2 同时导通，V3、V4 截止，这时输出端 Y 为低电平，而且输出电阻为两个驱动管导通电阻之和，因此图示电路具有“与非”逻辑功能，即 $Y=\overline{AB}$。如本任务用到的双四输入与非门 CD4012，其引脚排列如图 1—28 所示。

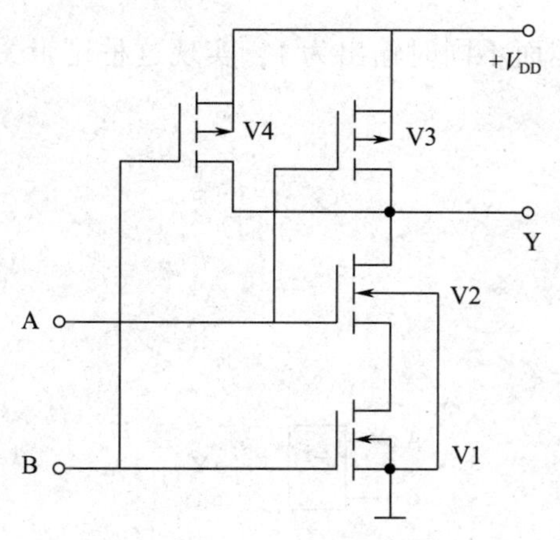

图 1—27　CMOS 与非门电路

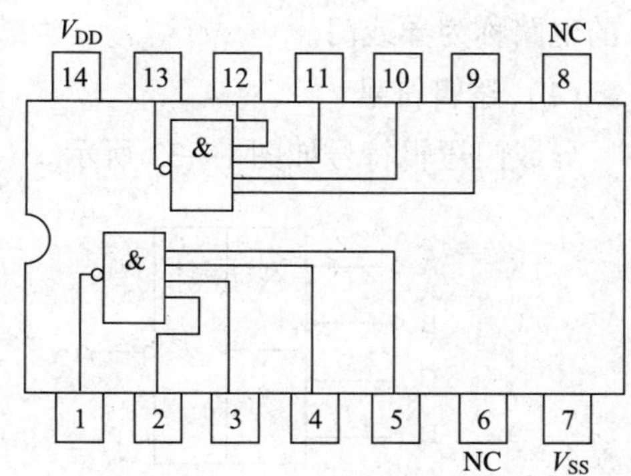

图 1—28　与非门 CD4012 引脚排列图

六、其他复合门电路

除了前面介绍的与非门，通过基本逻辑关系的组合，还能构成其他多种复合门电路。

1．或非门

或非门的逻辑符号如图 1—29 所示，逻辑表达式为 $Y = \overline{A + B}$。

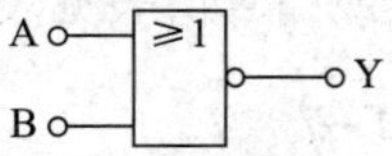

图 1—29　或非门逻辑符号

或非门的真值表见表 1—6。

表 1—6　　　　或非门的真值表

A	B	Y
0	0	1
0	1	0
1	0	0
1	1	0

2．与或非门

分析图 1—30 所示逻辑电路，可写出电路的逻辑表达式：

$$Y = \overline{AB + CD}$$

该电路输出与输入之间是先与、再或、最后非的逻辑关系，故称为与或非门，其逻辑符号如图 1—31 所示。

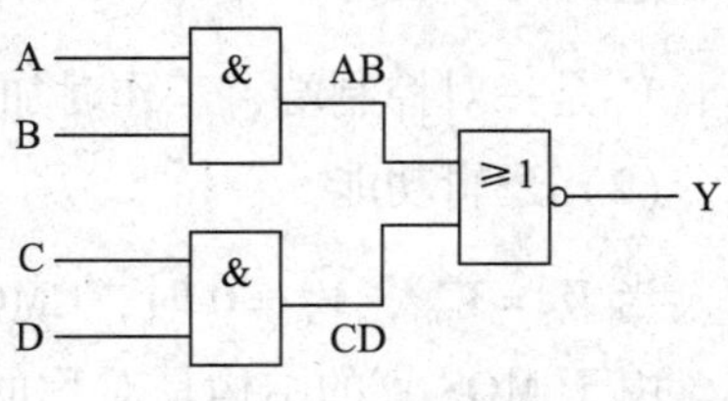

图 1—30　逻辑电路

3．异或门

异或逻辑关系是指两输入信号相同时输出为0，而不同时输出为1，实现这种逻辑关系的电路称为异或门。

（1）逻辑符号

异或门逻辑符号如图1—32所示。

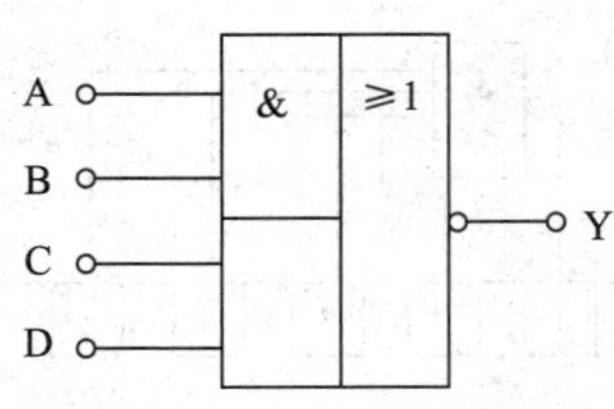

图1—31　与或非门逻辑符号

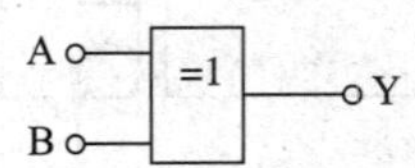

图1—32　异或门逻辑符号

（2）逻辑表达式

$$Y = \overline{A}B + A\overline{B} = A \oplus B$$

（3）真值表

异或门真值表见表1—7。

表1—7　异或门的真值表

A	B	Y
0	0	0
0	1	1
1	0	1
1	1	0

4．CMOS传输门

（1）电路结构

CMOS传输门是一种既可以传送数字信号又可以传输模拟信号的可控开关电路，其电路和逻辑符号如图1—33a、b所示。CMOS传输门由PMOS管和NMOS管互补并联组成。V_C、$\overline{V}_C$是一对控制端，工作时加互补电压控制信号。V_i为输入端，V_o为输出端。

（2）逻辑功能

当$V_C = V_{DD}$，$\overline{V}_C = 0$时，CMOS传输门开通，此时右端输出V_o等于左端输入V_i。

由于MOS管的结构是对称的，源、漏极可以互换，CMOS传输门的输入端和输出端也可以互换。因此CMOS传输门具有双向性，也称双向开关。

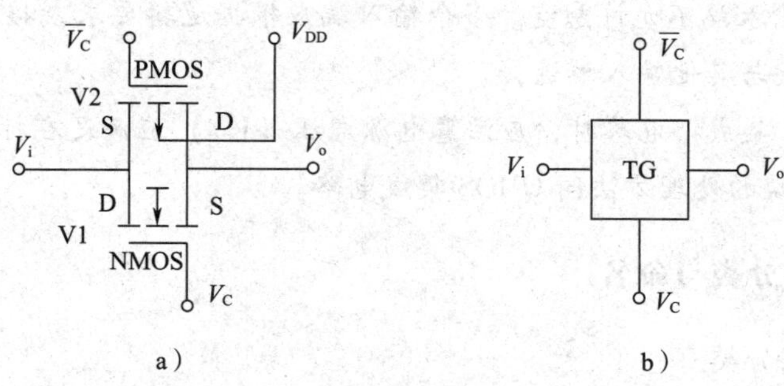

图 1—33　CMOS 传输门

a）电路　b）逻辑符号

（3）模拟开关

由 CMOS 传输门很容易就可以构成一个模拟开关。模拟开关的逻辑电路如图 1—34 所示。它由 CMOS 传输门和一个反相器组成。由反相器可以得到控制端的互补信号。

图 1—34 中，当 $u_C=0$ 时，$\overline{u_C}=V_{DD}$，CMOS 传输门不能传送信号，相当于开关断开。当 $u_C=V_{DD}$时，$\overline{u_C}=0$，CMOS 传输门可以传送幅度在 $0\sim V_{DD}$的任意大小的信号，相当于开关接通。

（4）三态门

利用反相器、模拟开关又可以很容易地构成三态门电路。三态门逻辑电路如图 1—35 所示。

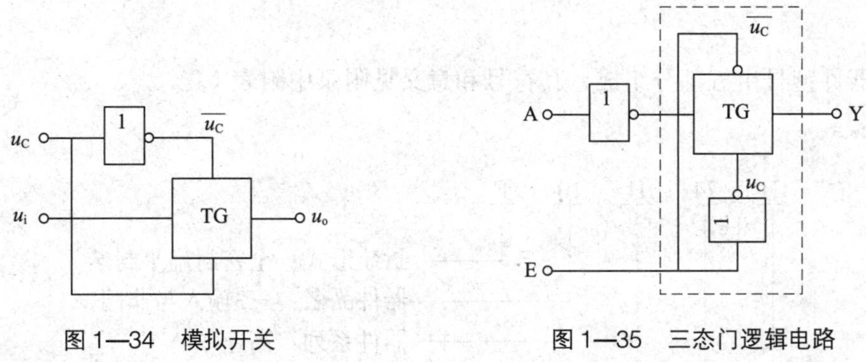

图 1—34　模拟开关　　　图 1—35　三态门逻辑电路

当 E =0 时，$Y=\overline{A}$，三态门相当于一个反相器。当 E =1 时，模拟开关断开，输出端与地和电源之间都断开而呈现出高阻态。

小提示

1．因 CMOS 电路容易产生栅极击穿问题，所以要特别注意以下几点：

（1）避免静电损失。存放 CMOS 电路不能用塑料袋，要用金属将管脚短接起来或用金属盒屏蔽。工作台应当用金属材料覆盖并良好接地。焊接时，电烙铁壳应接地。

（2）多余输入端的处理方法。CMOS 电路的输入阻抗高，易受外界干扰的影响，所以

CMOS 电路的多余输入端不允许悬空。多余输入端应根据逻辑要求或接电源 V_{DD}（与门），或接地（或门），或与其他输入端连接。

2. 在使用 TTL 集成门电路时，应注意电源电压（V_{CC}）应满足在标准值 5 V ±10% 的范围内。多余输入端的处理方法同 CMOS 集成电路。

七、集成门电路的分类与命名

1. 集成门电路分类

集成门电路按内部有源器件的不同可分两大类：一类为双极型晶体管集成电路，主要有晶体管—晶体管逻辑（TTL）、射极耦合逻辑（ECL）和集成注入逻辑（I^2 L）等几种类型；另一类为单极型 MOS 集成电路，包括 NMOS、PMOS、CMOS 等几种类型。

集成门电路按集成度大小分为小规模集成电路（SSI，集成度为 1 ~ 10 门/片）、中规模集成电路（MSI，集成度为 10 ~ 100 门/片）、大规模集成电路（LSI，集成度为 100 ~ 1 000 门/片）和超大规模集成电路（VLSI，集成度为大于 1 000 门/片）。

2. 数字集成门电路产品的命名

（1）TTL 门电路产品系列及型号的命名法

我国 TTL 门电路目前有 CT54/74（普通）、CT54/74H（高速）、CT54/74S（肖特基）和 CT54/74LS（低功耗）四个系列国家标准的集成门电路。我国 TTL 门电路产品型号命名和国际通用的美国德州仪器公司所规定的电路品种、电参数、封装等方面一致，以便于互换。

TTL 器件型号由五部分组成，其符号和意义见附录中附表 1。

例如：

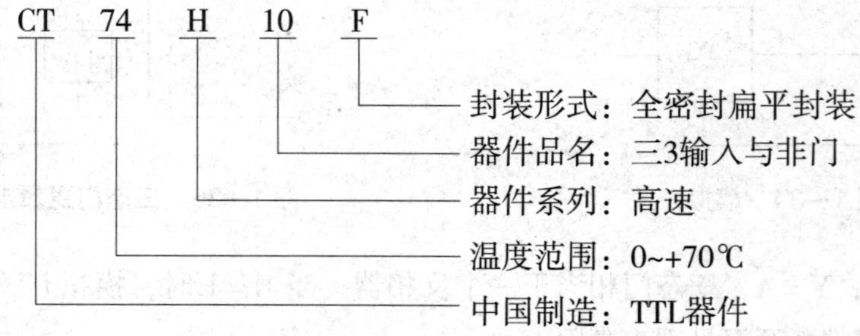

? 想一想

查找资料了解，54 系列温度范围为多少？

扫描二维码

查看参考答案

（2）CMOS 门电路产品系列及型号的命名法

CMOS 门电路有三大系列：4000 系列、74C × × 系列和硅—氧化铝系列。前两个系列应用很广，而硅—氧化铝系列因价格昂贵目前尚未普及。

1）4000 系列

附表 2 列出了 4000 系列 CMOS 器件型号组成符号及意义。

附表 3 列出了国外主要生产公司的产品代号。

例如：

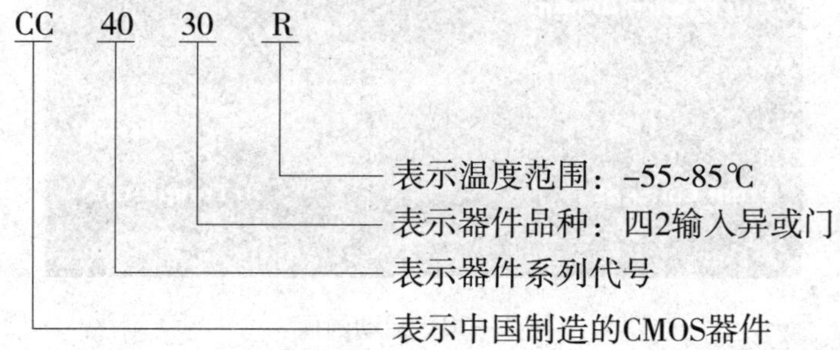

2）74C××系列

74C××系列有：普通 74C××系列、高速 CMOS 74HC××/HCT××系列及先进的 CMOS 74AC××/ACT××系列。其中，74HCT××和 74ACT××系列可直接与 TTL 相兼容，它们的功能及管脚设置均与 TTL74 系列保持一致。此系列器件型号组成符号及意义见附表 1。

3．常用 TTL、CMOS 集成与非门、或非门、与或非门等电路见附表 4。

职业能力培养

教材附录表格中给出的产品型号含义等内容均出自相关的国家标准和技术规范，查阅相关资料或通过互联网检索，了解这些标准的出处和内容，掌握获取类似信息的方法和路径，为在日后的学习中更准确、迅速地查询所需国家标准和技术规范打下基础。

任务实施

一、软件仿真

本任务首先对电路进行软件仿真，然后完成实际电路的安装调试。

Proteus ISIS 是由英国 Labcenter 公司开发的一款电路分析与实物仿真软件。它运行于 Windows 操作系统上，可以仿真、分析各种模拟器件和集成电路，具有模拟电路仿真、数字电路仿真、单片机及其外围电路组成系统的仿真等多种功能，有各种虚拟仪器，如示波器、逻辑分析仪、信号发生器等。

1．进入 Proteus ISIS

启动仿真软件，出现如图 1—36 所示画面，表明进入 Proteus ISIS 集成环境。

图 1—36　启动画面

2. 工作界面

Proteus ISIS 的工作界面是一种标准的 Windows 界面，如图 1—37 所示。包括：标题栏、主菜单栏、标准工具栏、绘图工具栏、状态栏、对象选择按钮、预览对象方位控制按钮、仿真进程控制按钮、预览窗口、对象选择器窗口、图形编辑窗口。

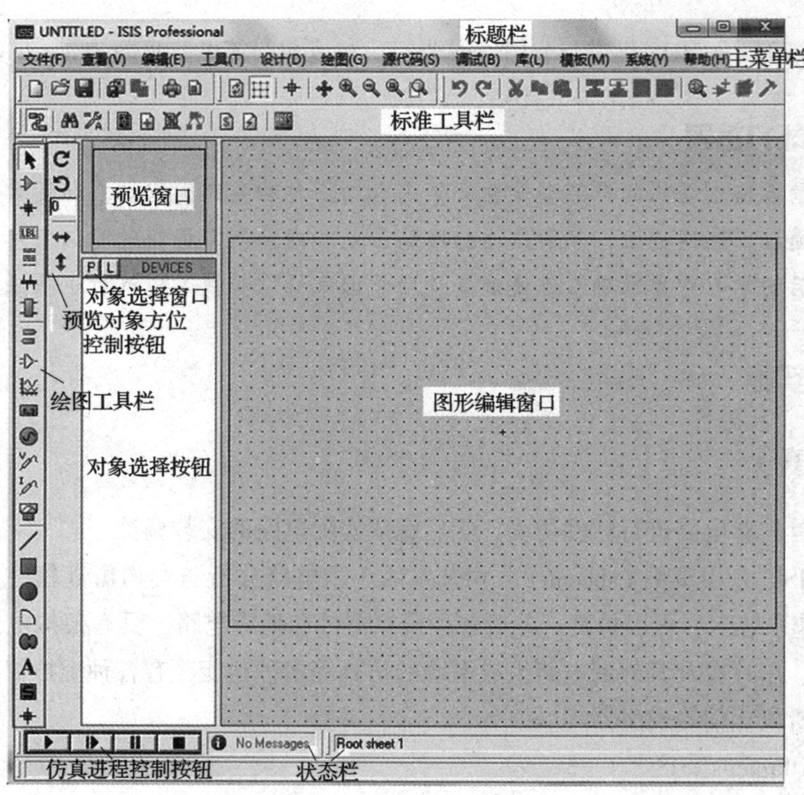

图 1—37　Proteus ISIS 的工作界面

3．原理图的绘制

表决器控制原理图如图 1—38 所示。

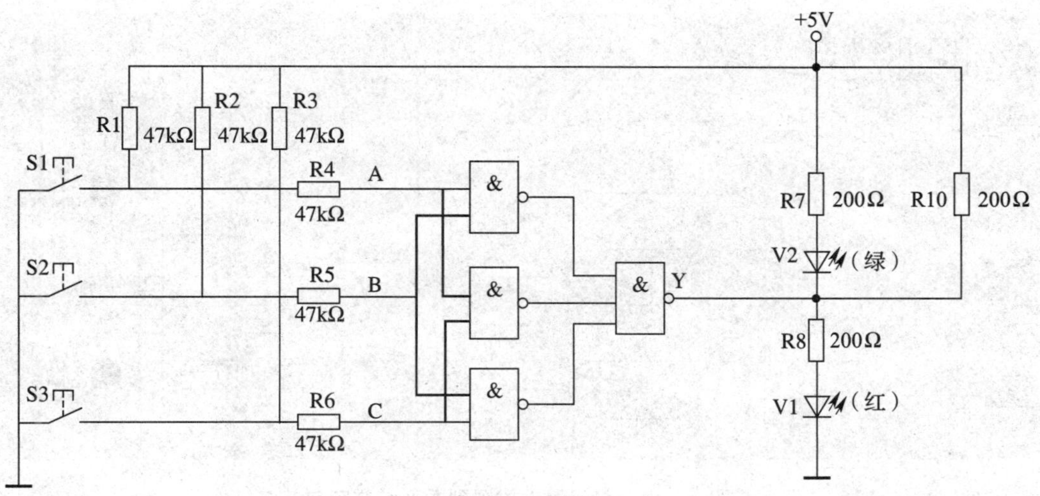

图 1—38　控制原理图

（1）选择元器件

通过对象选择按钮，从元器件库中选择对象 CD4012、ULN2003、发光二极管、电阻等，如图 1—39 所示，并置入对象选择器窗口，再放置到图形编辑器窗口，调整位置如图 1—40 所示。

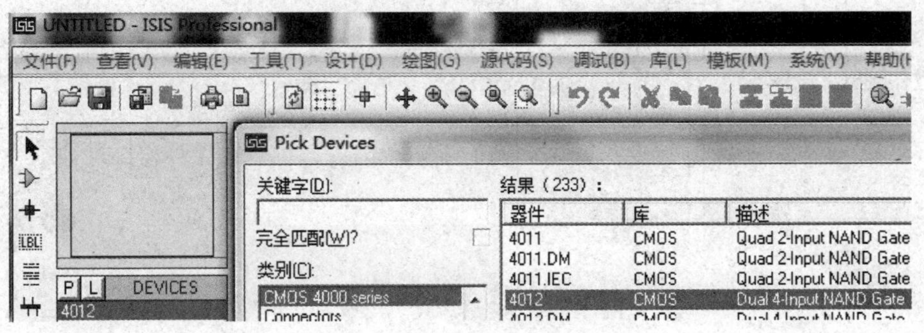

图 1—39　从元器件库中选择对象

（2）画导线

Proteus 的智能化功能可以在用户想要画线的时候进行自动检测。当鼠标的指针靠近一个对象的连接点时，跟着鼠标的指针就会出现一个“×”号，鼠标左键点击元器件的连接点，移动鼠标（不必拖动）连接线会随之移动。如果想让软件自动定出线路径，只需左键单击另一个连接点即可。线路自动路径功能（WAR）可通过使用工具栏里的“WAR”命令按钮来关闭或打开。如果需要自己决定走线路径，只需在拐点处点击鼠标左键即可。在此过程的任何时刻，都可以按 ESC 或者点击鼠标的右键来放弃画线。画好的原理图如图 1—41 所示。

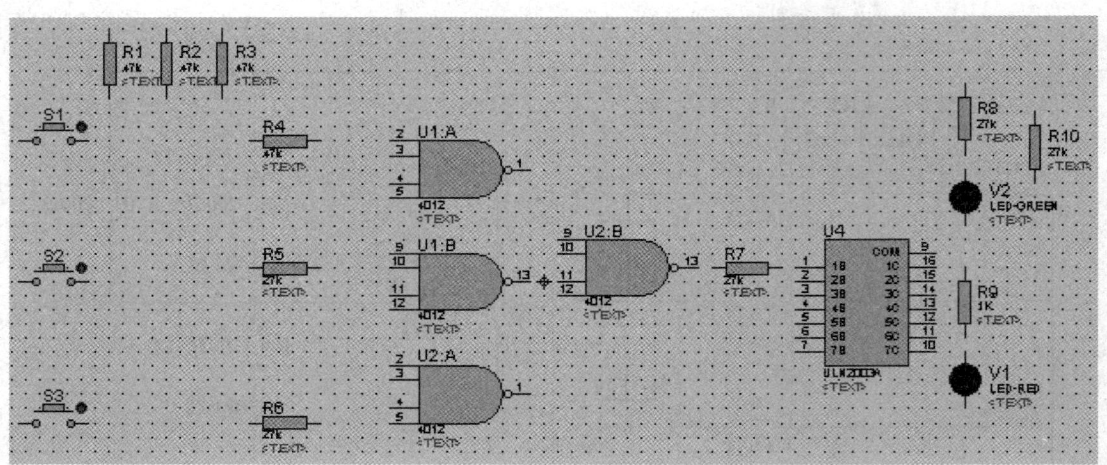

图 1—40　将元器件放置到图形编辑窗口

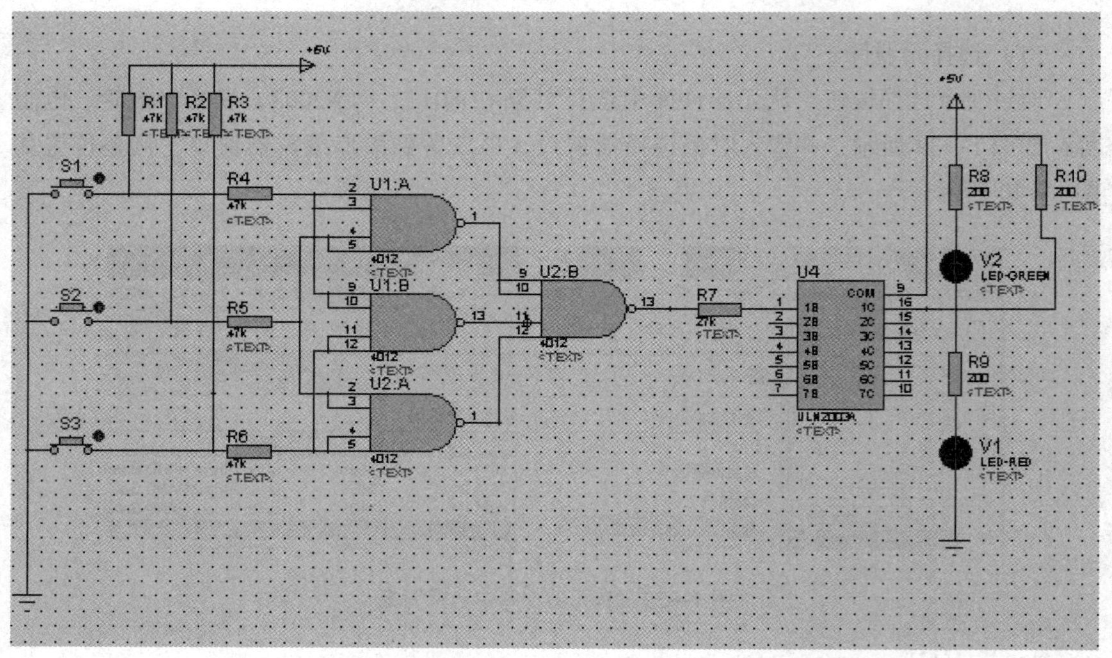

图 1—41　图形编辑窗口中画好的原理图

4. 仿真调试

点击虚拟仪表按钮，在对象选择器中找到“DC VOLTMETER（电压表）”，添加到原理图编辑区并按照图 1—42 布置，连接好线。按下仿真按钮，改变开关 S1、S2 的状态，观察记录 LED 二极管的状态和各个电压表的测量值。

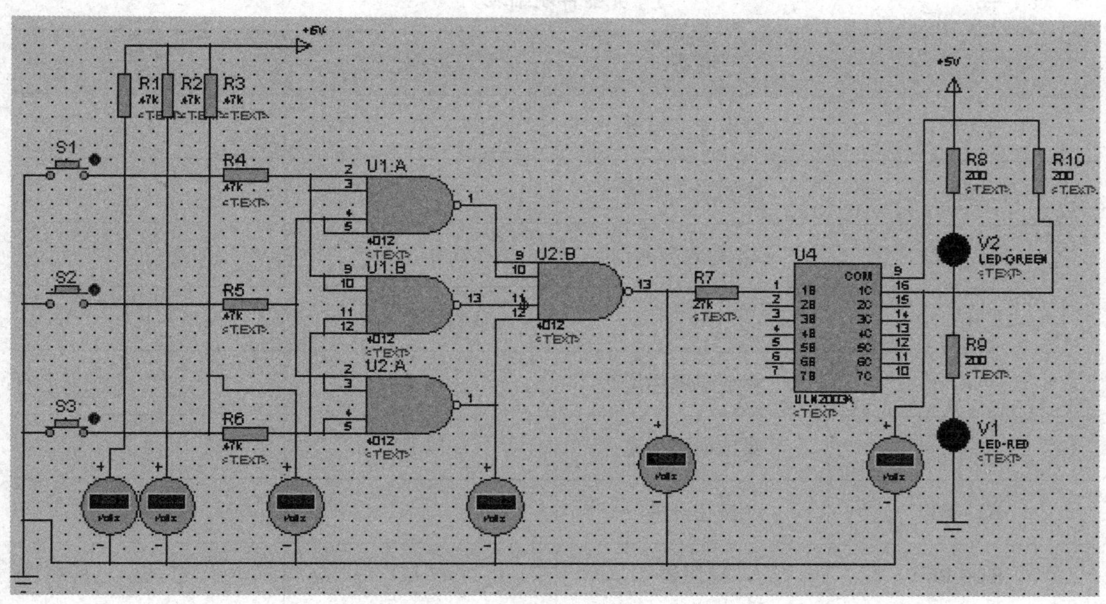

图 1—42　电路的仿真调试

职业能力培养

Proteus 软件功能十分强大，在对照以上操作步骤完成仿真实训的基础上，学习相关教材或技术手册，进一步熟悉和掌握 Proteus 软件的使用。除此之外，还可进一步查询了解，除了 Proteus 外，在电子技术中常用的其他仿真软件。

二、实践操作

1. 准备工具、仪表器材

（1）工具

钳子、电烙铁、镊子等常用电子组装工具一套。

（2）仪表

15 V 直流稳压电源、万用表。

2. 核对检测元器件

（1）清点元器件

按元器件明细表 1—8 核对元器件的数量、型号和规格，如有短缺、差错应及时补全和更换。

（2）检测元器件

用万用表的电阻挡对元器件进行检测，剔除并更换不符合质量要求的元器件。

表 1—8　　元器件明细表

代号	名称	型号	数量
V1	红发光二极管		1
V2	绿发光二极管		1
IC1、IC2	二 4 输入与非门	CD4012	2
IC3	OC 门	ULN2003AN	1
	集成电路插座	16 脚	1
	集成电路插座	14 脚	2
S1 ~ S3	按钮开关		3
R1 ~ R6	电阻器	47 kΩ	6
R9	电阻器	27 kΩ	1
R7、R8、R10	电阻器	200 Ω	3
C1、C2、C3	电容器	0.01 μF	3
	试验板		1

（3）识别所用集成电路的外形及引脚排列

1）OC 门

OC 门外形如图 1—43 所示，引脚排列如图 1—44 所示。

图 1—43　OC 门 ULN2003AN 外形图

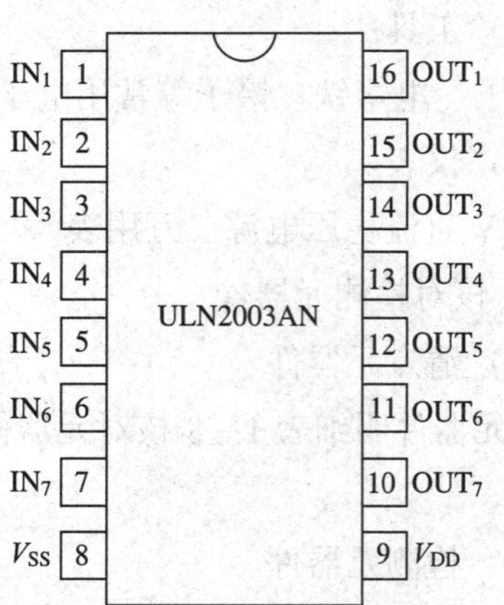

图 1—44　ULN2003AN 引脚排列图

其中：V_{DD}——电源端

V_{SS}——地

IN_1、IN_2、…、IN_7——第一、第二、……、第七个 OC 门的输入

OUT_1、OUT_2、…、OUT_7——第一、第二、……、第七个 OC 门的输出

2）二 4 输入与非门 CD4012

二 4 输入与非门外形如图 1—45 所示，引脚排列如图 1—46 所示。

图 1—45　CD4012 外形图

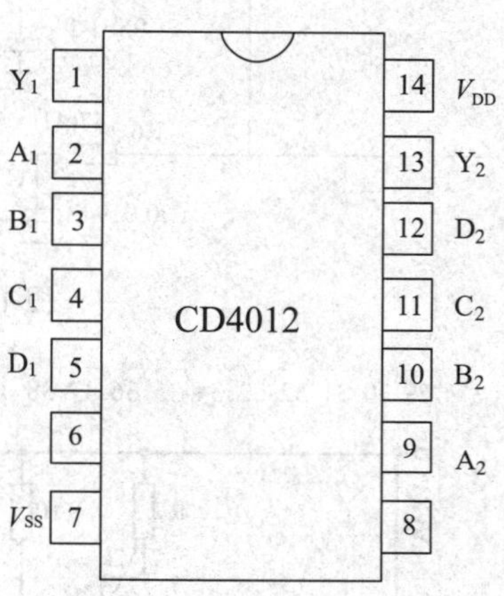

图 1—46　CD4012 引脚排列图

其中：V_{DD}——电源端

V_{SS}——地

A_1、B_1、C_1、D_1——第一个与非门的输入

Y_1——第一个与非门的输出

A_2、B_2、C_2、D_2——第二个与非门的输入

Y_2——第二个与非门的输出

3．装配电路

（1）表决器测试电路图

表决器测试电路图如图 1—47 所示。与前面的仿真电路图相比，在实际操作中，为了保证测试电路工作稳定，增加了三个电容，滤除高频干扰。

（2）画出装配图

根据电路图正确进行装配图的设计，可以两面布线，以焊点一面为主，图中焊点、连接线、元器件都是安装时的实际位置，实线表示焊点一面的连接线，虚线表示元器件一面的连接线，连接线画的要平直，不能交叉。装配图如图 1—48 所示。

（3）试验板的插装与焊接

1）按装配图将元器件插装在试验板上，安装原则是先低后高、先里后外、上道工序不得影响下道工序的安装。

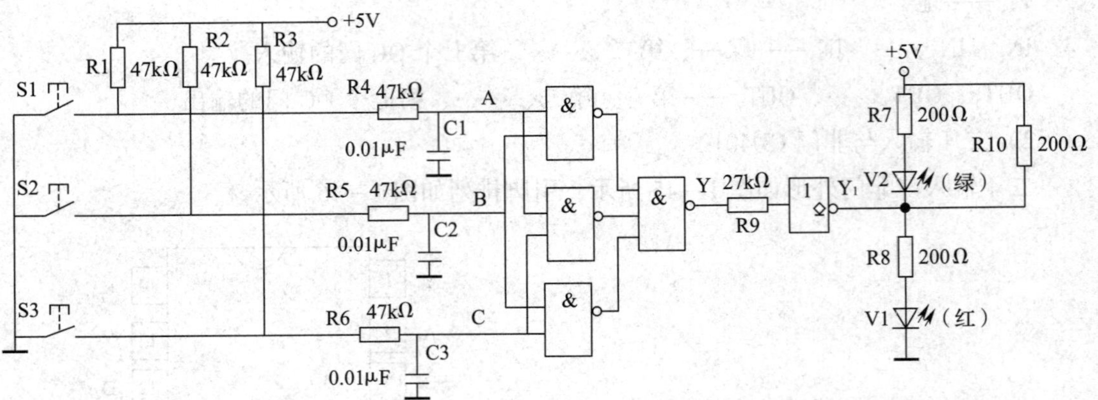

图 1—47 表决器测试电路

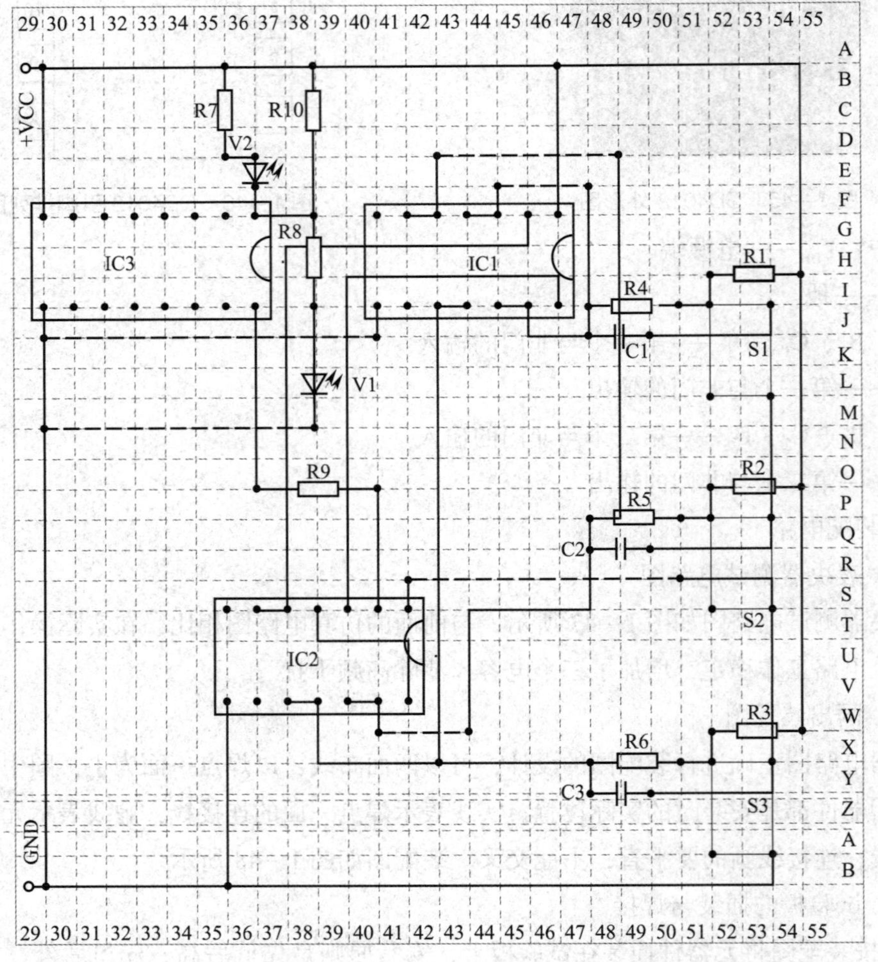

图 1—48 装配图

2）圆柱形的元器件（如电阻器）采用卧式安装，占用四个焊盘，紧贴板面安装，色标法电阻的色环标志顺序方向一致，如图 1—49 所示。

3）集成电路应安装相应的插座，插座标记口的方向应与实际的集成块标记口方向一致，将集成电路插入插座时，应避免插反及引脚未完全插入插座等现象。16 脚插座占 4 × 8 个焊盘，14 脚插座占 4 ×7 个焊盘。14 脚插座的示意图如图 1—50 所示。

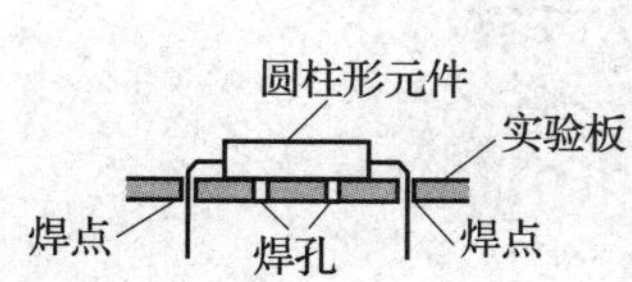

图 1—49　圆柱形元器件的安装

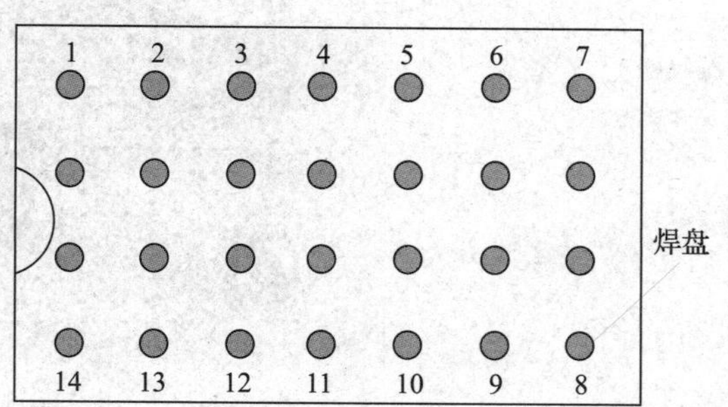

图 1—50　集成电路插座安装示意图

4）发光二极管占用两个焊盘，引脚高度与集成电路插座高度相等，如图 1—51 所示。

5）按钮外形如图 1—52 所示，按钮占用 3 ×4 个焊盘，如图 1—53 所示。

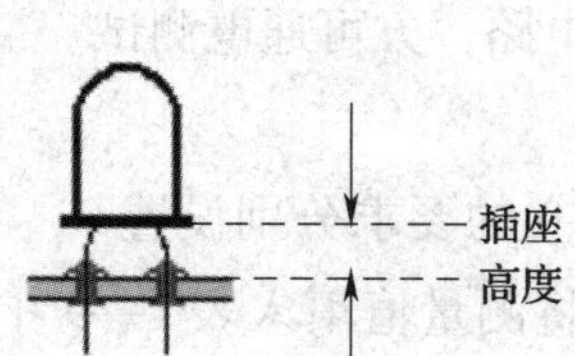

图 1—51　二极管安装示意图

图 1—52　按钮外形图

6）电容器占用两个焊盘，引脚高度 3 mm，如图 1—54 所示。

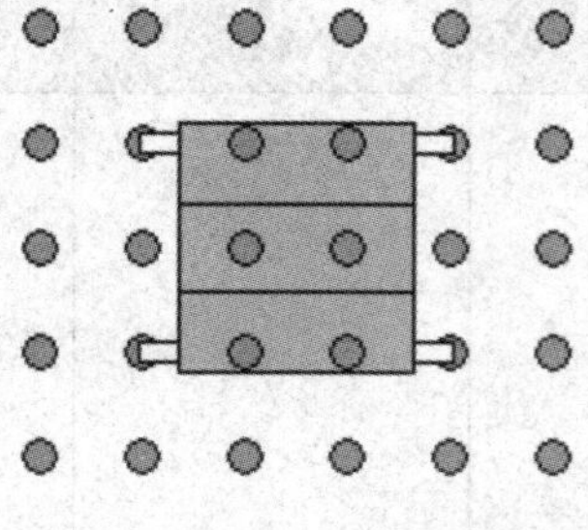

图 1—53　按钮安装示意图

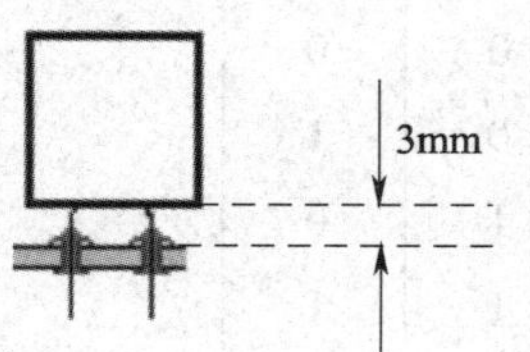

图 1—54　电容安装示意图

7）所有焊点均采用直脚焊，焊后剪去多余引脚。

安装好的电路板如图 1—55 所示。

图 1—55　表决器电路板

4．测试电路

（1）电路安装完毕后，对照电路图和装配图仔细检查电路中各元器件是否安装正确，导线、焊点是否符合要求，检查有极性器件是否安装连接正确。

（2）用万用表检测电源是否有短路问题，若发现短路，应先排除短路点。

（3）检测无误后，按集成电路标记口的方向插上集成电路，方可通电测试。

（4）测试要求

设 S1、S2、S3 按下为“0”，未按下为“1”，按表 1—9 的要求分别设置 S1、S2、S3 的状态，用万用表分别测量 A、B、C、Y_1、Y 点的电位，将测量值填入表 1—9 中，并观察记录发光二极管的状态。

表 1—9　测试记录表

S1	S2	S3	V_A　V_B　V_C	V_{Y1}　V_Y	发光二极管状态	
					V1	V2
0	0	0				
0	0	1				
0	1	0				
0	1	1				
1	0	0				
1	0	1				
1	1	0				
1	1	1				

任务评价

任务评价表

评价项目	评价内容	配分（分）	自我评价	小组评价	教师评价
职业素养	安全意识、责任意识、服从意识强	5			
	积极参加教学活动，按时完成各项学习任务	5			
	团队合作意识强，善于与人交流和沟通	5			
	自觉遵守劳动纪律，尊敬师长，团结同学	5			
	爱护公物，节约材料，工作环境整洁	5			
专业能力	能正确完成电路仿真，仿真结果符合要求	15			
	装配图绘制合理	10			
	元器件布局合理	10			
	装配电路质量符合要求	20			
	电路测试效果符合要求	20			
合计		100			
总评	自我评价 ×20% + 小组评价 ×20% + 教师评价×60% =	综合等级	教师（签名）：		

注：学习任务考核采用自我评价、小组评价和教师评价三种方式，考核分为 A（100~90）、B（89~80）、C（79~70）、D（69~60）、E（59~0）五个等级。

思考与练习

1. 数字逻辑电路有哪三种基本逻辑关系？分别对应的门电路是什么？描述其逻辑功能。
2. 常用的复合门有哪些？描述其功能。
3. 在使用集成门电路时多余的引脚应如何处理？

任务2　组合逻辑电路的分析与设计

学习目标

1. 熟悉逻辑运算规则及定律，掌握逻辑函数的化简方法。
2. 掌握组合逻辑电路的分析方法。
3. 理解组合逻辑电路的设计步骤，掌握简单组合逻辑电路的设计方法。
4. 能正确设计、仿真、安装、调试和测量一位二进制数码比较器电路。

任务描述

在任务 1 中我们已经装配调试了表决器电路，本任务中，将进一步学习如何分析、设计这类电路，并根据组合电路的分析与设计方法完成比较器电路的设计、仿真、安装和测试。

相关知识

一、逻辑函数的定义

在逻辑电路中，如果输入变量 A、B、C…的取值确定后，输出变量 Y 的值也被唯一确定，则称 Y 是 A、B、C…的逻辑函数。逻辑函数的一般表达式可以写作：

$$Y = F\ (A,\ B,\ C\cdots)$$

如 $Y = A + B$ 和 $Y = \overline{AB}$ 分别表示 Y 是 A、B 的或函数以及 Y 是 A、B 的与非函数。

二、逻辑函数的表示方法

1. 真值表

真值表在上一任务中已经使用过，它是将输入逻辑变量的各种可能取值和相应的函数值排列在一起组成的表格。由于一个逻辑变量只有 0 和 1 两种可能的取值，故 n 个逻辑变量一共有 2^n 种可能的取值组合。

如图 1—56 所示是一个用双单刀双掷开关来控制楼梯照明的电路。上楼时，先在楼下开灯，上楼后顺手把灯关掉。可以用逻辑函数表示电灯的状态与开关状态之间的逻辑关系。

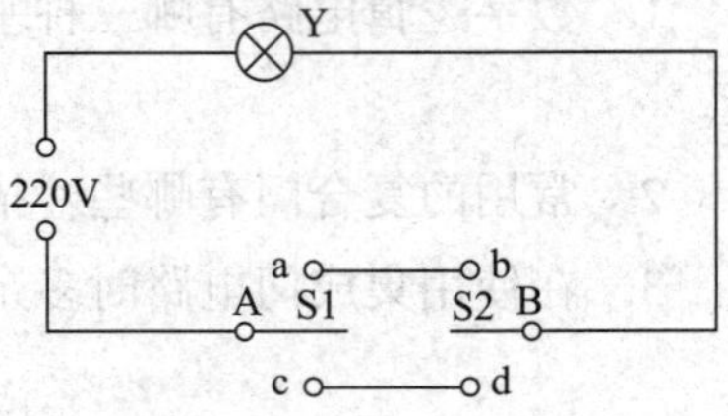

图 1—56　控制楼梯照明的电路

电灯的状态用 Y 表示，$Y=1$ 表示灯亮，$Y=0$ 表示灯灭。开关 S1 的状态用 A 表示，A = 1 表示 S1 扳在上面，A = 0 表示 S1 扳在下面。开关 S2 的状态用 B 表示，B = 1 表示 S2 扳在上面，B = 0 表示 S2 扳在下面。通过分析可知，当 A 和 B 都为 1 或都为 0 时，灯亮，即 Y = 1；其他情况下，灯灭，即 Y = 0。这样可以列出 A、B 每种取值情况下的 Y 值，见表 1—10，这就是该函数的真值表。

表 1—10　　逻辑函数 Y 的真值表

逻辑变量值开关的状态		逻辑函数值电灯的状态
A	B	Y
0	0	1
0	1	0
1	0	0
1	1	1

列表时习惯上常按逻辑变量各种可能的取值所对应的二进制数由小到大排列，这样，既可避免遗漏，也可避免不必要的重复。二进制是“逢二进一”的一种计数方式，因此使用二进制计数只需要 0 和 1 两个数字，日常使用的十进制中的 0、1、2、3、4…在二进制中即表示为 0、1、10、11、100…。

用真值表表示逻辑函数，主要的优点是直观明了地表示了逻辑变量的各种取值情况和逻辑函数值之间的对应关系，缺点是变量多时，列表比较烦琐。

2. 逻辑表达式

逻辑表达式是由逻辑变量和与、或、非三种运算符号所构成的表达式，简称函数式或表达式。

逻辑表达式和真值表是逻辑函数的两种不同表示方法，可以互相转换。如果已知逻辑表达式，只要将变量的各种可能取值代入表达式进行计算，求出相应的函数值，再把变量值和函数值一一对应列成表格，就可以得到真值表。反之，由真值表也很容易得到逻辑表达式。只要把真值表中函数值等于 1 的变量组合写出来，变量值是 1 的写成原变量（变量自身），是 0 的写成反变量（变量的反），这样对应于函数值为 1 的每一个变量组合就可以写成一个乘积项，只要把这些乘积项相加，就得到相应的逻辑表达式了。

电灯的状态 Y 与开关的状态 A、B 的关系可由真值表写出逻辑表达式：

$$Y = AB + \overline{A}\,\overline{B}$$

根据与、或、非逻辑的基本概念，从式中可以看出，Y 在两种情况下为 1：一种情况是 AB = 1（即 A = B = 1）；另一种情况是 $\overline{A}\,\overline{B} = 1$（即 $\overline{A} = \overline{B} = 1$，也就是 A = B = 0）。这两

种情况的任何一种情况满足，Y 的值都等于 1，这与它的真值表是相符的。这种逻辑关系也称为同或逻辑，对应的电路称为同或门。

想一想

同或门和异或门之间有什么关系？

扫描二维码
查看参考答案

3．逻辑图

用规定的逻辑符号按逻辑关系连接起来构成的图称为逻辑图。如图 1—57 所示为上例图 1—56 中逻辑函数 Y 的逻辑图。

4．波形图

波形图是根据逻辑变量与函数的逻辑关系，在给出输入变量随时间变化的波形后，用电平的高低变化描述输出变量随时间变化波形的图形。它反映输入与输出信号间的对应关系，又称时序图。如图 1—58 所示为给出 A、B 波形后得到的 Y = AB 的对应波形，可用于对电路的测试和动态分析。由图 1—58 可见，与门电路具有控制作用，就像一种开关，当控制端 A = 1 时，允许 B 端信号通过。

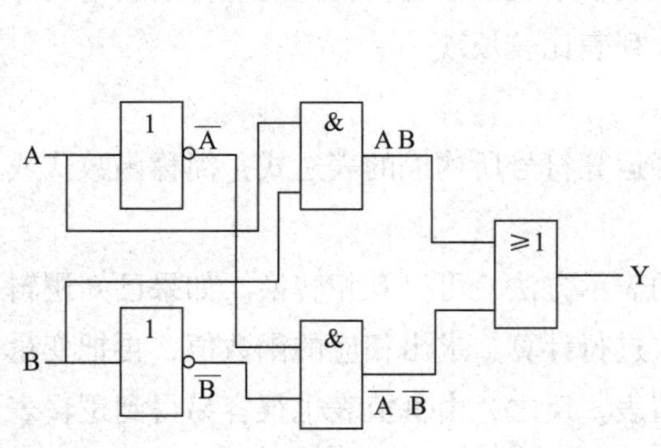

图 1—57　逻辑函数 Y 的逻辑图

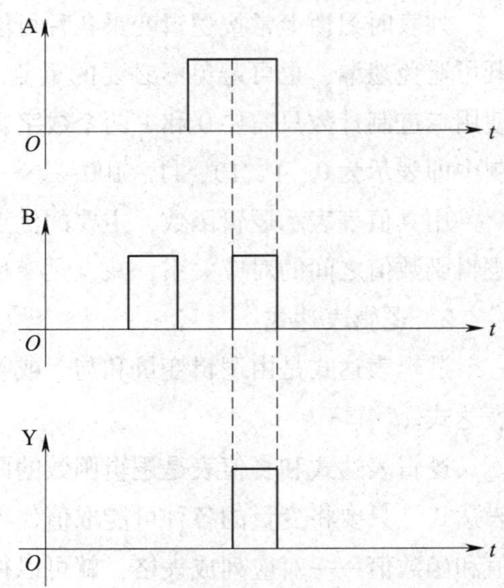

图 1—58　与门的输入输出波形图

5．卡诺图

卡诺图是用图形表示逻辑函数的一种方法，又称图形法，它是对逻辑函数化简的主要方法之一，能直观、完整地描述函数的逻辑关系。

三、正逻辑和负逻辑

在数字电路中，通常用电路的高电平和低电平来分别代表逻辑 1 和逻辑 0，在前面二极管门电路的分析中，采用的就是这种表示方法。电路的电平和逻辑取值之间这种对应关系的规定，称为逻辑规定。逻辑规定分为正逻辑和负逻辑。

所谓正逻辑是指用电路的高电平代表逻辑 1，低电平代表逻辑 0；所谓负逻辑是指用电路的低电平代表逻辑 1，高电平代表逻辑 0。

对于一个数字电路，既可以采用正逻辑，也可采用负逻辑。同一电路，如果采用不同的逻辑规定，那么电路所实现的逻辑运算可能是不同的。与门、或门的正、负逻辑电平关系见表 1—11 和表 1—12。

表 1—11　　逻辑门正逻辑电平关系表

输入		输出	
X	Y	与门	或门
0	0	0	0
0	1	0	1
1	0	0	1
1	1	1	1

表 1—12　　逻辑门负逻辑电平关系表

输入		输出	
X	Y	与门	或门
0	0	0	0
0	1	1	0
1	0	1	0
1	1	1	1

比较表 1—11 和表 1—12，可以看出：正逻辑与门和负逻辑或门相对应；正逻辑或门和负逻辑与门相对应。对于同一电路，如果采用正逻辑，电路实现与运算，那么采用负逻辑时，电路则实现或运算。

通常情况下采用正逻辑，以后不再说明。

四、逻辑代数的基本运算定律

逻辑代数的基本运算定律见表 1—13。

表 1—13　　逻辑代数基本运算定律

定律				
0—1 律	$A \cdot 1 = A$	$A \cdot 0 = 0$	$A + 0 = A$	$A + 1 = 1$
互补律	$A + \overline{A} = 1$	$A \cdot \overline{A} = 0$		
重叠律	$A + A = A$	$A \cdot A = A$		
还原律	$\overline{\overline{A}} = A$			
交换律	$A + B = B + A$		$AB = BA$	
结合律	$(A + B) + C = A + (B + C)$		$(AB) \cdot C = A(BC)$	
分配律	$A(B + C) = AB + AC$		$A + BC = (A + B)(A + C)$	
反演律（摩根定律）	$\overline{A + B} = \overline{A}\,\overline{B}$ 推广：$\overline{ABC} = \overline{A} + \overline{B} + \overline{C} + \cdots$		$\overline{AB} = \overline{A} + \overline{B}$ $\overline{A + B + C \cdots} = \overline{A}\,\overline{B}\,\overline{C} \cdots$	
吸收律	$AB + A\overline{B} = A$	$A + AB = A$	$A + \overline{A}B = A + B$	

表 1—13 中的定律可以用真值表证明：分别列出等式两边的真值表，如果等式两边对于变量的所有可能取值所得的结果都相符，就证明该公式是正确的。

如证明 $A + BC = (A + B)(A + C)$ 成立，可用表 1—14 所列真值表。

表 1—14　　真值表证明

变量取值	等式左边	等式右边
A　B　C	$A + BC$	$(A + B)(A + C)$
0　0　0	0	0
0　0　1	0	0
0　1　0	0	0
0　1　1	0	0
1　0　0	0	0
1　0　1	1	1
1　1　0	1	1
1　1　1	1	1

由表 1—14 可知，对于 A、B 的所有可能取值，等式都是成立的，这就证明了分配律 $A + BC = (A + B)(A + C)$ 的正确性。

用学过的基本运算定律证明吸收律，如：$AB + A\overline{B} = A(B + \overline{B}) = A \cdot 1 = A$。

扫描二维码
查看参考答案

逻辑代数中的基本公式只反映了变量之间的逻辑关系，而不是数量关系。在运算中不能把初等代数的其他运算规律套用到逻辑代数中。例如，等式两边不允许移项，因为逻辑代数中没有减法和除法。在进行逻辑运算时，按先算括号、再算与、最后算或的顺序进行，与初等代数是一样的。

五、逻辑函数的化简

同一个逻辑函数往往可以用不同的表达式进行描述，例如：

$$L = A\bar{B} + BC \qquad \text{与或表达式}$$

$$= (A + B)(\bar{B} + C) \qquad \text{或与表达式}$$

$$= \overline{\overline{A\bar{B}}\;\overline{BC}} \qquad \text{与非—与非表达式}$$

$$= \overline{\overline{A + B} + \overline{\bar{B} + C}} \qquad \text{或非—或非表达式}$$

$$= \overline{\bar{A}\bar{B} + B\bar{C}} \qquad \text{与或非表达式}$$

对于一个逻辑函数而言，如果表达式是最简式，那么实现这个逻辑表达式的电路所需要的元器件就是最少的，从而功耗小、可靠性高。所以，对于一个逻辑电路，化简表达式得到最简式是十分重要的。

在逻辑函数的几种表达式中，与或表达式最常用，也容易转换成其他的表达式，因此，下面着重讨论最简与或表达式。

最简与或表达式的条件是：在不改变逻辑关系的情况下，要求乘积项的个数最少，在此前提下，要求每一个乘积项中变量的个数最少。

1. 代数化简法

(1) 并项法

并项法是指利用吸收律公式 $AB + A\bar{B} = A$ 将两个乘积项合并为一项，消去一个互补的变量。

例如化简 $A\bar{B}C + A\bar{B}\bar{C}$，将 $A\bar{B}$ 作为一个整体，看作上面公式中的“A”，将 C 看做上面公式中的“B”，则有

$$A\bar{B}C + A\bar{B}\bar{C} = (A\bar{B})C + (A\bar{B})\bar{C} = A\bar{B}$$

(2) 吸收法

吸收法是指利用吸收律公式 $A + AB = A$ 吸收多余的乘积项。

例如化简 $\bar{A}B + \bar{A}BC$，将 $\bar{A}B$ 作为一个整体，看作上面公式中的“A”，将 C 看作上面

公式中的“B”，则有

$$\overline{A}B+\overline{A}BC=(\overline{A}B)+(\overline{A}B)C=\overline{A}B$$

（3）消去法

消去法是指利用吸收律公式 $A+\overline{A}B=A+B$ 消去多余的因子。

例如化简 $\overline{A}+AC+B\overline{C}D$，对于前两项 $\overline{A}+AC$，即可利用上面公式化简 $\overline{A}+C$，即

$$\overline{A}+AC+B\overline{C}D=(\overline{A}+AC)+B\overline{C}D=(\overline{A}+C)+B\overline{C}D$$

然后利用交换律和结合律，将上式变为 $\overline{A}+(C+\overline{C}BD)$，再将 BD 作为一个整体，再次利用消去法，得到

$$\overline{A}+(C+\overline{C}BD)=\overline{A}+C+BD$$

（4）配项法

配项法是指利用 $A=A(B+\overline{B})$ 将某项拆成两项，然后再用上述方法进行化简。

例如：

$$\begin{aligned}L&=A\overline{B}+B\overline{C}+\overline{B}C+\overline{A}B\\&=A\overline{B}(C+\overline{C})+(A+\overline{A})B\overline{C}+\overline{B}C+\overline{A}B\\&=A\overline{B}C+A\overline{B}\overline{C}+AB\overline{C}+\overline{A}B\overline{C}+\overline{B}C+\overline{A}B\\&=(A+1)\overline{B}C+A\overline{C}(\overline{B}+B)+\overline{A}B(\overline{C}+1)\\&=\overline{B}C+A\overline{C}+\overline{A}B\end{aligned}$$

对于同一逻辑函数，运用不同的方法往往可以得到不同的化简结果，例如上面的例子中，如果分别利用 $(A+\overline{A})$、$(C+\overline{C})$ 将 $\overline{B}C$ 、$\overline{A}B$ 都拆成两项，也同样可以完成函数的化简。按此方法计算一下，对比两种方法的计算结果。

扫描二维码

查看参考答案

可见，经代数法化简得到的最简与或表达式，有时不是唯一的，实际应用中往往遇到比较复杂的逻辑函数，因此必须综合运用基本公式和常用公式，才能得到最简的结果。

扫描二维码

查看参考答案

化简逻辑函数：$Y=\overline{A}\overline{B}+\overline{A}CD+AC+B\overline{C}$

化简逻辑函数：$Y=\overline{A}B+\overline{A}C+\overline{BC}+AD+BDEF$

2. 卡诺图化简法

逻辑表达式的代数化简法需要对基本运算定律比较熟悉，而且还要有一定的技巧。因此，这种方法在运用上比较不便。而用卡诺图来化简，则简单、直观，特别是对变量少于五个的逻辑函数的化简，显得相当方便。

卡诺图就是将真值表按一定的规则转换成相应变量的方格图。

（1）卡诺图的画法

1）由真值表画卡诺图

卡诺图的左上角标注了输入变量，上边框、左边框表示对应于左上角输入变量的各种可能取值。卡诺图由一定数量的小方格组成，每一个小方格表示一个最小项。所谓最小项，是指这样的乘积项：①有 n 个变量，则最小项就有 n 个因子，例如，三变量的最小项就有三个因子；②每一个变量都以原变量或者反变量的形式作为一个因子在乘积项中出现一次，且仅出现一次。左、上边框各变量的取值规则是：相邻的两个最小项中只有一个变量不同。

表1—15是两个变量A、B所组成的逻辑函数Y（A、B）的真值表，用1对应逻辑变量的原变量，0对应其反变量，可写出两变量A、B有四个最小项：$Y_0=\overline{A}\overline{B}$、$Y_1=\overline{A}B$、$Y_2=A\overline{B}$、$Y_3=AB$，转换成卡诺图如图1—59所示。

表1—15　Y（A、B）的真值表

A	B	Y
0	0	Y_0
0	1	Y_1
1	0	Y_2
1	1	Y_3

A\B	0	1
0	Y_0	Y_1
1	Y_2	Y_3

图1—59　两个变量卡诺图

表1—16是三个变量A、B、C所组成的逻辑函数Y（A、B、C）的真值表，三变量A、B、C有八个最小项：$Y_0=\overline{A}\overline{B}\overline{C}$、$Y_1=\overline{A}\overline{B}C\cdots$，转换成卡诺图如图1—60所示。

表1—16　Y（A、B、C）的真值表

A	B	C	Y	A	B	C	Y
0	0	0	Y_0	1	0	0	Y_4
0	0	1	Y_1	1	0	1	Y_5
0	1	0	Y_2	1	1	0	Y_6
0	1	1	Y_3	1	1	1	Y_7

A \ BC	00	01	11	10
0	Y_0	Y_1	Y_3	Y_2
1	Y_4	Y_5	Y_7	Y_6

图 1—60　三变量卡诺图

表 1—17 是四个变量 A、B、C、D 所组成的逻辑函数 Y（A、B、C、D）的真值表，四变量 A、B、C、D 就有十六个最小项，转换成卡诺图如图 1—61 所示。

表 1—17　　Y（A、B、C、D）的真值表

A	B	C	D	Y	A	B	C	D	Y
0	0	0	0	Y_0	1	0	0	0	Y_8
0	0	0	1	Y_1	1	0	0	1	Y_9
0	0	1	0	Y_2	1	0	1	0	Y_{10}
0	0	1	1	Y_3	1	0	1	1	Y_{11}
0	1	0	0	Y_4	1	1	0	0	Y_{12}
0	1	0	1	Y_5	1	1	0	1	Y_{13}
0	1	1	0	Y_6	1	1	1	0	Y_{14}
0	1	1	1	Y_7	1	1	1	1	Y_{15}

四变量的卡诺图中 Y_5 和 Y_{13} 两相邻小方格中 $Y_5=\overline{A}B\overline{C}D$、$Y_{13}=AB\overline{C}D$，只有变量 A 不同，这样的称为相邻项。实际上卡诺图中左面与右面、顶上和底部也相邻，四个角落 Y_0、Y_2、Y_8、Y_{10} 也相邻。

AB \ CD	00	01	11	10
00	Y_0	Y_1	Y_3	Y_2
01	Y_4	Y_5	Y_7	Y_6
11	Y_{12}	Y_{13}	Y_{15}	Y_{14}
10	Y_8	Y_9	Y_{11}	Y_{10}

图 1—61　四变量卡诺图

2）由逻辑表达式画卡诺图

把逻辑表达式表示成与或式，然后在卡诺图中把每一个乘积项所包含的最小项都填上 1，其余的填上 0，就可以得到逻辑表达式的卡诺图。

例题

1. 画出 $Y=\overline{A}\,\overline{B}+AB+A\overline{B}C$ 的卡诺图。

解：函数 Y 中有三个变量：A、B、C，所示 $Y_5=A\overline{B}C$ 就是一个最小项，而 $\overline{A}\,\overline{B}=$

$\overline{A}\,\overline{B}(C+\overline{C})=\overline{A}\,\overline{B}C+\overline{A}\,\overline{B}\,\overline{C}$，所以，$\overline{A}\,\overline{B}$ 包含了两个最小项 Y_0 和 Y_1。同理，AB 包含了两个最小项 Y_6、Y_7。

把表达式中包含的所有最小项在长诺图对应位置填上 1，其余填上 0，得到如图 1—62 所示的卡诺图。

2. 画出逻辑函数 $Y=A\overline{D}+BC\overline{D}+\overline{A}B+\overline{B}C$ 的卡诺图。

解：函数 Y 有四个变量：A、B、C、D。

$$A\overline{D}=A\overline{D}(B+\overline{B})(C+\overline{C})=ABC\overline{D}+AB\overline{C}\,\overline{D}+A\overline{B}C\overline{D}+A\overline{B}\,\overline{C}\,\overline{D}$$

$$BC\overline{D}=BC\overline{D}(A+\overline{A})=ABC\overline{D}+\overline{A}BC\overline{D}$$

$$\overline{A}B=\overline{A}B\overline{C}\,\overline{D}+\overline{A}B\overline{C}D+\overline{A}BC\overline{D}+\overline{A}BCD$$

$$\overline{B}C=\overline{A}\,\overline{B}C\overline{D}+\overline{A}\,\overline{B}CD+A\overline{B}C\overline{D}+A\overline{B}CD$$

由此可见，四个变量的表达式中，如果某一乘积项有三个因子，则该项包含了两个最小项；如乘积项有两个因子，则该项包含了四个最小项。此例中有三个最小项 $ABC\overline{D}$、$\overline{A}BC\overline{D}$、$A\overline{B}C\overline{D}$出现了两次。因此，该表达式有 11 个最小项。画出的卡诺图如图 1—63 所示。

A \ BC	00	01	11	10
0	1	1	0	0
1	0	1	1	1

图 1—62 例题 1 的卡诺图

AB \ CD	00	01	11	10
00	0	0	1	1
01	1	1	1	1
11	1	0	0	1
10	1	0	1	1

图 1—63 例题 2 的卡诺图

小提示

熟悉了卡诺图的原理和画图规则，熟练掌握后，可以直接通过阅读逻辑函数的与或形式画出卡诺图。例如上例中，第一项是 $A\overline{D}$，就在卡诺图中找到 A 为 1、D 为 0，而 B、C 为任意值的方格（共有四个），填上 1；第二项是 $BC\overline{D}$，就在卡诺图中找到 B 和 C 均为 1、D 为 0、A 为任意值的方格（共有两个），填上 1；依此类推，根据函数中的各项把表格填完，卡诺图就画好了。

（2）用卡诺图化简逻辑函数

在填好卡诺图后，首先圈相邻的最小项，只能两项、四项和八项一圈，要保证圈的项最多，且每个圈中都包含有未圈过的项；其次，提取每个圈中各项的公因子作为一个乘积项，这就是每个圈中最小项的化简结果，两个相邻最小项合并可消去一个变量，四个相邻最小项合并可消去两个变量，而八个相邻最小项合并，则可消去三个变量；最后，将各个圈中化简的乘积项加起来就得到了最简的与或式。

如图 1—64、图 1—65、图 1—66 所示分别画出了两个相邻最小项、四个相邻最小项和八个相邻最小项合并为一项的例子。

A \ BC	00	01	11	10
0	0	0	0	1
1	0	0	0	1

$\overline{A}B\overline{C}+AB\overline{C}=B\overline{C}$

AB \ CD	00	01	11	10
00	1	1	0	0
01	0	0	0	0
11	0	0	0	0
10	0	0	0	0

$\overline{A}\overline{B}\overline{C}\overline{D}+\overline{A}\overline{B}\overline{C}D=\overline{A}\overline{B}\overline{C}$

图 1—64　两个相邻最小项合并的表示方法

A \ BC	00	01	11	10
0	0	0	1	1
1	0	0	1	1

$\overline{A}B\overline{C}+\overline{A}BC+ABC+AB\overline{C}=B$

AB \ CD	00	01	11	10
00	1	0	0	1
01	0	0	0	0
11	0	0	0	0
10	1	0	0	1

$\overline{A}\overline{B}\overline{C}\overline{D}+\overline{A}\overline{B}C\overline{D}+A\overline{B}\overline{C}\overline{D}+A\overline{B}C\overline{D}=\overline{B}\overline{D}$

图 1—65　四个相邻最小项合并的表示方法

AB \ CD	00	01	11	10
00	1	1	1	1
01	0	0	0	0
11	0	0	0	0
10	1	1	1	1

$\overline{B}$

AB \ CD	00	01	11	10
00	0	1	1	0
01	0	1	1	0
11	0	1	1	0
10	0	1	1	0

D

图 1—66　八个相邻最小项合并的表示方法

例题

1. 利用卡诺图化简 $Y=\overline{B}CD+B\overline{C}+\overline{A}CD+A\overline{B}C$。

解：(1) 画出函数 Y 的卡诺图

$\overline{B}CD$ 包含了两个最小项 $Y_{11}=A\overline{B}CD$ 和 $Y_3=\overline{A}\overline{B}CD$。

$B\overline{C}$包含了四个最小项 $Y_{13}=AB\overline{C}D$，$Y_{12}=AB\overline{C}\overline{D}$，$Y_5=\overline{A}B\overline{C}D$，$Y_4=\overline{A}B\overline{C}\overline{D}$。

$\overline{A}\,\overline{C}D$ 包含了两个最小项 $Y_5=\overline{A}B\overline{C}D$，$Y_1=\overline{A}\,\overline{B}\,\overline{C}D$。

$A\overline{B}C$ 包含了两个最小项 $Y_{11}=A\overline{B}CD$，$Y_{10}=A\overline{B}C\overline{D}$。

（2）合并最小项

把可以合并的相邻最小项用环分别圈起来，如图 1—67 所示。

（3）根据圈定的各个环写出与或式，即最简与或式

$$Y=\overline{A}\,\overline{B}D+A\overline{B}C+B\overline{C}$$

可见，用卡诺图合并最小项，实质上就是反复运用 $AB+A\overline{B}$ 来合并相邻最小项，从而消去多余因子，得到最简的与或式。

2. 化简 $Y=\overline{A\oplus B}+A\overline{B}C$。

解：（1）将 Y 转换成与或式

$$\begin{aligned}Y&=\overline{A\oplus B}+A\overline{B}C\\&=\overline{A\overline{B}+\overline{A}B}+A\overline{B}C\\&=\overline{A\overline{B}}\cdot\overline{\overline{A}B}+A\overline{B}C\\&=(\overline{A}+B)(A+\overline{B})+A\overline{B}C\\&=0+\overline{A}\,\overline{B}+AB+0+A\overline{B}C\\&=AB+\overline{A}\,\overline{B}+A\overline{B}C\end{aligned}$$

（2）画出 Y 的卡诺图

AB 包含了两个最小项 $Y_6=AB\overline{C}$，$Y_7=ABC$。

$\overline{A}\,\overline{B}$ 包含了两个最小项 $Y_0=\overline{A}\,\overline{B}\,\overline{C}$，$Y_1=\overline{A}\,\overline{B}C$。

$A\overline{B}C$ 就是最小项 Y_5。

把最小项 Y_0、Y_1、Y_5、Y_6 和 Y_7 都填上 1，其余的填上 0，就可以得到如图 1—68 所示的卡诺图。

AB \ CD	00	01	11	10
00	0	1	1	0
01	1	1	0	0
11	1	1	0	0
10	0	0	1	1

图 1—67　例题 1 的卡诺图

A \ BC	00	01	11	10
0	1	1	0	0
1	0	1	1	1

图 1—68　例题 2 的卡诺图

(3) 合并最小项，写出最简与或式

把 Y_0 和 Y_1，Y_1 和 Y_5，Y_6 和 Y_7 分别用环圈起来，再由各个环写出化简得到的最简与或式：

$$Y = \overline{A}\,\overline{B} + \overline{B}C + AB$$

由此可见，两个环有部分重叠，并不影响表达式的正确性。

小提示

用卡诺图化简时，圈最小项的原则是尽量用最大的圈、最少的圈把所有 1 都圈起来，环之间可以部分重叠，但 1 不能有遗漏。

六、组合逻辑电路的分析

按照逻辑功能的不同，数字电路可以分成两大类，一类是组合逻辑电路，简称组合电路；另一类是时序逻辑电路，简称时序电路。组合逻辑电路的特点是，在任何时刻，输出信号仅取决于该时刻的输入信号，而与电路自身先前的状态无关，可总结为：即刻输入，即刻输出。目前所学的逻辑电路均为组合逻辑电路。

分析组合逻辑电路的目的，就是要找出电路输入和输出之间的逻辑关系，分析步骤如下：

1. 根据给定的组合逻辑电路的逻辑图，逐级写出逻辑函数的表达式，最后写出该电路的输出与输入的逻辑表达式。

2. 对写出的逻辑表达式进行化简，一般用公式法或卡诺图法，得到最简的逻辑函数表达式。

3. 由最简的逻辑函数表达式，列出逻辑状态表，即真值表。

4. 根据真值表和逻辑表达式对逻辑电路进行分析，判断该电路所能完成的逻辑功能，做出简要的文字描述。

例题

1. 分析图 1—69 所示的逻辑图。

解：(1) 由逻辑图写出逻辑表达式

从输入端到输出端，依次写出各个门的逻辑表达式，最后写出输出变量 Y 的逻辑表达式：

G1 门　$X = \overline{AB}$

G2 门　$Y_1 = \overline{AX} = \overline{A \cdot \overline{AB}}$

G3 门　$Y_2 = \overline{BX} = \overline{B \cdot \overline{AB}}$

G4 门　$Y = \overline{Y_1 Y_2} = \overline{\overline{A \cdot \overline{AB}} \cdot \overline{B \cdot \overline{AB}}}$

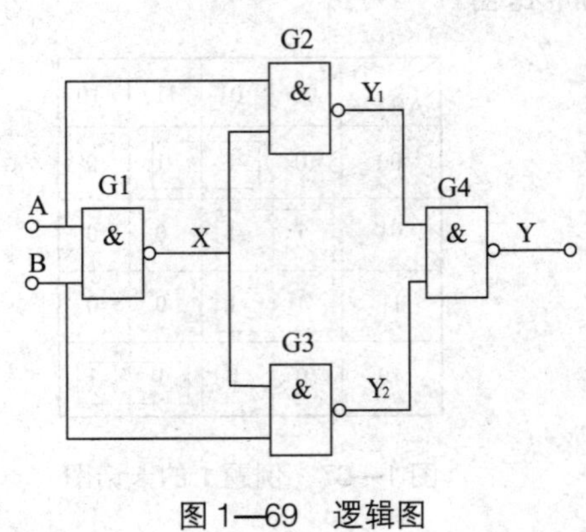

图 1—69　逻辑图

（2）化简逻辑表达式

$$\begin{aligned}Y &= \overline{\overline{A\cdot\overline{AB}}\cdot\overline{B\cdot\overline{AB}}}\\ &= \overline{\overline{A\cdot\overline{AB}}}+\overline{\overline{B\cdot\overline{AB}}}\\ &= A\cdot\overline{AB}+B\cdot\overline{AB}\\ &= A(\overline{A}+\overline{B})+B(\overline{A}+\overline{B})\\ &= A\overline{A}+A\overline{B}+B\overline{A}+B\overline{B}\\ &= A\overline{B}+B\overline{A}\end{aligned}$$

（3）由逻辑表达式列出真值表

真值表见表 1—18。

表 1—18　　**真值表**

A	B	Y
0	0	0
0	1	1
1	0	1
1	1	0

（4）分析逻辑功能

当输入端 A 和 B 不是同为“1”或“0”时，输出为“1”；否则，输出为“0”。因此该电路为异或门电路。

2. 分析如图 1—70 所示电路的逻辑功能。

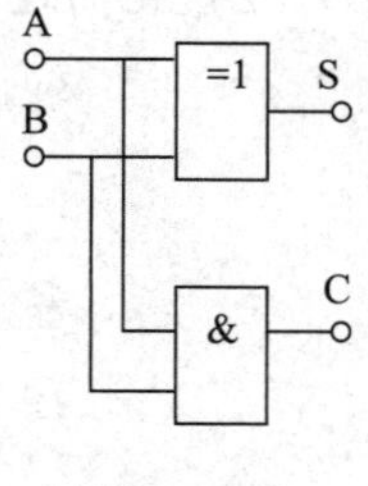

图 1—70

解：（1）由逻辑图写出逻辑表达式

$$S = A\oplus B=\overline{A}B+A\overline{B}$$

$$C = AB$$

（2）由逻辑式列出真值表

真值表见表 1—19。

表 1—19　　**真值表**

A	B	S	C
0	0	0	0
0	1	1	0
1	0	1	0
1	1	0	1

（3）分析逻辑功能

S 为 A 和 B 相加的和（二进制加法）的最低位，C 是 A 和 B 相加后向高一位的进位。例如 A 和 B 均代表二进制数 1 时，其和为 1 + 1 = 10（即十进制中的 2），则 S 代表最低位的 0，C 代表需向上一位进 1。这种输入端不带进位位的加法称为半加，实现半加功能的电路称为半加器。即半加器能实现两个一位二进制数的算术加法及向高位进位，而不考虑由低位而来的进位。

带进位位的加法称为全加，能实现全加功能的电路称为全加器。TTL 集成加法器包括双进位保留全加器（CT2183、SN54/74LS183）等；CMOS 集成加法器包括四位超前进位全加器 CD4008A 等。

3. 某一组合逻辑电路如图 1—71 所示，试分析其逻辑功能。

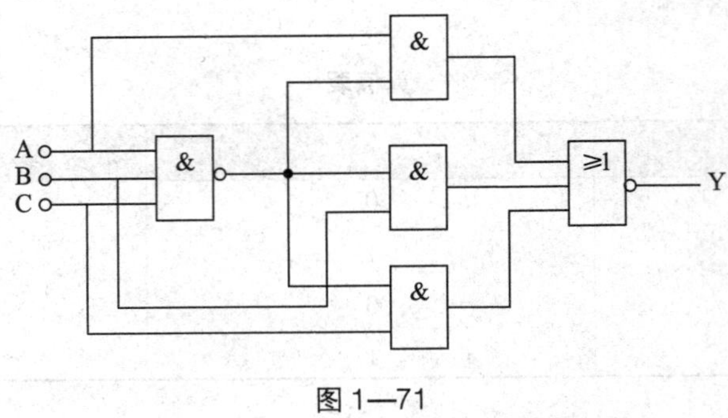

图 1—71

解：（1）由逻辑图写出逻辑表达式

$$Y=\overline{\overline{ABC}\cdot A+\overline{ABC}\cdot B+\overline{ABC}\cdot C}$$

（2）化简逻辑表达式

$$\begin{aligned}Y&=\overline{\overline{ABC}\cdot A+\overline{ABC}\cdot B+\overline{ABC}\cdot C}\\&=\overline{\overline{ABC}(A+B+C)}\\&=\overline{\overline{ABC}}+(\overline{A+B+C})\\&=ABC+\bar{A}\bar{B}\bar{C}\end{aligned}$$

（3）由逻辑式列出真值表

真值表见表 1—20。

表 1—20　　真值表

A	B	C	D
0	0	0	1
0	0	1	0

续表

A	B	C	D
0	1	0	0
0	1	1	0
1	0	0	0
1	0	1	0
1	1	0	0
1	1	1	1

(4) 分析逻辑功能

只有当 A、B、C 全为“0”或全为“1”时，输出 Y 才为“1”，否则为“0”。故该电路称为“判一致电路”，可用于判断三个输入端的状态是否一致。

七、组合逻辑电路的设计

组合逻辑电路的设计就是从给定逻辑功能的要求求出逻辑图的过程。组合逻辑电路的设计步骤正好与分析步骤相反，归纳如下：

1. 对实际问题进行分析。确定在所提出的问题中，什么是输入逻辑变量，什么是输出函数，并分析变量间的逻辑关系。即把一个实际问题归结为一个逻辑问题，合理地设置变量，列出真值表。

2. 用代数法或卡诺图法将函数化简，得到最简的逻辑函数表达式或所要求的某种形式的表达式。

3. 根据最简的逻辑函数表达式画出逻辑图。

例题

1. 设计任务一中安装的表决器电路。逻辑电路供三人（A、B、C）表决使用。每人有一按键，如果他赞成，就按下键，设为“1”；如果不赞成，就不按键，设为“0”。表决结果用指示灯来表示，如果多数赞成，则指示灯亮，$Y=1$；反之则不亮，$Y=0$。试用与非门来构成该电路，并画出逻辑图。

解：(1) 由题意列出真值表

共有八种组合，$Y=1$ 的只有四种。真值表见表 1—21。

(2) 用卡诺图化简

如图 1—72 所示，可得最简式：$Y=AB+BC+CA$

表 1—21　　　　真值表

A	B	C	Y
0	0	0	0
0	0	1	0
0	1	0	0
0	1	1	1
1	0	0	0
1	0	1	1
1	1	0	1
1	1	1	1

(3) 将最简式改写成与非关系表达式

$$Y = AB + BC + CA = \overline{\overline{AB + BC + CA}} = \overline{\overline{AB} \cdot \overline{BC} \cdot \overline{CA}}$$

(4) 由与非关系表达式画出逻辑图

由此画出的逻辑图如图 1—73 所示。

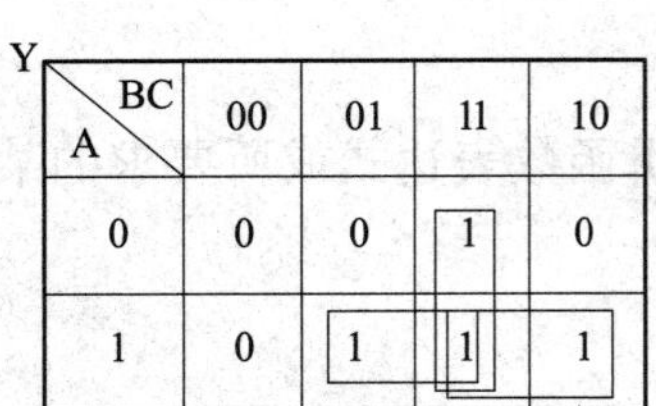

图 1—72　卡诺图

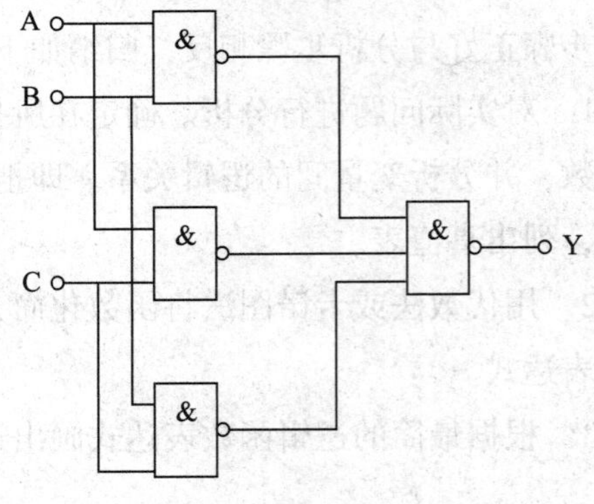

图 1—73　逻辑图

2. 某工厂有 A、B、C 三个车间和一个自备电站，站内有两台发电机 G1 和 G2，G1 的容量是 G2 的两倍。如果一个车间开工，只需 G2 运行即可满足要求；如果两个车间开工，只需 G1 运行；如果三个车间同时开工，则 G1 和 G2 均需运行。试画出控制 G1 和 G2 运行的逻辑图。

解：A、B、C 分别表示三个车间的开工状态，开工为“1”，不开工为“0”；G1 和 G2 运行为“1”，停机为“0”。

(1) 按题意列出真值表

真值表见表 1—22。

表 1—22　　　　　　　　　　　　真值表

A	B	C	G1	G2
0	0	0	0	0
0	0	1	0	1
0	1	0	0	1
0	1	1	1	0
1	0	0	0	1
1	0	1	1	0
1	1	0	1	0
1	1	1	1	1

（2）用卡诺图化简，如图 1—74 所示。再将 G_1和 G_2用与非关系式表达。

$$G_1 = AB + BC + CA = \overline{\overline{AB + BC + CA}} = \overline{\overline{AB} \cdot \overline{BC} \cdot \overline{CA}}$$

$$G_2 = \bar{A}\bar{B}C + \bar{A}B\bar{C} + A\bar{B}\bar{C} + ABC$$

$$= \overline{\overline{\bar{A}\bar{B}C} \cdot \overline{\bar{A}B\bar{C}} \cdot \overline{A\bar{B}\bar{C}} \cdot \overline{ABC}}$$

（3）由逻辑式画出逻辑图

逻辑图如图 1—75 所示。

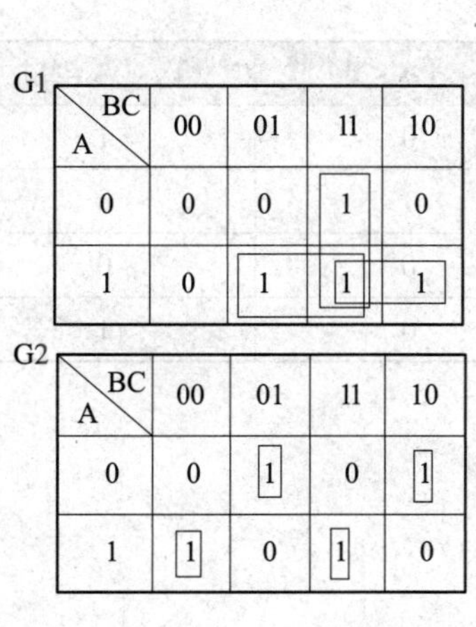

图 1—74　卡诺图

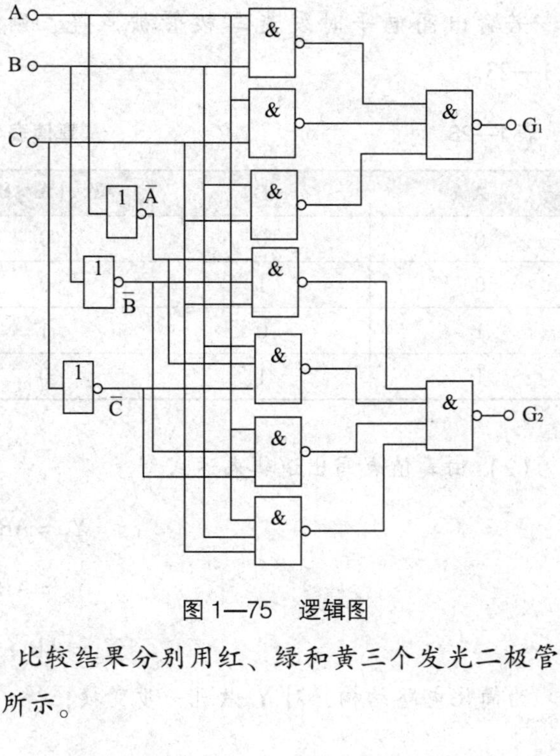

图 1—75　逻辑图

3. 设计两个一位二进制数码比较器，比较结果分别用红、绿和黄三个发光二极管来指示。一位数码比较器示意图如图 1—76 所示。

解：(1) 分析题意，设置逻辑变量，列出真值表

用两个按钮的状态分别代表两个输入变量 A、B，按钮按下或不按分别代表两种输入数码，用三个发光二极管分别指示比较的结果，即当 A > B 时，红灯亮；当 A < B 时，绿灯亮；两个按钮都按下或都不按，即当 A = B 时，黄灯亮。一位数码比较器示意框图如图 1—77 所示。

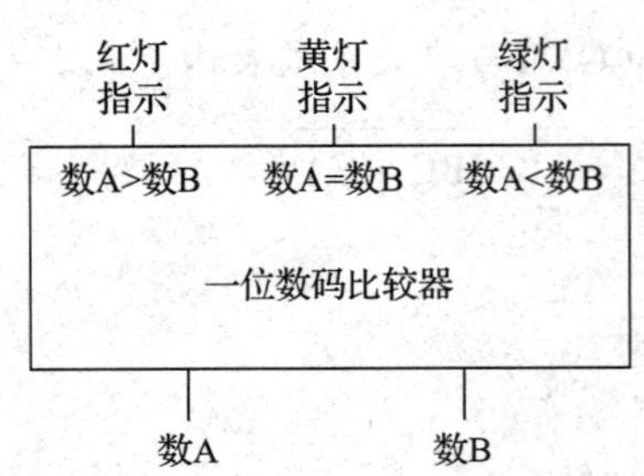

图 1—76　一位数码比较器示意图

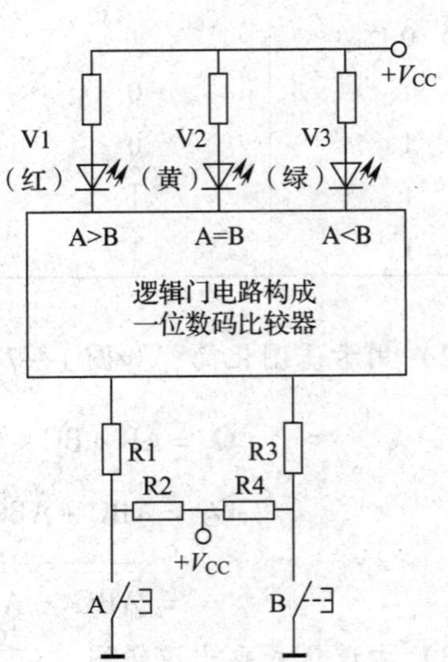

图 1—77　一位数码比较器示意框图

若输出高电平时发光二极管被点亮，则可以列出一位数码表决器真值表，见表 1—23。

表 1—23　　真值表

A	B	Y_1 (A > B)	Y_2 (A < B)	Y_3 (A = B)
0	0	0	0	1
0	1	0	1	0
1	0	1	0	0
1	1	0	0	1

(2) 由真值表写出逻辑表达式

$$Y_1 = A\overline{B}$$

$$Y_2 = \overline{A}B$$

$$Y_3 = \overline{A}\,\overline{B} + AB$$

为简化电路结构，对 Y_3 做进一步变换，得

$$
\begin{aligned}
Y_3 &= \overline{\overline{\bar{A}\bar{B}} \cdot \overline{AB}} \\
&= \overline{(A+B)(\bar{A}+\bar{B})} \\
&= \overline{A\bar{B}+\bar{A}B}
\end{aligned}
$$

（3）由逻辑表达式画出逻辑图

如果用与非门和或非门来实现，逻辑图如图1—78所示。

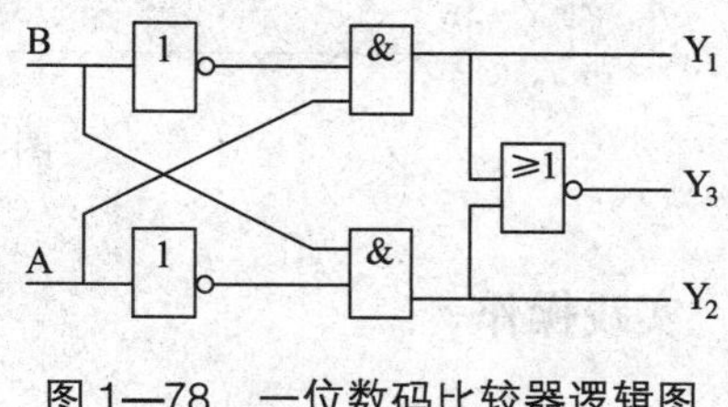

图1—78　一位数码比较器逻辑图

使用本任务所学与非门构建电路，可用2个与非门代替图1—78中与门的作用，再考虑按钮输入电路、OC门驱动电路和发光二极管指示电路，可以得到一位数码比较器的控制原理图，如图1—79所示，图中OC门输出低电平时发光二极管被点亮。

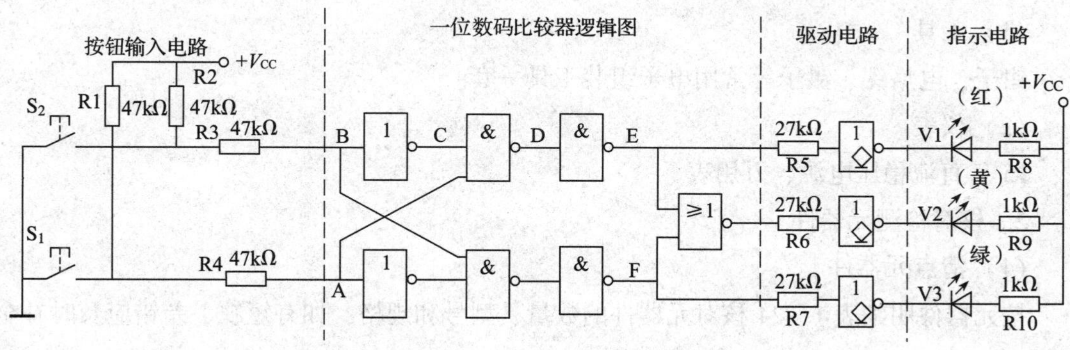

图1—79　一位数码比较器控制原理图

任务实施

一、软件仿真

1．原理图的绘制

进入Proteus ISIS，根据如图1—79所示的控制原理图从元器件库中选择对象CD4069、CD4001、CD4011、按钮、发光二极管、电阻等，并置入对象选择器窗口，再放置到图形编辑窗口，在图形编辑窗口中画好原理图。

2．仿真调试

点击虚拟仪表按钮，在对象选择器中找到“DC VOLTMETER（电压表）”，添加到原理图编辑区，按照图1—80布置并连接好。按下仿真按钮，改变开关S1、S2的状态，观察记录LED二极管的状态和各个电压表的测量值。

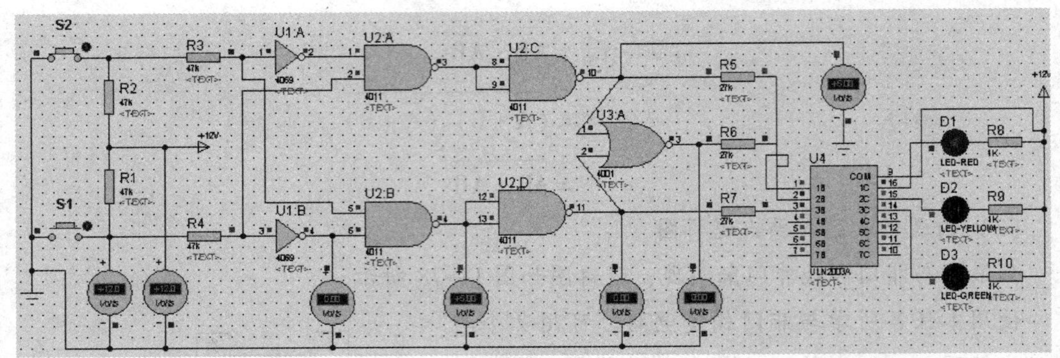

图 1—80　电路的仿真调试

二、实践操作

1. 准备工具、仪表器材

（1）工具

钳子、电烙铁、镊子等常用电子组装工具一套。

（2）仪表

15 V 直流稳压电源、万用表。

2. 核对检测元器件

（1）清点元器件

按元器件明细表 1—24 核对元器件的数量、型号和规格，如有短缺、差错应及时补全和更换。

表 1—24　　　　元器件明细表

代号	名称	型号	数量
V1	红发光二极管		1
V2	黄发光二极管		1
V3	绿发光二极管		1
IC1	六反相器	CD4069	1
IC2	二 4 与非门	CD4011	1
IC3	二 4 或非门	CD4001	1
IC4	OC 门	ULN2003AN	1
	集成电路插座	14 脚	4
S1、S2	按钮开关		2
R1 ~ R4	电阻器	47 kΩ	4

续表

代号	名称	型号	数量
R5～R7	电阻器	27 kΩ	3
R8～R10	电阻器	1 kΩ	3
C1、C2	电容器	0.01 μF	2
	试验板	14×14（焊点数）	1

（2）检测元器件

用万用表的电阻挡对元器件进行检测，剔除并更换不符合质量要求的元器件。

（3）识别所用集成电路的外形及引脚排列

1）与非门 CD4011

与非门 CD4011 外形和引脚排列分别如图 1—81、图 1—82 所示。

图 1—81　与非门 CD4011 外形图

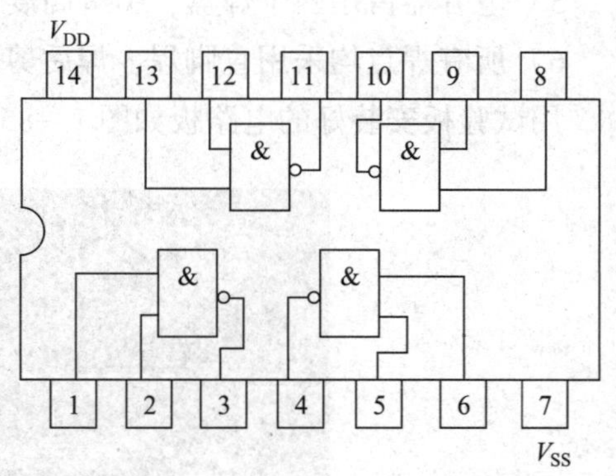

图 1—82　与非门 CD4011 引脚排列图

2）或非门 CD4001

或非门 CD4001 外形和引脚排列分别如图 1—83、图 1—84 所示。

图 1—83　或非门 CD4001 外形图

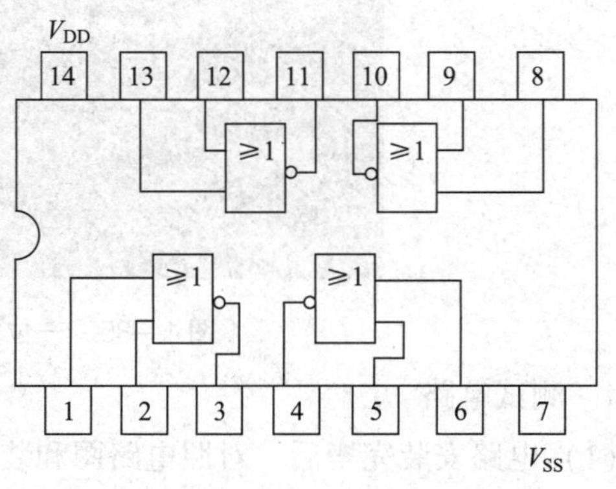

图 1—84　四或非门 CD4001 引脚排列图

3．装配电路

（1）画出装配图

根据如图 1—79 所示原理，绘制装配图。

（2）试验板的插装与焊接

试验板插装与焊接的主要要求有：

1）按装配图将元器件插装在试验板上，安装原则是先低后高、先里后外、上道工序不得影响下道工序的安装。

2）电阻器等圆柱形的元器件采用卧式安装，占用四个焊盘，紧贴板面安装，色标法电阻的色环标志顺序方向一致。

3）集成电路应安装相应插座，插座标记口的方向应与实际的集成块标记口方向一致，将集成电路插入插座时，应避免插反及引脚未完全插入插座等现象。

4）发光二极管占用两个焊盘，引脚高度与集成电路插座高度相等。

5）电容器占用两个焊盘，引脚高度 3 mm。

6）所有焊点均采用直脚焊，焊后剪去多余引脚。

用试验板安装好的电路板如图 1—85 所示。

图 1—85　一位数码比较器电路板

4．测试电路

（1）电路安装完毕后，对照电路图和装配图仔细检查电路中各元器件是否安装正确，导线、焊点是否符合要求，检查有极性器件是否安装连接正确。

（2）通电前用万用表 R×1 挡测电源与地之间的电阻。若发现短路，应先排除短路点。

（3）检测无误后，按集成电路标记口的方向插上集成电路，方可通电测试。

（4）测试要求

不断改变按钮开关的状态，用万用表分别测量 A、B、C、D、E、F 和 Y 点的电位，填入表 1—25 中。将表 1—26 的真值表补充完整。

表 1—25　　测试记录表

S1	S2	V_A	V_B	V_C	V_D	V_E	V_F	V_Y	发光二极管状态
打开	打开								
闭合	打开								
打开	闭合								
闭合	闭合								

表 1—26　　真值表

A	B	C	D	E	F	Y
0	0					
0	1					
1	0					
1	1					

任务评价

任务评价表

评价项目	评价内容	配分（分）	自我评价	小组评价	教师评价
职业素养	安全意识、责任意识、服从意识强	5			
	积极参加教学活动，按时完成各项学习任务	5			
	团队合作意识强，善于与人交流和沟通	5			
	自觉遵守劳动纪律，尊敬师长，团结同学	5			
	爱护公物，节约材料，工作环境整洁	5			

续表

评价项目	评价内容	配分（分）	自我评价	小组评价	教师评价
专业能力	能正确完成电路仿真，仿真结果符合要求	15			
	装配图绘制合理	10			
	元器件布局合理	10			
	装配电路质量符合要求	20			
	电路测试效果符合要求	20			
合计		100			
总评	自我评价 × 20% + 小组评价 × 20% + 教师评价 × 60% =	综合等级	教师（签名）：		

注：学习任务考核采用自我评价、小组评价和教师评价三种方式，考核分为 A（100 ~ 90）、B（89 ~ 80）、C（79 ~ 70）、D（69 ~ 60）、E（59 ~ 0）五个等级。

思考与练习

1. 逻辑函数常用的表示方法有哪几种？采用逻辑函数常用的其他表示方法表达下面真值表所示的逻辑函数，并化简。

A	B	C	Y
0	0	0	1
0	0	1	1
0	1	0	0
0	1	1	1
1	0	0	0
1	0	1	0
1	1	0	0
1	1	1	1

2. 根据逻辑函数的分析步骤分析图 1—86 所示逻辑电路的功能。

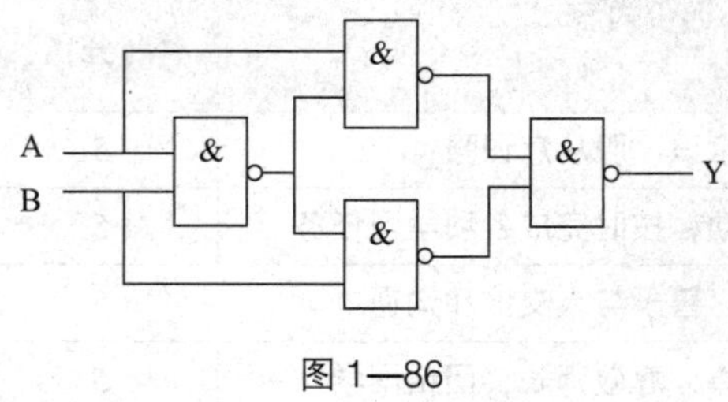

图 1—86

3. 简述逻辑函数的设计步骤。

任务3　编码器与比较器的应用

学习目标

1. 了解常用数制，熟悉其相互转换的方法。
2. 理解编码器和比较器的概念。
3. 熟悉编码器和比较器的功能，掌握其应用。
4. 能正确分析、仿真、安装、调试和测量十进制数比较电路。

任务描述

在前面的任务中，比较了两个一位二进制数码，日常生活中常用的十进制数该如何实现比较呢？本任务的主要内容就是完成两位十进制数比较的组合逻辑电路的设计、仿真、安装与测试。

两位十进制数进行比较的示意图如图 1—87a 所示，电路示意框图如图 1—87b 所示，利用集成的组合逻辑电路和门电路完成两位十进制数的比较，比较输出的结果用发光二极管来指示，当两个数相等时，黄灯亮；当数 A 大于数 B 时，红灯亮；当数 A 小于数 B 时，绿灯亮。

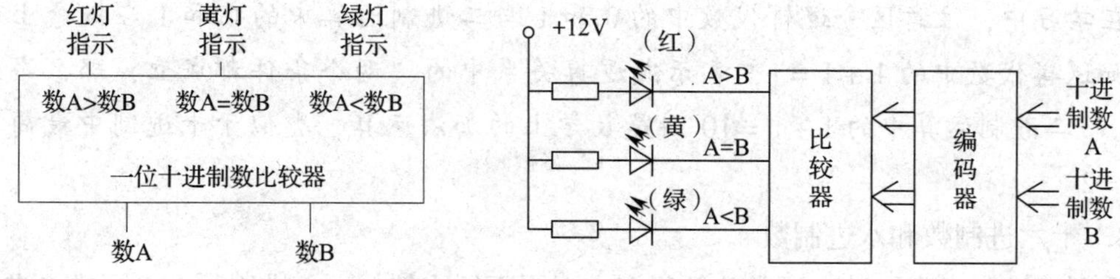

图 1—87　十进制数比较器

a）功能示意图　b）电路示意框图

相关知识

一、常用数制

除了人们所熟知的十进制数之外，数字电路中还采用二进制数、八进制数和十六进制数等。

1. 十进制数

十进制数有 0、1、2、…、9 十个不同的数码，它的基数为 10。任何一个十进制数都可用这十个数码按一定规律排列起来表示。十进制的计数规律是“逢十进一”。

在一个十进制数中，每个数码位置不同时，它代表的数值也不同。例如，数 4751 可写成：

$$4751 = 4 \times 10^3 + 7 \times 10^2 + 5 \times 10^1 + 1 \times 10^0$$

4751 右边第一位是个位（10^0），第二位是十位（10^1），第三位是百位（10^2），第四位是千位（10^3）。通常把 10^3、10^2、10^1、10^0 称为对应数位的权，它是表示数码在数中处于不同位置时其数值的大小。

2. 二进制数

二进制数只有 0 和 1 二个数码，它的基数为 2，计数规律是“逢二进一”。一个二进制数也可以按权位展开，例如：

$$1101 = 1 \times 2^3 + 1 \times 2^2 + 0 \times 2^1 + 1 \times 2^0$$

式中 2^3、2^2、2^1、2^0 就是对应数位的权。可见，四位二进制数的权分别为十进制的 8、4、2、1。

通过前面任务的学习可以发现，二进制中的 1 和 0 可以和逻辑代数中的两个状态对应起来，而在技术上这又很容易通过电路输出信号的高电平和低电平来表现，因此在数字电子技术和计算机技术中，都广泛使用二进制。

小提示

在学习中，注意区分逻辑代数中的 0 和 1 与二进制运算中的 0 和 1 在概念上的区别。如逻辑代数中的 $1 + 1 = 1$，表示或逻辑关系中的“两个条件都成立，那么事件发生”，而二进制运算中的 $1 + 1 = 10$ 则是数学上的加法运算，类似于十进制中最简单的 $1 + 1 = 2$。

3. 十六进制数和八进制数

采用二进制来表示数，通常位数很多、书写不便。例如，十进制数 116 写成二进制数为 1110100。数越大，书写越长。所以，常采用与二进制数相互转换方便的十六进制数或八进制数。

十六进制数有 0、1、…、9、A、B、C、D、E、F 十六个数码，它的基数为 16，计数规律是“逢十六进一”。

八进制数有 0、1、2、3、4、5、6、7 八个数码，它的基数为 8，计数规律是“逢八进一”。

二、常用数制之间的转换

在实际应用中常需要对数据在不同进制间进行转换。本教材主要介绍各进制整数间的转换方法。

1．二进制数、八进制数、十六进制数转换成十进制数

二进制数、八进制数、十六进制数转换成十进制数的方法是：按权位展开相加。在转换中，为了区分各种不同的进位制，通常在数的后面加上不同的字母来表示，如用 D 表示十进制数（常省略不写），B 表示二进制数，H 表示十六进制数，O 或 Q 表示八进制数等。

例题

将下列各进制数转换成十进制数。

（1）110011B

（2）423Q

（3）2ADH

解：（1）$110011B=1\times2^5+1\times2^4+1\times2^1+1\times2^0=51$

（2）$423Q=4\times8^2+2\times8^1+3\times8^0=275$

（3）$2ADH=2\times16^2+10\times16^1+13\times16^0=685$

2．十进制数转换成二进制数、八进制数和十六进制数

十进制数转换成二进制数的方法：连除 2 取余数。

例题

将十进制数 29 转换成二进制数。

解：			
2 | 29	…………	余 1	（低位）
2 | 14	…………	余 0	↑
2 | 7	…………	余 1	
2 | 3	…………	余 1	
2 | 1	…………	余 1	（高位）
0			

即 29 = 11101B

小提示

连续除以 2 时，最先得到的余数在最低位，而最后得到的余数在最高位，不要颠倒。不论余数为 0 或 1，都应写在该位占据的位置上。

十进制数转换成八进制数或十六进制数，可先将十进制数转换成二进制数，然后再转换成八进制数或十六进制数。

3．二进制数与八进制数、十六进制数的相互转换

（1）二进制数与八进制数的相互转换

由于 $2^3=8$，所以，一位八进制数正好可以用三位二进制数来表示，它们之间的转

换十分方便。二进制数转换为八进制数的方法是：从低位开始，每三位划为一段（最高位不足时补0)，然后逐段写出对应的八进制数码。八进制数转换为二进制数的过程则相反。

例题

1. 将二进制数10011101110转换为八进制。

解：因为

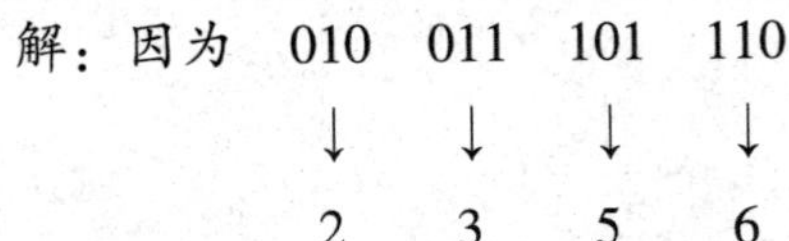

所以，10011101110B =2356Q

2. 将八进制数271转换为二进制。

解：因为　2　7　1

↓　↓　↓

010　111　001

所以，271Q =10111001B

（2）二进制数与十六进制数的相互转换

由于$2^4=16$，所以，一位十六进制数正好可以用四位二进制数来表示。两者的转换方法与二进制数和八进制数的转换类似，区别是此处应每四位划为一段。

例题

1. 将二进制数1110111001转换为十六进制。

解：因为

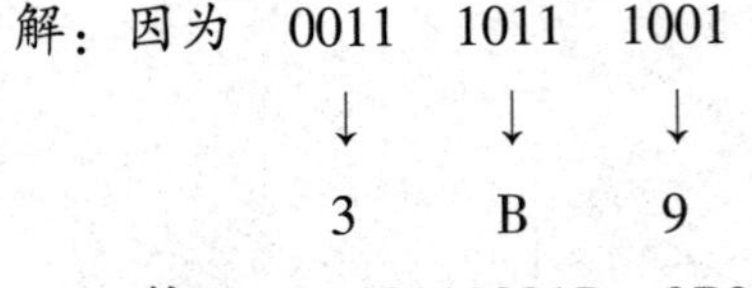

所以，1110111001B =3B9H

2. 将十六进制数4B3C转换为二进制。

解：因为

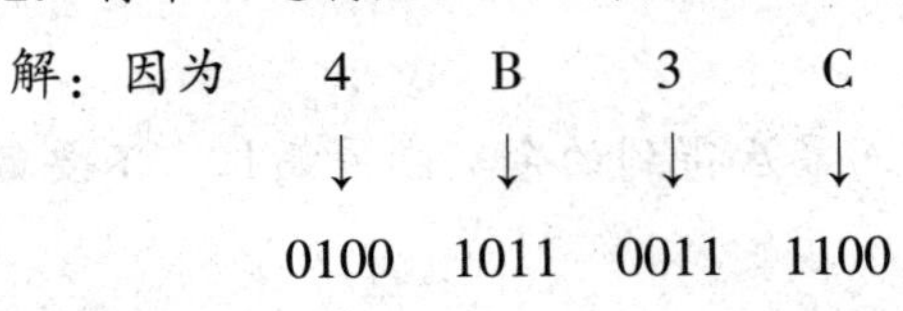

所以，4B3CH =100101100111100B

几种常用的进位制表示方法见表1—27。

表 1—27　　常用进位制的表示方法

十进制（D）	二进制（B）	八进制（Q）	十六进制（H）	十进制（D）	二进制（B）	八进制（Q）	十六进制（H）
0	0	0	0	9	1001	11	9
1	1	1	1	10	1010	12	A
2	10	2	2	11	1011	13	B
3	11	3	3	12	1100	14	C
4	100	4	4	13	1101	15	D
5	101	5	5	14	1110	16	E
6	110	6	6	15	1111	17	F
7	111	7	7	16	10000	20	10
8	1000	10	8				

职业能力培养

二进制及由此衍生的十六进制、八进制，伴随着数字电子技术和计算机技术的发展而得到了广泛应用，结合以往相关课程所学到的知识，查阅图书资料或通过互联网检索，简单了解计算机的发明和发展历程，体会二进制在技术发展中所起到的重要作用。

三、编码器

在数字电路中，常常要把具有特定意义的输入信号（如数字、字符、信号等）按照一定的规律编排成一系列二进制代码，这个过程称为编码。能完成编码的数字电路称为编码器。

1．二进制编码器

一位二进制数可以用 0 和 1 两个数码表示两个信号；n 位二进制数则可以表示 2^n 个不同的信号。将 2^n 个信号进行编码的电路称为二进制编码器。例如，三位二进制代码有八种组合，因而可以表示八个信号。将这八个信号进行编码的电路就是三位二进制编码器。这八个信号分别用 0、1、…、7 来表示。列出八个数字的二进制代码，就组成了表 1—28 所示的编码表。

由表 1—28 可以写出编码输出 Y_0、Y_1、Y_2 的逻辑表达式：

$$Y_0 = I_1 + I_3 + I_5 + I_7$$

$$Y_1 = I_2 + I_3 + I_6 + I_7$$

$$Y_2 = I_4 + I_5 + I_6 + I_7$$

表 1—28　　三位二进制编码表

十进制数	输入变量	输出		
		Y_2	Y_1	Y_0
0	I_0	0	0	0
1	I_1	0	0	1
2	I_2	0	1	0
3	I_3	0	1	1
4	I_4	1	0	0
5	I_5	1	0	1
6	I_6	1	1	0
7	I_7	1	1	1

由逻辑表达式就可以画出如图 1—88 所示的三位二进制编码器逻辑图。

例如，对十进制数字“3”进行编码时，S 应接 I_3。输入端 I_3 为高电平，输出端 $Y_0=1$、$Y_1=1$、$Y_2=0$，所以，$Y_2Y_1Y_0=011$，也就是把十进制数字“3”编成了二进制代码 011。又如，当 S 接 I_0 时，$Y_2=Y_1=Y_0=0$，即数字“0”的二进制代码为 000。

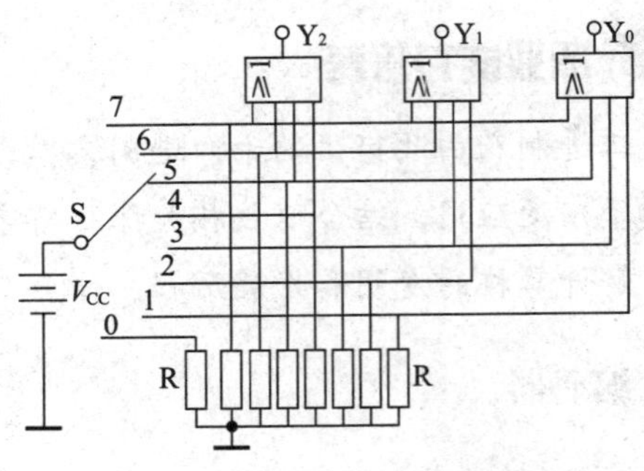

图 1—88　三位二进制编码器逻辑图

想一想

如图 1—88 中所示的编码器，S 接在 I_5 上，此时是在给数字几编码？输出 $Y_2Y_1Y_0=?$

扫描二维码
查看参考答案

三位二进制编码器的输入端有八个，输出端是三个，故集成三位二进制编码器称为 8—3 线编码器，如 LS/HC148、348、CC4532B 等。

2. 二—十进制编码器

将十进制数字 0 ~ 9 编成二进制代码的电路称为二—十进制编码器，也称为 BCD 码编码器。要对 0 ~ 9 十个数字编码，至少需要四位二进制代码。四位二进制数码有十六种排列，所以，只要从十六种排列中取出十种来表示 0 ~ 9 十个数字即可。这种取法有多种编排方式，常用的是 8421BCD 码。表 1—29 列出了 8421BCD 码的编码表。

表 1—29　　8421BCD 码编码表

十进制数	输入变量	输出			
		Y_3	Y_2	Y_1	Y_0
0	I_0	0	0	0	0
1	I_1	0	0	0	1
2	I_2	0	0	1	0
3	I_3	0	0	1	1
4	I_4	0	1	0	0
5	I_5	0	1	0	1
6	I_6	0	1	1	0
7	I_7	0	1	1	1
8	I_8	1	0	0	0
9	I_9	1	0	0	1

由编码表可以得到：

$$Y_3 = I_8 + I_9$$

$$Y_2 = I_4 + I_5 + I_6 + I_7$$

$$Y_1 = I_2 + I_3 + I_6 + I_7$$

$$Y_0 = I_1 + I_3 + I_5 + I_7 + I_9$$

如图 1—89 所示就是由上述逻辑表达式画出的 8421 编码器逻辑图。

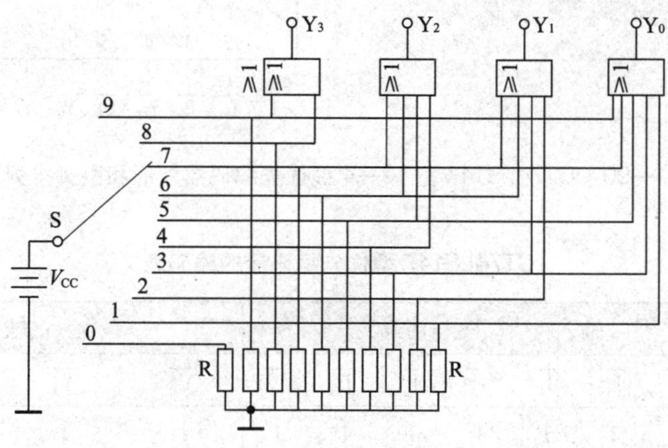

图 1—89　8421 编码器逻辑图

?想一想

图 1—89 中的 8421 编码器，S 接在 I_7 上，此时是在给数字几编码？输出 $Y_3Y_2Y_1Y_0$ = ?

扫描二维码查看参考答案

集成 BCD 编码器有 LS/HC147、CC40147、C304 等。

3．优先编码器

上述的编码器每次只能对一个输入信号进行编码。但是，在实际应用中往往同时有多个信号输入编码器，这时编码器不可能对这些信号同时进行编码，而只能按信号的轻重缓急，即按输入信号的优先级别进行编码。具有这种功能的编码器就称为优先编码器。

常用的 CT74LS147 型 10—4 线优先编码器，其外形和引脚排列图如图 1—90 所示，逻辑功能见表 1—30。由编码表可见，CT74LS147 型 10—4 线优先编码器有九个输入变量 $\overline{I_1}$ ~ $\overline{I_9}$，四个输出变量 $\overline{Y_0}$ ~ $\overline{Y_3}$，它们都是反变量。输入的反变量对低电平有效，即有信号时，输入为“0”。输出的反变量组成反码，对应于 0 ~ 9 十个十进制数码。例如表中第一行，所有输入端无信号，输出的不是与十进制数码 0 对应的二进制数 0000，而是其反码 1111。输入信号的优先次序为 $\overline{I_9}$ ~ $\overline{I_1}$。当 $\overline{I_9}$ = 0 时，无论其他输入端是 0 或 1（表中 × 表示任意态），输出端只对 $\overline{I_9}$ 编码，输出为 0110（原码为 1001）。当 $\overline{I_9}$ = 1，$\overline{I_8}$ = 0 时，无论其他输入端为何值，输出端只对 $\overline{I_8}$ 编码，输出为 0111（原码为 1000）。依此类推。

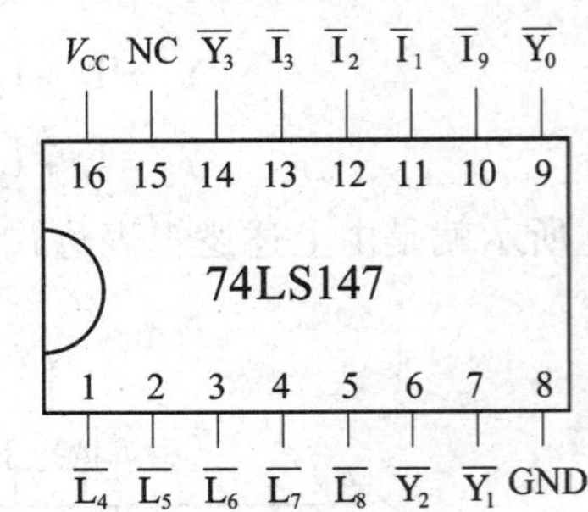

图 1—90　CT74LS147 型 10—4 线优先编码器外形和引脚排列图

表 1—30　　CT74LS147 型优先编码器的编码表

输入										输出			
$\overline{I_9}$	$\overline{I_8}$	$\overline{I_7}$	$\overline{I_6}$	$\overline{I_5}$	$\overline{I_4}$	$\overline{I_3}$	$\overline{I_2}$	$\overline{I_1}$	$\overline{I_0}$	$\overline{Y_3}$	$\overline{Y_2}$	$\overline{Y_1}$	$\overline{Y_0}$
1	1	1	1	1	1	1	1	1	1	1	1	1	1
0	×	×	×	×	×	×	×	×	×	0	1	1	0

续表

输入										输出			
1	0	×	×	×	×	×	×	×	×	0	1	1	1
1	1	0	×	×	×	×	×	×	×	1	0	0	0
1	1	1	0	×	×	×	×	×	×	1	0	0	1
1	1	1	1	0	×	×	×	×	×	1	0	1	0
1	1	1	1	1	0	×	×	×	×	1	0	1	1
1	1	1	1	1	1	0	×	×	×	1	1	0	0
1	1	1	1	1	1	1	0	×	×	1	1	0	1
1	1	1	1	1	1	1	1	1	0	1	1	1	0

常用 TTL、CMOS 集成优先编码器见附表 5。

四、比较器

1. 一位数值比较器

一位数值比较器是多位比较器的基础，在任务 2 中已经接触过，可根据两输入数值的大小关系，给出比较结果。

2. 两位数值比较器

利用一位数值比较器的结果可以列出简化的两位数值 A_1A_0 和 B_1B_0 比较的真值表，见表 1—31。为了减少符号的种类，以（$A_i>B_i$）、（$A_i<B_i$）、（$A_i=B_i$）直接表示逻辑函数。

表 1—31　　两位数值比较器的真值表

输入		输出		
A_1　B_1	A_0　B_0	$Y_{A>B}$	$Y_{A<B}$	$Y_{A=B}$
$A_1>B_1$	×	1	0	0
$A_1<B_1$	×	0	1	0
$A_1=B_1$	$A_0>B_0$	1	0	0
$A_1=B_1$	$A_0<B_0$	0	1	0
$A_1=B_1$	$A_0=B_0$	0	0	1

可以由真值表对两位比较器做如下简要概述：

当高位（A_1、B_1）不相等时，无须比较低位（A_0、B_0）（表中用“×”表示可为任意值），两个数的比较结果就是高位比较的结果。当高位相等时，两数的比较结果由低位比较的结果决定。

由表 1—31 可以写出如下逻辑表达式：

$$Y_{A>B} = (A_1 > B_1) + (A_1 = B_1)(A_0 > B_0)$$

$$Y_{A<B} = (A_1 < B_1) + (A_1 = B_1)(A_0 < B_0)$$

$$Y_{A=B} = (A_1 = B_1)(A_0 = B_0)$$

根据表达式画出逻辑图，如图 1—91 所示。电路利用了一位数值比较器的输出作为中间结果。

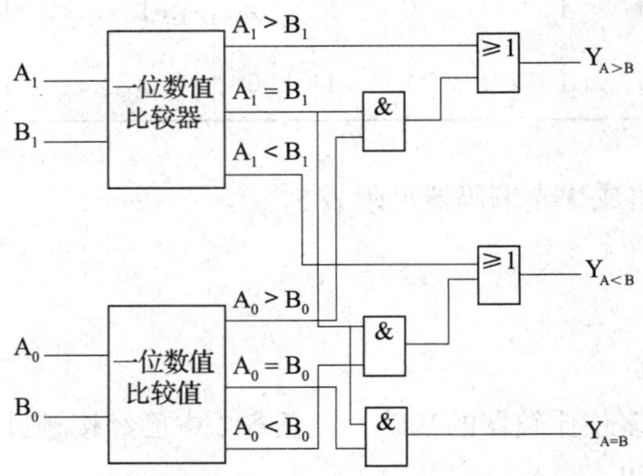

图 1—91　两位数值比较器逻辑图

3. 集成数值比较器

本任务采用集成数值比较器 CD4585，它是 4 位数值比较器，其真值表见表 1—32。

表 1—32　　CD4585 的真值表（简化）

输入				输出		
A_3　B_3	A_2　B_2	A_1　B_1	A_0　B_0	A > B	A < B	A = B
$A_3 > B_3$	×	×	×	1	0	0
$A_3 < B_3$	×	×	×	0	1	0
$A_3 = B_3$	$A_2 > B_2$	×	×	1	0	0
$A_3 = B_3$	$A_2 < B_2$	×	×	0	1	0
$A_3 = B_3$	$A_2 = B_2$	$A_1 > B_1$	×	1	0	0
$A_3 = B_3$	$A_2 = B_2$	$A_1 < B_1$	×	0	1	0

续表

输入				输出		
$A_3=B_3$	$A_2=B_2$	$A_1=B_1$	$A_0>B_0$	1	0	0
$A_3=B_3$	$A_2=B_2$	$A_1=B_1$	$A_0<B_0$	0	1	0
$A_3=B_3$	$A_2=B_2$	$A_1=B_1$	$A_0=B_0$	0	0	1

从表 1—32 可以看出，该比较器的比较原理和两位比较器的比较原理相同。两个 4 位数的比较是从 A 的最高位 A_3 和 B 的最高位 B_3 进行比较，如果它们不相等，则该位的比较结果可以作为两数的比较结果。若最高位 $A_3=B_3$，则再比较次高位 A_2 和 B_2，依此类推。显然，如果两数相等，那么比较步骤必须进行到最低位才能得到结果。

比较器 CD4585 的外形和引脚排列如图 1—92 所示。

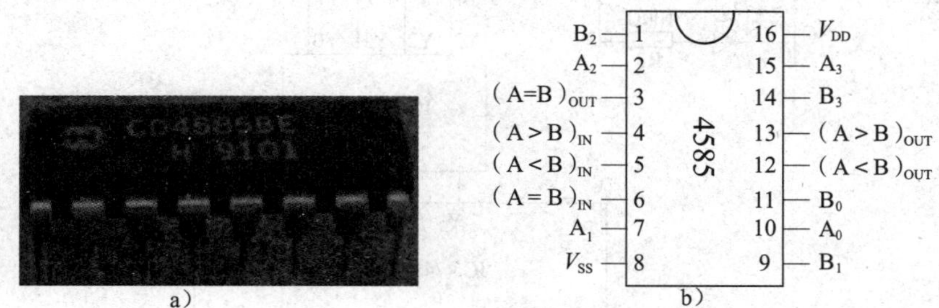

图 1—92　CD4585 的外形图和引脚排列图

a）CD4585 的外形图　b）CD4585 的引脚排列图

任务实施

一、软件仿真

1．原理图的绘制

进入 Proteus ISIS，根据如图 1—93 所示的十进制数比较电路原理图，从元器件库中选择对象 CD4069、CD4585、74LS147、按钮、发光二极管、电阻等，并置入对象选择器窗口，再放置到图形编辑窗口，在图形编辑窗口中画好原理图。

2．仿真调试

点击虚拟仪表按钮，在对象选择器中找到“DC VOLTMETER（电压表）”，添加到原理图编辑区，按照图 1—94 布置并连接好。按下仿真按钮，改变开关 S1 ~ S8 的状态，观察记录 LED 二极管的状态和各个电压表的测量值。（仿真中以优先编码器 74LS147 代替 8421 编码器的功能，开关 S9 不使用）

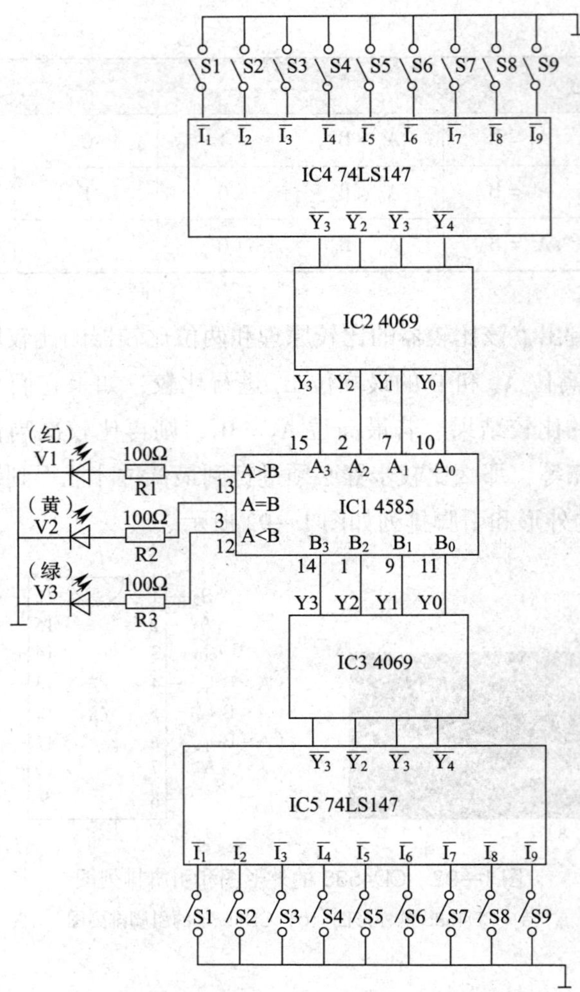

图 1—93　十进制数比较电路原理图

二、实践操作

1. 准备工具、仪表器材

（1）工具

钳子、电烙铁、镊子等常用电子组装工具一套。

（2）仪表

15 V 直流稳压电源、万用表。

2. 核对检测元器件

（1）清点元器件

按元器件明细表 1—33 核对元器件的数量、型号和规格，如有短缺、差错应及时补全和更换。

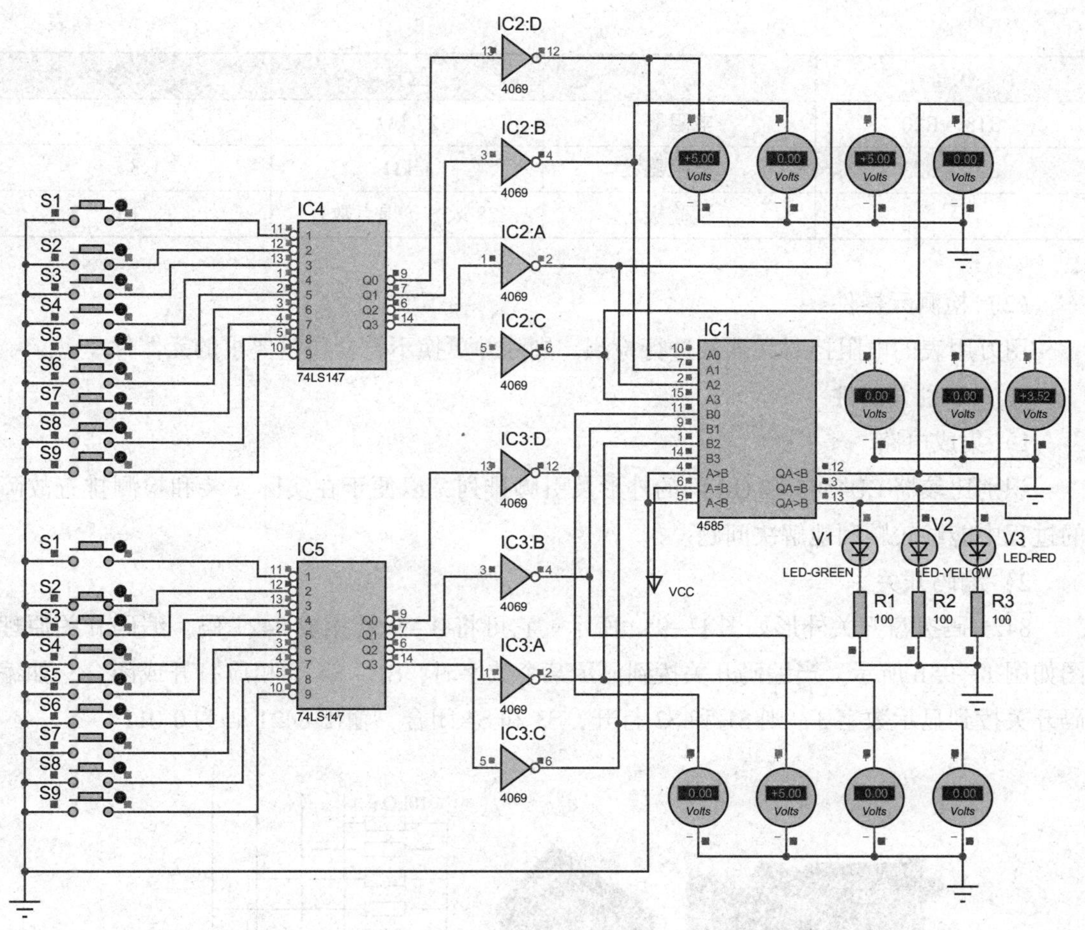

图 1—94　电路的仿真调试

表 1—33　　　　　　　　　　元器件明细表

代号	名称	型号	数量
V1	发光二极管	红色	1
V2	发光二极管	黄色	1
V3	发光二极管	绿色	1
IC1、IC2	四位数字比较器	CD4585	2
IC3	OC 门	ULN2003	1
	集成电路插座	14 脚	1
	集成电路插座	16 脚	2
K1 ~ K4	8421 码拨盘开关		4
R1 ~ R17	电阻器	10 kΩ	17

续表

代号	名称	型号	数量
R18 ~ R20	电阻器	27 kΩ	3
R21 ~ R23	电阻器	1 kΩ	3
	试验板	28 × 56（焊点数）	1

（2）检测元器件

用万用表的电阻挡对元器件进行检测，剔除并更换不符合质量要求的元器件。

（3）识别元器件

1）集成电路

识别比较器 CD4585 和 OC 门的外形及引脚排列，以便于在实际安装和检测排查故障的过程中能够较顺利地解决问题。

2）编码开关

8421 码拨盘开关外形如图 1—95a 所示，它可将 0 ~ 9 转换成 8421 码，编码开关原理图如图 1—95b 所示。当编码开关拨到显示某个数字时，S1 ~ S4 会相应打开或闭合，如编码开关拨到显示数字 3，则 S1 和 S2 打开，S3 和 S4 闭合，输出 8421 码为 0 011。

a）　　b）

图 1—95　8421 码拨盘开关

a）8421 码拨盘开关实物图　b）编码开关原理图

3．装配电路

（1）电路图

十进制数比较器测试电路如图 1—96 所示。为使操作简单易行，与仿真电路相比，此处采用 8421 编码器，并增加了 OC 门作为驱动电路。

（2）画出装配图

以试验板为例，根据电路原理图正确进行装配图的设计，可以两面布线，以焊点一面为主，图中焊点、连接线、元器件都是安装时的实际位置，实线表示焊点一面的连接线，虚线表示元器件一面的连接线，连接线画的要平直，不能交叉。

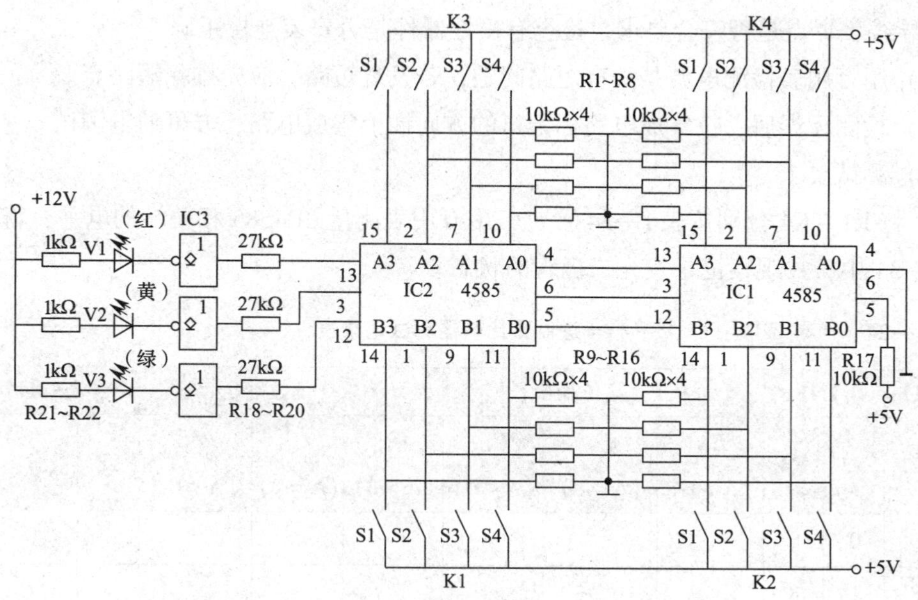

图 1—96　十进制数比较器测试电路

(3) 插装与焊接试验板

安装好的电路板如图 1—97 所示。

图 1—97　十进制数比较器电路板

4. 测试电路

(1) 安装电路完毕后，对照测试电路图和装配图仔细检查电路中各元器件是否安装正确，导线、焊点是否符合要求，检查有极性器件是否安装连接正确。

（2）用万用表检测电源是否有短路问题，若发现短路，应先排除短路点。

（3）检测无误后，按集成电路标记口的方向插上集成电路，方可通电测试。

（4）测试要求

1）将 K1～K4 分别按表 1—34 置位，用万用表测量 CD4585 相关端的电平，将记录填入表 1—34 中，并观察记录发光二极管的状态。

表 1—34　　十进制数比较器测试记录表

数 K2K1		数 K4K3		IC1（高位输出）			IC2（低位输出）			发光二极管状态		
K1	K2	K3	K4	U_{13}（A＞B）	U_3（A＝B）	U_{12}（A＜B）	U_{13}（A＞B）	U_3（A＝B）	U_{12}（A＜B）	红	黄	绿
0	0	0	0									
1	8	1	8									
7	6	5	7									
6	6	9	8									
5	4	3	2									
2	7	5	9									

2）按 K1、K2、K3、K4 设置，用真值表分析输出结果（IC1，IC2），并与测试记录对照，说明与哪组相符及其理由。

任务评价

任务评价表

评价项目	评价标准	配分（分）	自我评价	小组评价	教师评价
职业素养	安全意识、责任意识、服从意识强	5			
	积极参加教学活动，按时完成各项学习任务	5			
	团队合作意识强，善于与人交流和沟通	5			
	自觉遵守劳动纪律，尊敬师长，团结同学	5			
	爱护公物，节约材料，工作环境整洁	5			

续表

评价项目	评价标准	配分（分）	自我评价	小组评价	教师评价
专业能力	能正确完成电路仿真，仿真结果符合要求	15			
	装配图绘制合理	10			
	元器件布局合理	10			
	装配电路质量符合要求	20			
	电路测试效果符合要求	20			
合计		100			
总评	自我评价 ×20% + 小组评价 ×20% + 教师评价 ×60% =	综合等级	教师（签名）：		

注：学习任务考核采用自我评价、小组评价和教师评价三种方式，考核分为 A（100 ~ 90）、B（89 ~ 80）、C（79 ~ 70）、D（69 ~ 60）、E（59 ~ 0）五个等级。

思考与练习

1. 常用数制有哪几种？以 1101 为例按权展开说明其在不同进制中的含义区别。
2. 什么是编码？8421 码表示的是二进制数还是十进制数？
3. 常用编码器有哪几种？
4. 常用比较器有哪几种？

任务 4　译码器与显示器的应用

学习目标

1. 了解译码器和显示器的概念，熟悉集成组合逻辑电路译码器和显示器的工作原理，掌握其应用。

2. 能正确分析、仿真、安装、调试和测量十进制数译码显示电路。

任务描述

在日常生活中我们经常使用十进制数进行数字的显示，如时间、比赛的结果、列车时刻表等，如图 1—98 所示即为一个时间显示的实例。本任务的主要内容就是利用集成组合逻辑电路和门电路完成十进制数译码显示电路的设计、仿真、安装与测试，十进制数显示示意框图如图 1—99 所示。

图 1—98　时间显示

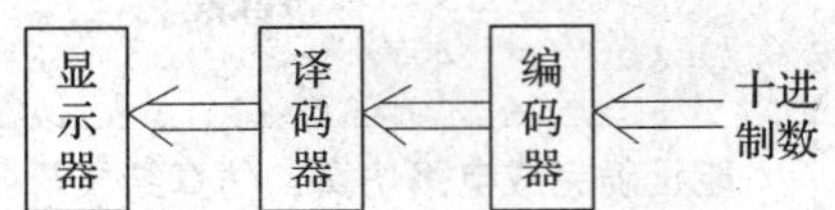

图 1—99　十进制数显示示意框图

相关知识

译码是编码的逆过程，译码器的功能就是将具有特定含意的二进制代码按其原意“翻译”出来，并转换成相应的输出信号。这个输出信号可以是脉冲，也可以是电位。译码器也称为解码器。

一、二进制译码器

二进制译码器是将二进制代码按其原意“翻译”成相应的输出信号的电路。下面以二位二进制译码器为例进行说明。

二位输入变量 A、B 共有四种不同状态的组合，因此，有四个译码器输出信号 Y_0 ~ Y_3，该译码器称 2 线—4 线译码器，S 是选通（使能）输入端，低电平有效，即 S = 1 时，不论 A、B 何值，输出均为 1，译码器处于不工作状态；S = 0 时，对应于 A、B 的某种状态组合，只有一个输出量为 0，其余输出均为 1。二位二进制译码器的真值表见表 1—35。

表 1—35　　2 线—4 线译码器真值表

S	B　A	$\overline{Y_3}$	$\overline{Y_2}$	$\overline{Y_1}$	$\overline{Y_0}$
1	×　×	1	1	1	1
0	0　0	1	1	1	0
0	0　1	1	1	0	1
0	1　0	1	0	1	1
0	1　1	0	1	1	1

每个输出端的逻辑表达式如下：

$$\overline{Y_0} = \overline{S}\,\overline{B}\,\overline{A}$$

$$\overline{Y_1} = \overline{S}\,\overline{B}A$$

$$\overline{Y_2} = \overline{S}B\,\overline{A}$$

$$\overline{Y_3} = \overline{S}BA$$

2 线—4 线译码器的逻辑图如图 1—100 所示。

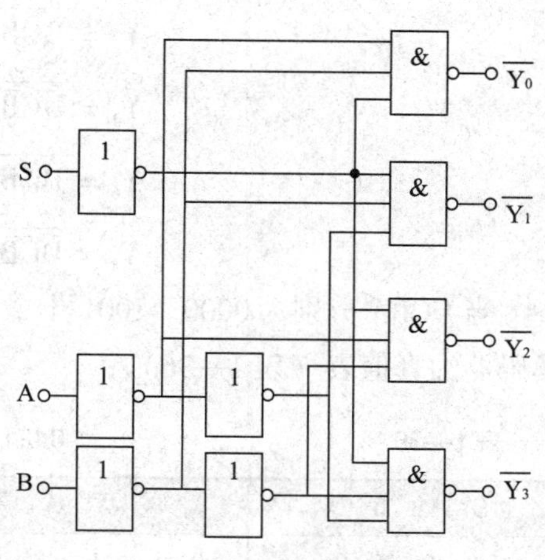

图 1—100　2 线—4 线译码器逻辑图

二、二—十进制译码器

将二进制代码译成对应的十进制数码 0 ~ 9 的电路称为二—十进制译码器。因其中的二进制代码有四位，所以这种译码器有四个输入端、十个输出端，通常也称为 4 线—10 线译码器。如图 1—101 所示是 8421BCD 码译码器逻辑图，输出为低电平译码有效。

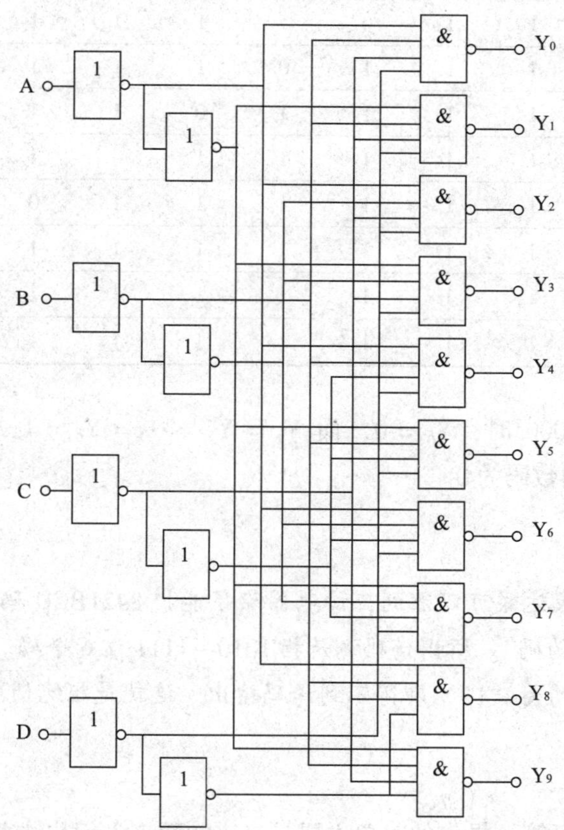

图 1—101　8421BCD 码译码器逻辑图

由逻辑电路可以得到译码输出 $Y_0 \sim Y_9$ 的逻辑表达式：

$$Y_0 = \overline{\overline{D}\,\overline{C}\,\overline{B}\,\overline{A}} \qquad Y_1 = \overline{\overline{D}\,\overline{C}\,\overline{B}A}$$

$$Y_2 = \overline{\bar{D}\bar{C}B\bar{A}} \qquad Y_3 = \overline{\bar{D}\bar{C}BA}$$

$$Y_4 = \overline{\bar{D}C\bar{B}\bar{A}} \qquad Y_5 = \overline{\bar{D}C\bar{B}A}$$

$$Y_6 = \overline{\bar{D}CB\bar{A}} \qquad Y_7 = \overline{\bar{D}CBA}$$

$$Y_8 = \overline{D\bar{C}\bar{B}\bar{A}} \qquad Y_9 = \overline{D\bar{C}\bar{B}A}$$

当 DCBA 分别为 0000 ~ 1001 十个 8421BCD 码时，可根据逻辑表达式列出 8421BCD 码译码器的真值表（表 1—36）。

表 1—36　　8421BCD 码译码器真值表

D　C　B　A	Y_0	Y_1	Y_2	Y_3	Y_4	Y_5	Y_6	Y_7	Y_8	Y_9
0　0　0　0	0	1	1	1	1	1	1	1	1	1
0　0　0　1	1	0	1	1	1	1	1	1	1	1
0　0　1　0	1	1	0	1	1	1	1	1	1	1
0　0　1　1	1	1	1	0	1	1	1	1	1	1
0　1　0　0	1	1	1	1	0	1	1	1	1	1
0　1　0　1	1	1	1	1	1	0	1	1	1	1
0　1　1　0	1	1	1	1	1	1	0	1	1	1
0　1　1　1	1	1	1	1	1	1	1	0	1	1
1　0　0　0	1	1	1	1	1	1	1	1	0	1
1　0　0　1	1	1	1	1	1	1	1	1	1	0

例如，DCBA = 0000 时，$Y_0 = 0$，而 $Y_1 = Y_2 = \cdots = Y_9 = 1$，它表示 8421BCD 码“0000”译成的十进制数码为 0。

小提示

由译码输出逻辑表达式可以看到，译码器除了能把 8421BCD 码译成相应的十进制数码之外，还能“拒绝伪码”。所谓伪码，是指 1010 ~ 1111 这 6 个码。当输入该 6 个码中任意一个码时，$Y_0 \sim Y_9$ 均为“1”，即得不到译码输出。这就是拒绝伪码。

三、显示译码器

在数字系统中，运算、操作的对象主要是二进制数。人们往往希望把运算或操作的结果用十进制数直观地显示出来，因此数字显示电路是数字系统的一个组成部分。

数字显示器件的种类较多，主要有半导体发光二极管显示器、液晶显示器和荧光数码管显示器。显示字形的方式是由显示器的各段组合成数字 0 ~ 9 或者其他符号。我国字形管标准为七段字形。图 1—102 示出了笔段字形图，它有七个能发光的段，当给某些段加上一定的电压或驱动电流时，它就会发光，从而显示出相应的字形。由于各种数码显示管的驱动要求不同，驱动各种数码显示管的译码器也不同。

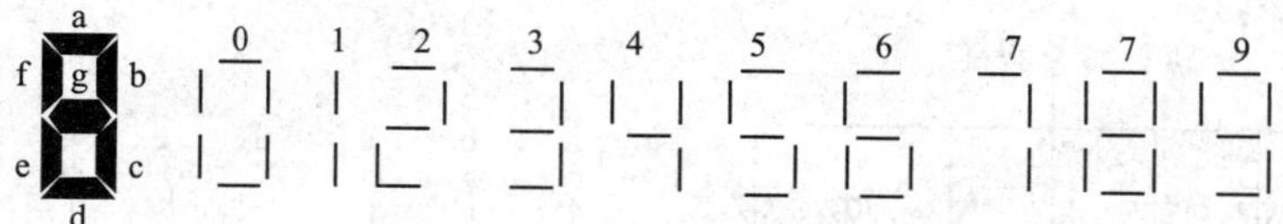

图 1—102　七段显示器字形图

1. 常用的数码显示器

（1）发光二极管显示器（LED 数字显示器）

发光二极管的主要特点是它导通时能发光，即外加正向电压时，能发出醒目的光。

发光二极管工作电压为 1.5 ~ 3 V，工作电流一般取 10 mA 左右，既保证亮度适中，又不损坏器件。发光二极管工作时要加驱动电流。驱动电路通常用与非门，可采用低电平驱动，也可采用高电平驱动，它们分别如图 1—103a、b 所示。调节 R_S 的大小可以改变流过发光二极管的电流，从而控制发光二极管的亮度。

LED 数字显示器由七段发光二极管封装组成，它们排列成“日”字形，如图 1—104 所示。LED 数字显示器又称数码管，其外形图如图 1—105 所示。

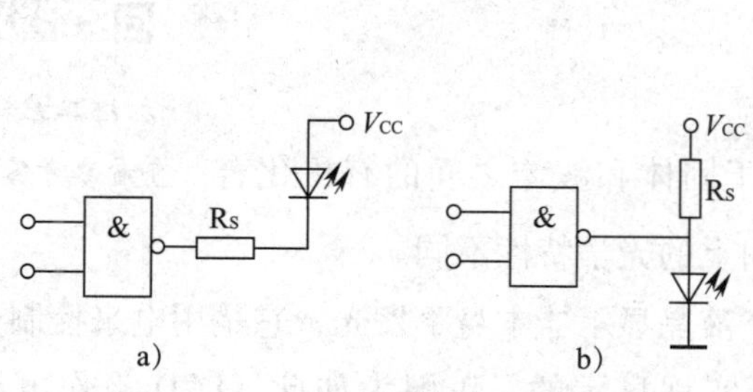

图 1—103　发光二极管驱动电路

a）低电平驱动　b）高电平驱动

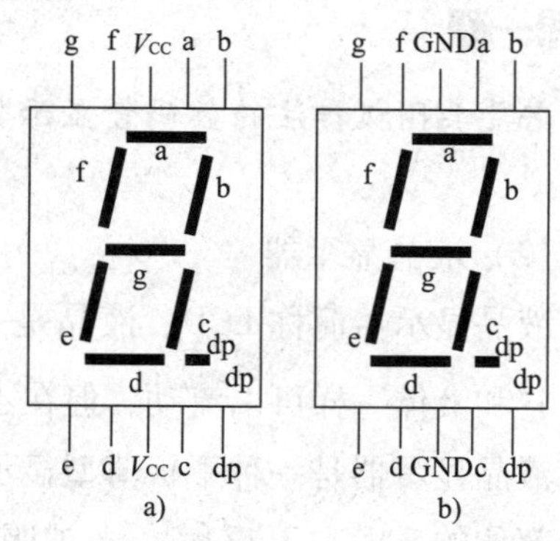

图 1—104　数码管

a）共阳极数码管　b）共阴极数码管

图 1—105　数码管外形图

数码管内部发光二极管的接法有两种：共阳极或共阴极接法，如图 1—106a、b 所示。

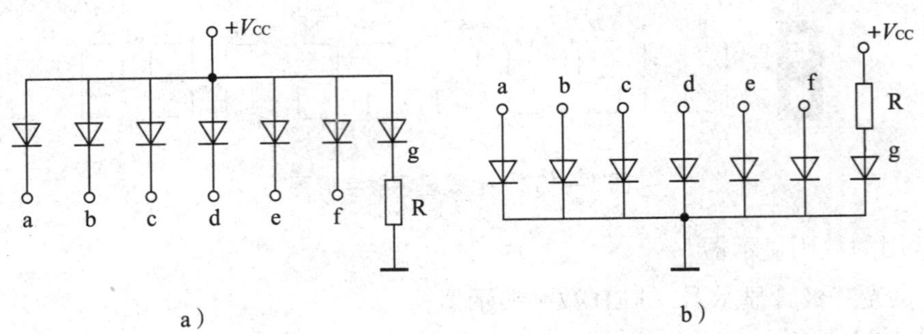

图 1—106　数码管内部发光二极管的接法

a）共阳极接法　b）共阴极接法

共阳极接法是将数码管中七个发光二极管的阳极共同连接，并接到电源。若要某段发光，该段相应的发光二极管阴极须经限流电阻 R 接低电平。

共阴极接法是将数码管中七个发光二极管的阴极共同连接，并接地。若要某段发光，该段相应的发光二极管阳极应经限流电阻 R 接高电平。

想一想

若要共阴极接法的数码管显示数字“5”，abcdefg 应该分别加什么电平？

扫描二维码
查看参考答案

（2）液晶显示器

液晶显示器简称 LCD。液晶是一种介于固体和液体之间的有机化合物。它和液体一样可以流动，但在不同方向上的光学特性不同。

液晶显示器是一种平板薄型显示器件。液晶显示器本身不发光，它是用电来控制光在显示部位的反射和不反射（光被吸收）而实现显示的。正因为如此，LCD 工作电压低（2 ~ 6 V）、功耗小（1 μW/cm^2 以下），能与 CMOS 电路匹配。LCD 显示柔和、字迹清晰、体积小、重量轻、可靠性高、寿命长，自问世以来，其发展速度之快、应用之广，远远超过了其他发光型显示器件。

2. BCD—七段显示译码器

BCD—七段显示译码器能把 8421BCD 码译成对应于数码管的七个字段信号，驱动数码管显示出相应的十进制数码。

如图 1—107 所示是一个共阴极七段数码管显示译码器。图中，DCBA 是 8421BCD 码输入端，a、b、c、d、e、f、g 为译码输出端，它们分别与七段显示器的各段相连接。当 DCBA = 0000 时，a = b = c = d = e = f = 1，只有 g = 0。所以，七段显示器的 a、b、c、d、 e、f 段分别发亮，而 g 段不亮，七段显示器显示“0”。当 DCBA = 0 001 时，b = c = 1，而 a = d = e = f = g = 0，七段显示器的 b、c 发亮，而 a、d、e、f、g 不亮，七段显示器显示“1”。依次类推，就可以得到表 1—37 中的七段显示译码器真值表。

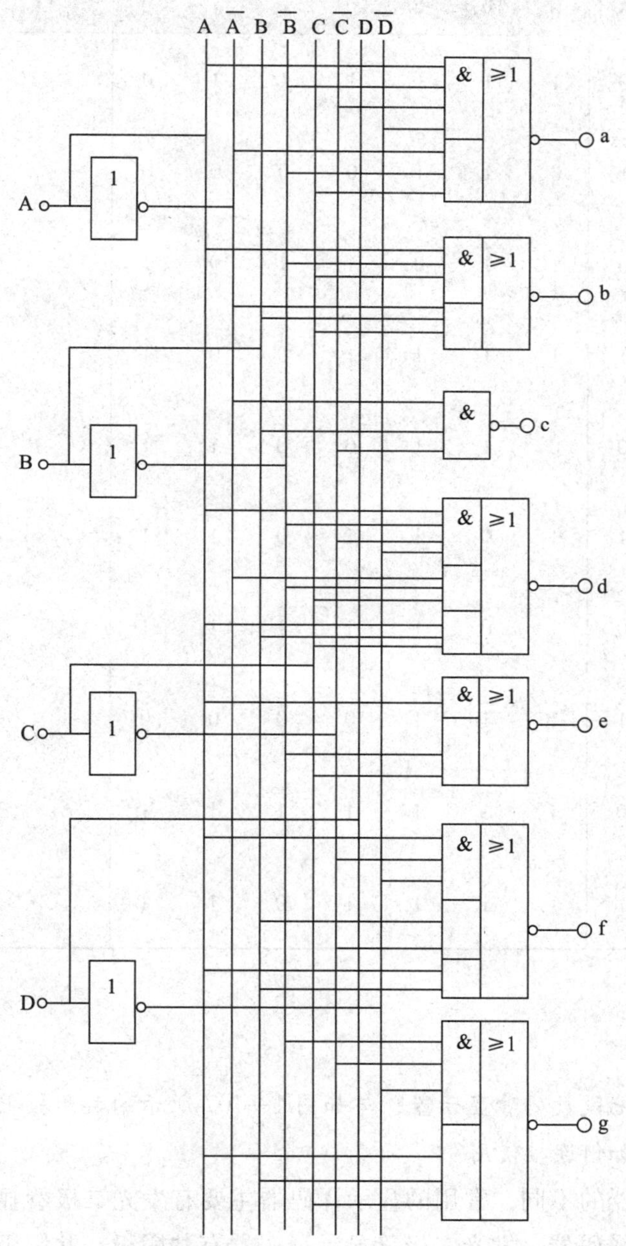

图 1—107　BCD—七段显示译码器逻辑图

表 1—37　　七段显示译码器真值表

输入				输出笔划段状态							显示字符
D	C	B	A	a	b	c	d	e	f	g	
0	0	0	0	1	1	1	1	1	1	0	0
0	0	0	1	0	1	1	0	0	0	0	1
0	0	1	0	1	1	0	1	1	0	1	2
0	0	1	1	1	1	1	1	0	0	1	3
0	1	0	0	0	1	1	0	0	1	1	4
0	1	0	1	1	0	1	1	0	1	1	5
0	1	1	0	1	0	1	1	1	1	1	6
0	1	1	1	1	1	1	0	0	0	0	7
1	0	0	0	1	1	1	1	1	1	1	8
1	0	0	1	1	1	1	1	0	1	1	9

?想一想

若只有共阳极七段数码管显示器，与如图 1—107 所示的共阴极七段数码管显示译码器如何连接使用？

扫描二维码
查看参考答案

根据所用显示器的不同，常用的显示译码器主要有发光二极管显示译码器和液晶显示译码器。发光二极管显示译码器有共阴极、共阳极两种类型。

本任务采用共阳极显示译码器 CT74LS247 型译码器，CT74LS247 型译码器的外形图如图 1—108 所示，引脚排列如图 1—109 所示。

图 1—108　CT74LS247 外形图

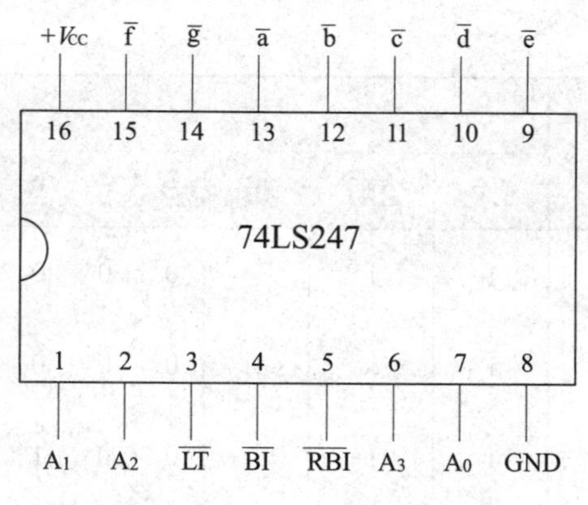

图 1—109　CT74LS247 引脚排列图

各引脚说明如下：

A_3、A_2、A_1、A_0——8421BCD 码的四个输入端

$\overline{a}$、$\overline{b}$、$\overline{c}$、$\overline{d}$、$\overline{e}$、$\overline{f}$、$\overline{g}$——七个输出端（低电平有效）

V_{CC}——电源端

GND——接地端

$\overline{LT}$——试灯输入端

$\overline{BI}$——灭灯输入端

$\overline{RBI}$——灭 0 输入端

A_3、A_2、A_1、A_0是 8421BCD 码输入端，$\overline{a}$、$\overline{b}$、$\overline{c}$、$\overline{d}$、$\overline{e}$、$\overline{f}$、$\overline{g}$ 为译码输出端，它们分别与七段显示器的各段相连接。当 $A_3A_2A_1A_0=0000$ 时，$\overline{a}=\overline{b}=\overline{c}=\overline{d}=\overline{e}=\overline{f}=0$，只有 $\overline{g}=1$。所以，七段显示器的 a、b、c、d、e、f 段分别发亮，而 g 段不亮，七段显示器显示“0”。当 $A_3A_2A_1A_0=0001$ 时，$\overline{b}=\overline{c}=0$，而 $\overline{a}=\overline{d}=\overline{e}=\overline{f}=\overline{g}=1$，七段显示器的 b、c 发亮，而 a、d、e、f、g 不亮，七段显示器显示“1”。依次类推，就可以得到表 1—38 中的 CT74LS247 型译码器的真值表。

表 1—38　　CT74LS247 型译码器的真值表

功能和十进制数	输入							输出笔划段状态							显示字符
	$\overline{LT}$	$\overline{RBI}$	$\overline{BI}$	D	C	B	A	$\overline{a}$	$\overline{b}$	$\overline{c}$	$\overline{d}$	$\overline{e}$	$\overline{f}$	$\overline{g}$	
试灯	0	×	1	×	×	×	×	0	0	0	0	0	0	0	
灭灯	×	×	0	×	×	×	×	1	1	1	1	1	1	1	
灭 0	1	0	1	0	0	0	0	1	1	1	1	1	1	1	

续表

功能和十进制数	输入							输出笔划段状态							显示字符
	$\overline{LT}$	$\overline{RBI}$	$\overline{BI}$	D	C	B	A	$\overline{a}$	$\overline{b}$	$\overline{c}$	$\overline{d}$	$\overline{e}$	$\overline{f}$	$\overline{g}$	
0	1	1		0	0	0	0	0	0	0	0	0	0	1	0
1	1	×		0	0	0	1	1	0	0	1	1	1	1	1
2	1	1		0	0	1	0	0	0	1	0	0	1	0	2
3	1	1		0	0	1	1	0	0	0	0	1	1	0	3
4	1	1		0	1	0	0	0	0	0	0	0	0	0	4
5	1	1		0	1	0	1	0	1	0	0	1	0	0	5
6	1	1		0	1	1	0	0	1	0	0	0	0	0	6
7	1	1		0	1	1	1	0	0	0	1	1	1	1	7
8	1	1		1	0	0	0	0	0	0	0	0	0	0	8
9	1	1		1	0	0	1	0	0	0	0	1	0	0	9

集成译码器有很多种，参见附表 5。

任务实施

一、软件仿真

1．原理图的绘制

进入 Proteus ISIS，根据如图 1—110 所示的控制原理图从元器件库中选择对象 CD4069、74LS147、74LS247、按钮、数码显示器、电阻等，并置入对象选择器窗口，再放置到图形编辑器窗口，在图形编辑窗口中画好原理图。

2．仿真调试

点击虚拟仪表按钮，在对象选择器找到“DC VOLTMETER（电压表）”，添加到原理图编辑区，按照图 1—111 布置并连接好。按下仿真按钮，改变开关 S1 ~ S9 的状态，观察记录 LED 数码管的状态和各个电压表的测量值。

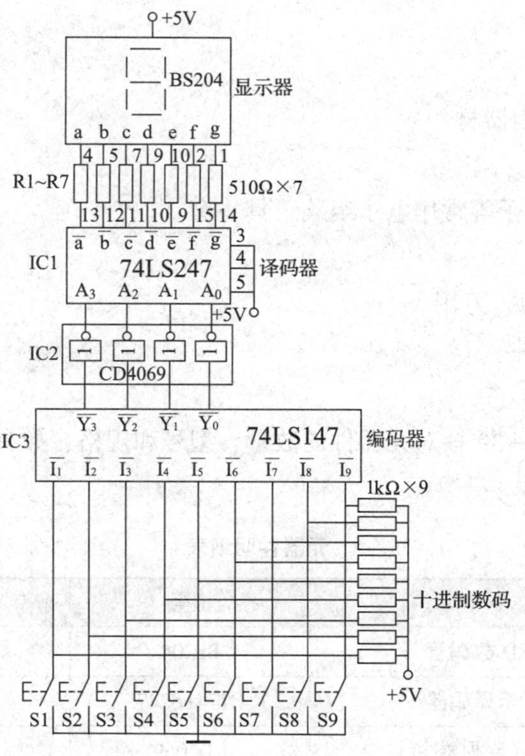

图 1—110 控制原理图

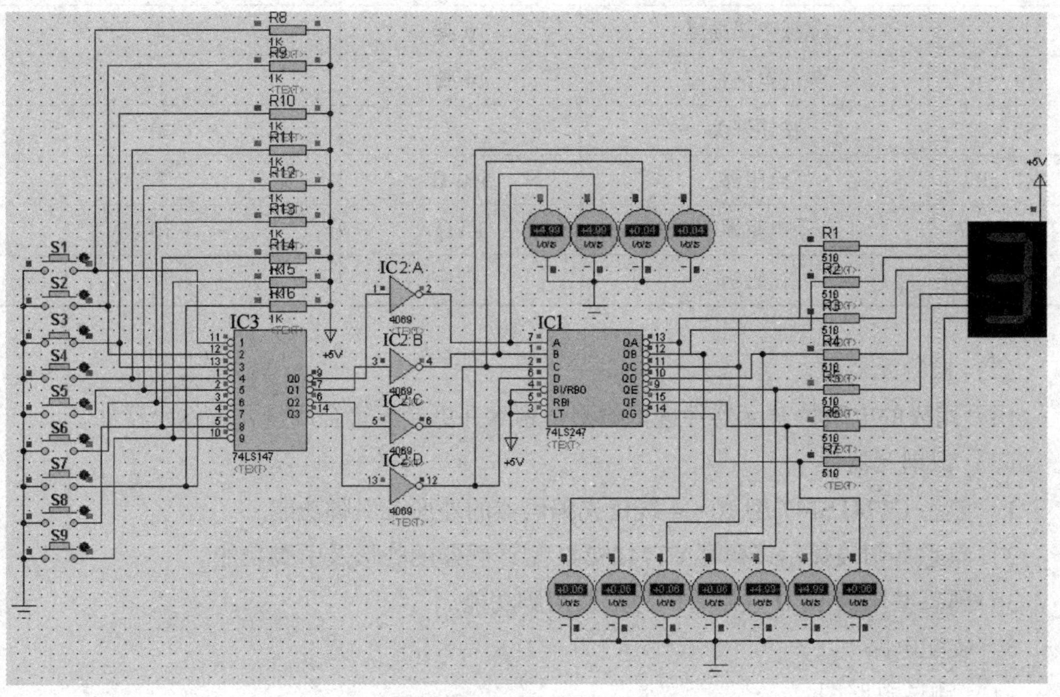

图 1—111 电路的仿真调试

二、实践操作

1．准备工具、仪表器材

（1）工具

钳子、电烙铁、镊子等常用电子组装工具一套。

（2）仪表

15 V 直流稳压电源、万用表。

2．核对检测元器件

（1）清点元器件

按元器件明细表 1—39 核对元器件的数量、型号和规格，如有短缺、差错应及时补全和更换。

表 1—39　元器件明细表

代号	名称	型号	数量
LED	LED 数码管	BS204	1
IC1	显示译码器	CT74LS247	1
IC2	六反相器	CD4069	1
IC3	10—4 线优先编码器	CT74LS147	1
	集成电路插座	16 脚	2
	集成电路插座	14 脚	1
S0 ~ S9	按钮开关		10
R1 ~ R7	电阻器	510 Ω	7
R8 ~ R17	电阻器	1 kΩ	10
	试验板		1

（2）检测元器件

用万用表的电阻挡对元器件进行检测，剔除并更换不符合质量要求的元器件。

（3）识别元器件

1）熟悉 CT74LS147 型 10—4 线优先编码器的外形及引脚功能。

2）熟悉共阳极显示译码器 CT74LS247 型译码器的外形及引脚功能。

3）熟悉共阳极 LED 数码管的外形及引脚功能。

3．装配电路

（1）测试电路图

图 1—112 所示为十进制编码、译码及显示电路的测试电路图。

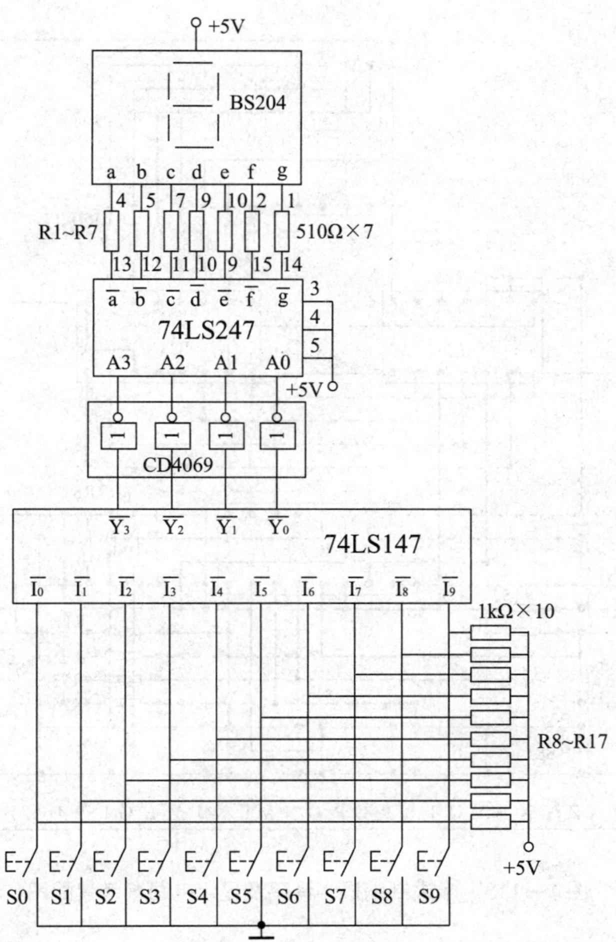

图 1—112　十进制编码、译码及显示电路的测试电路

（2）电路装配

1）画出装配图

十进制编码、译码及显示电路装配图如图 1—113 所示。

2）插装与焊接试验板

①按装配图将元器件插装在试验板上，安装原则是先低后高、先里后外、上道工序不得影响下道工序的安装。

②电阻器采用卧式安装，占用四个焊盘，紧贴板面安装，色标法电阻的色环标志顺序方向一致。

③集成电路应安装相应插座，插座的标记口的方向应与实际的集成块标记口方向一致，将集成电路插入插座时，应避免插反及引脚未完全插入插座等现象。16 脚的插座占 4×8 个焊盘，14 脚的插座占 4×7 个焊盘。

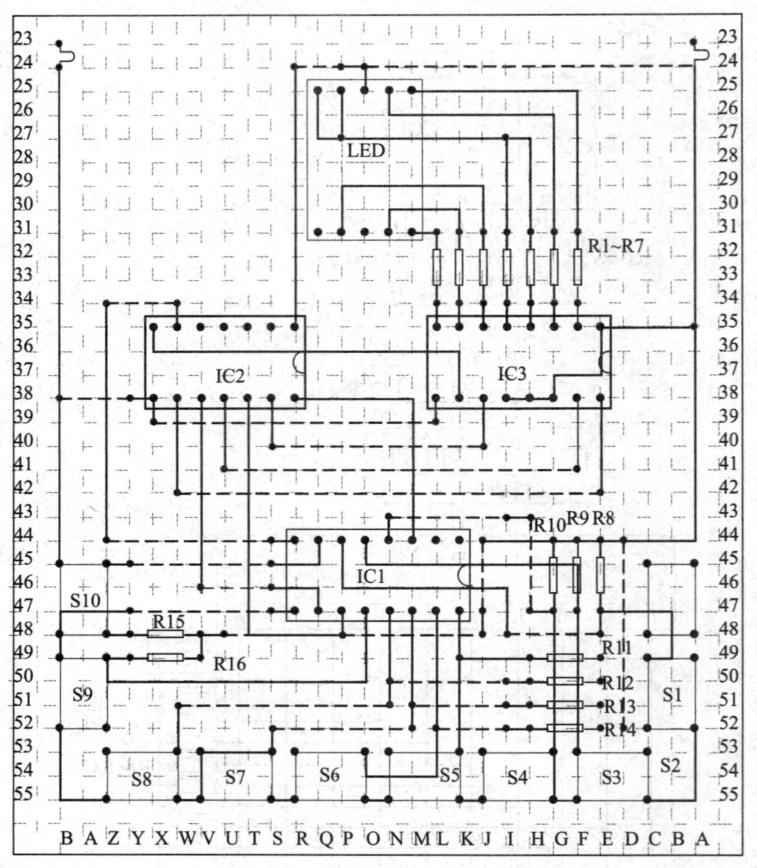

图 1—113　十进制编码、译码及显示电路参考装配图

④数码显示器占用焊盘：水平 5 个，垂直 7 个，如图 1—114 所示。

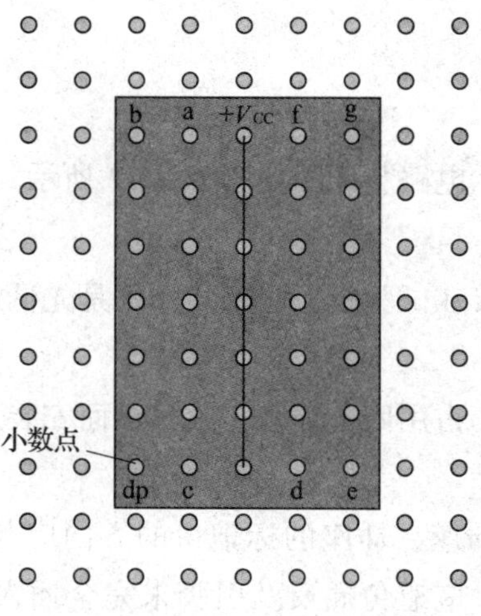

图 1—114　数码管安装示意图

⑤导线连线在焊点面上拐弯时，采用直角形状，直角处用焊点固定。

⑥按钮占用 3 ×4 个焊盘。

⑦所有焊点均采用直脚焊，焊后剪去多余引脚。

安装好的电路板如图 1—115 所示。

图 1—115　译码显示十进制数电路板

4．测试电路

（1）安装完成后，对照电路图和装配图进行检查。

（2）用万用表检测电源是否有短路问题，检测无误后插上集成电路，方可通电测试。

（3）测试要求：设 S1、S2、S3、S4、S5、S6、S7、S8、S9 按下为“0”，未按下为“1”，“×”表示按钮可按下或未按下，按表 1—40 中的要求分别设置 S_1、S_2、S_3、S_4、S_5、S_6、S_7、S_8、S_9的状态，用万用表分别测量$\overline{Y_3}$、$\overline{Y_2}$、$\overline{Y_1}$、$\overline{Y_0}$点的电位，将测量值填入表 1—40 中，并观察记录数码管的状态。

表 1—40　　测试记录表

$\overline{I_9}$	$\overline{I_8}$	$\overline{I_7}$	$\overline{I_6}$	$\overline{I_5}$	$\overline{I_4}$	$\overline{I_3}$	$\overline{I_2}$	$\overline{I_1}$	$\overline{Y_3}$	$\overline{Y_2}$	$\overline{Y_1}$	$\overline{Y_0}$	数码管的状态
1	1	1	1	1	1	1	1	1					
0	×	×	×	×	×	×	×	×					

续表

$\overline{I_9}$	$\overline{I_8}$	$\overline{I_7}$	$\overline{I_6}$	$\overline{I_5}$	$\overline{I_4}$	$\overline{I_3}$	$\overline{I_2}$	$\overline{I_1}$	$\overline{Y_3}$	$\overline{Y_2}$	$\overline{Y_1}$	$\overline{Y_0}$	数码管的状态
1	0	×	×	×	×	×	×	×					
1	1	0	×	×	×	×	×	×					
1	1	1	0	×	×	×	×	×					
1	1	1	1	0	×	×	×	×					
1	1	1	1	1	0	×	×	×					
1	1	1	1	1	1	0	×	×					
1	1	1	1	1	1	1	0	×					
1	1	1	1	1	1	1	1	0					

?想一想

根据测试记录，分析测量结果是否与理论一致，并分析为什么在测量电路中要加集成电路CD4069。

扫描二维码查看参考答案

任务评价

任务评价表

评价项目	评价标准	配分（分）	自我评价	小组评价	教师评价
职业素养	安全意识、责任意识、服从意识强	5			
	积极参加教学活动，按时完成各项学习任务	5			
	团队合作意识强，善于与人交流和沟通	5			
	自觉遵守劳动纪律，尊敬师长，团结同学	5			
	爱护公物，节约材料，工作环境整洁	5			
专业能力	能正确完成电路仿真，仿真结果符合要求	15			
	装配图绘制合理	10			

续表

评价项目	评价标准	配分（分）	自我评价	小组评价	教师评价
专业能力	元器件布局合理	10			
	装配电路质量符合要求	20			
	电路测试效果符合要求	20			
合计		100			
总评	自我评价×20%＋小组评价×20%＋教师评价×60%＝	综合等级	教师（签名）：		

注：学习任务考核采用自我评价、小组评价和教师评价三种方式，考核分为 A（100～90）、B（89～80）、C（79～70）、D（69～60）、E（59～0）五个等级。

思考与练习

1. 译码器的功能是什么？
2. 二进制译码器和显示译码器有何区别？
3. 数码管的内部结构是什么？
4. 数码管有共阴极和共阳极两种接法，分别在什么条件下才能发光？

任务 5　数据选择器与分配器的应用

学习目标

1. 了解数据选择器和分配器的概念，理解其原理，掌握其应用。
2. 能正确分析、仿真、安装、调试和测量十进制数显示电路。

任务描述

在上一个任务中我们学习了如何显示一位十进制数，但日常生活和生产实践中经常看到的十进制数字显示往往是多位的，如图 1—116 所示，多位十进制数如何显示是本任务要解决的问题。

在数字信号的传送过程中，如果各个数据单独传输，将导致接线数量太多，不但使电路变得繁杂，还会影响电路的可靠性，所以往往是多个数据通道共用一条传输总线来传送信息。能够实现把多个数据通道信息有选择地传送到共用传输总线上的电路称为数据选择器。反之，能够实现把共用传输总线上的信息有选择地传送到不同的数据输出端的电路称为数据分配器。数据选择器和数据分配器分别位于公共传输总线的两端，其功能相当于一个单刀多掷开关，示意图如图 1—117 所示。在本任务中将利用数据选择器和数据分配器实现四位十进制数轮流显示，完成四位十进制数轮流显示电路的设计、仿真、安装与测试，电路的示意框图如图1—118 所示。

图 1—116　数字显示

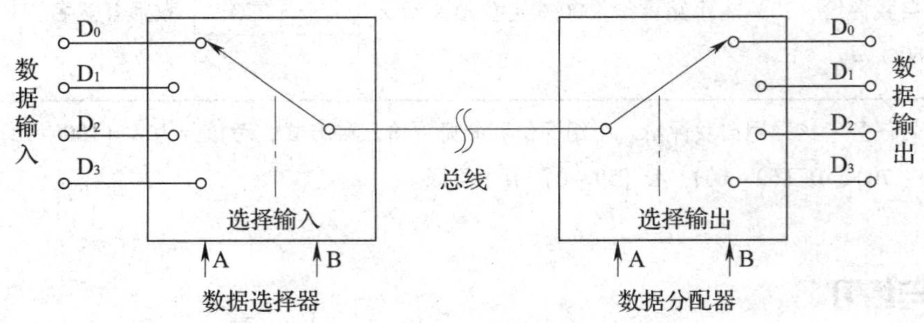

图 1—117　数据传输示意图

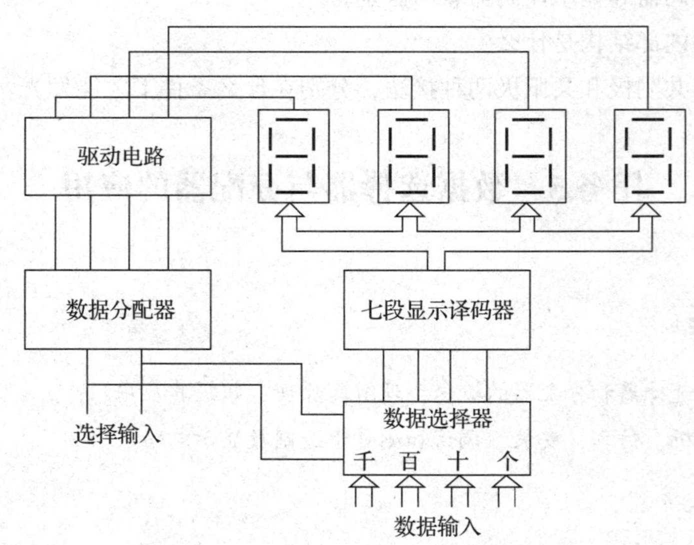

图 1—118　轮流显示十进制数示意框图

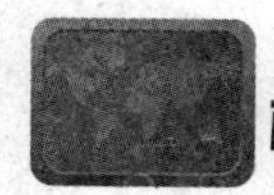

相关知识

一、数据选择器

1．基本概念

数据选择器又称为多路调制器。它相当于一只单刀多掷选择开关，如图 1—119 所示，在选择输入（又称地址输入）信号的作用下，从多个数据输入通道中选择某一通道的数据（数字信息）传输到输出端。

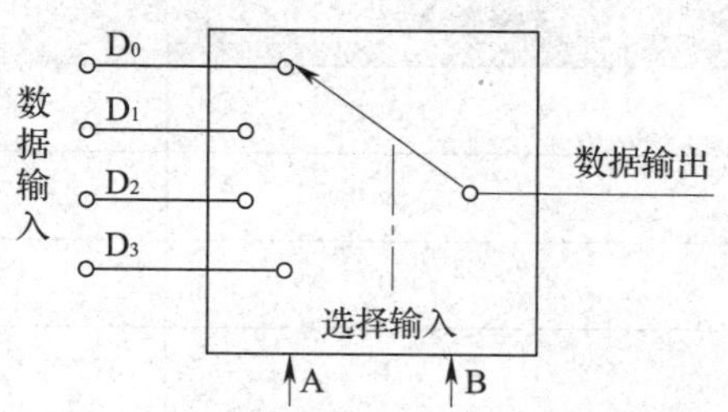

图 1—119　数据选择器构成方框图

数据选择器较常见的有：2 选 1、4 选 1、8 选 1、16 选 1 等。

2．4 选 1 数据选择器

4 选 1 数据选择器是指从四路数据中选择一路进行传输。如图 1—120 所示是 74LS153 型双 4 选 1 数据选择器的逻辑图。图中，D_3 ~ D_0 是四个数据输入端；A_1 和 A_0 是选择输入（地址输入）端；S 是选通端或称使能端，低电平有效；W 是输出端。如图 1—121 所示是 74LS153 型双 4 选 1 数据选择器的引脚排列图，74LS153 型数据选择器的外形图如图 1—122 所示。

根据如图 1—120 逻辑电路可写出输出端的逻辑表达式，再根据逻辑表达式列出真值表。

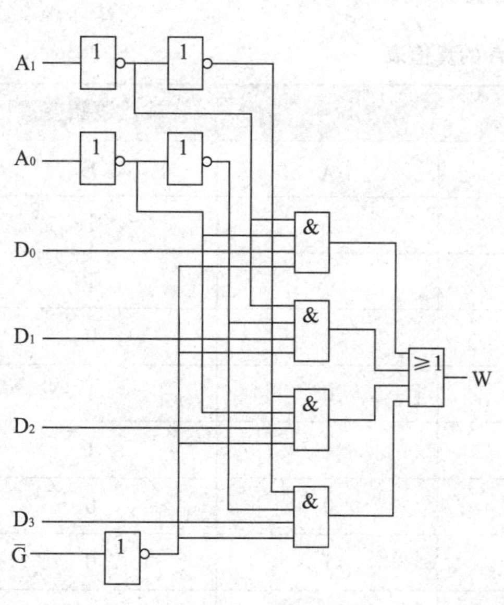

图 1—120　741LS153 型双 4 选 1 数据选择器逻辑图

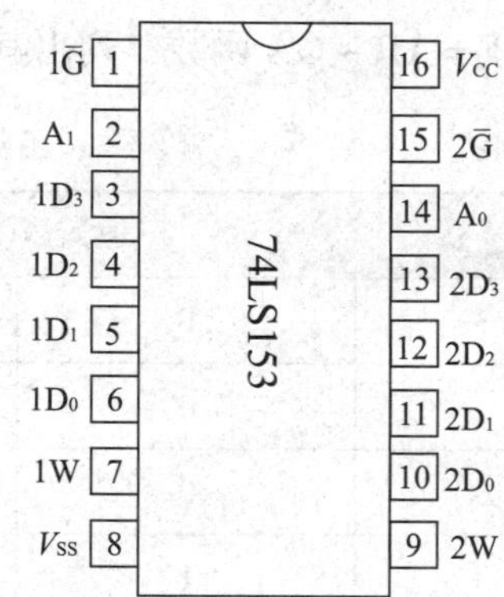

图 1—121　74LS153 的引脚排列图

图 1—122　74LS153 型数据选择器的外形图

由逻辑图可写出逻辑式：

$$W = D_0\overline{A_1}\,\overline{A_0}G + D_1\overline{A_1}A_0G + D_2A_1\overline{A_0}G + D_3A_1A_0G$$

由逻辑式列出选择器的真值表，见表1—41。

表1—41　　74LS153型数据选择器的真值表

选择输入端		选通端	输出
A_1	A_0	$\overline{G}$	W
×	×	1	0
0	0	0	D_0
0	1	0	D_1
1	0	0	D_2
1	1	0	D_3

当 $\overline{G}=1$ 时，W = 0，禁止选择；$\overline{G}=0$ 时，正常工作。

3．数据选择器的应用

多路数据选择器不仅可以用来作为数据传输时的数据选择开关，而且还有其他一些应用，如实现逻辑函数，下面举例说明。

例如，利用数据选择器组成能产生 $F=\overline{A}\overline{B}+\overline{C}A$ 的三变量函数发生器。

根据 $F=\overline{A}\overline{B}+\overline{C}A$ 函数，列出其真值表，见表1—42。

表1—42　　函数 $F=\overline{A}\overline{B}+\overline{C}A$ 的真值表

输入逻辑变量				输出逻辑变量
C	B	A	$\overline{A}$	F
0	0	0	1	1
0	0	1	0	1
0	1	0	1	0
0	1	1	0	1
1	0	0	1	1
1	0	1	0	0
1	1	0	1	0
1	1	1	0	0

假设将输入变量C和B分别接4选1数据选择器的两个地址控制器，从表1—42可看出：

当CB为00时，不管A为0还是1，输出F均为1，这只要将数据输入端D_0置1即可满足要求。

当CB为01时，从表1—42的第3行和第4行可看出，输出逻辑变量F与输入变量A相同，只要将输入变量A接数据输入端D_1即可。

当CB为10时，对应表1—42的第5行和第6行，输出F与输入$\overline{A}$相同。只需将$\overline{A}$接入D_2即可。

当CB为11时，将对应表1—42的最后两行，输出F均为0，因此D_3接0即可。

根据上述分析，可用1/2块74LS153（双4选1数据选择器）即可实现例$F=\overline{A}\overline{B}+\overline{C}A$的函数发生器，具体接线方式如图1—123所示。

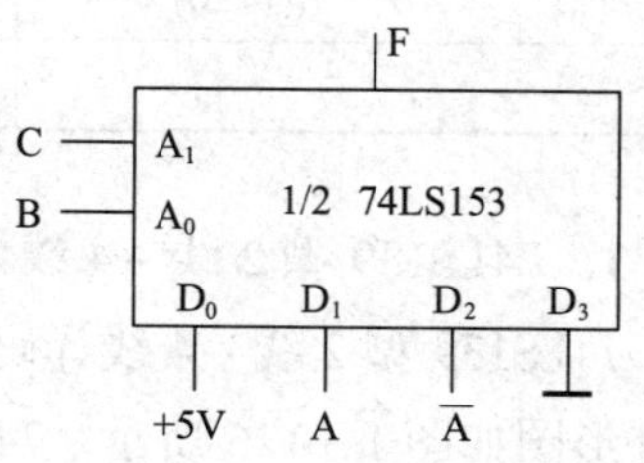

图1—123　1/2块CT74LS153实现$F=\overline{B}\overline{A}+\overline{C}A$接线方式

用1/2块74LS153（双4选1数据选择器）实现$Y=\overline{A}B+\overline{B}\overline{C}$的函数发生器，并画出具体接线方式。

扫描二维码
查看参考答案

二、数据分配器

数据分配器的功能与数据选择器相反，它根据地址选择信号将一路输入数据传送到多路设备的某一输入端，示意图如图1—124所示。从图1—124可看出，数据分配器有一个输入端D，多个输出端D_1、D_2、D_3、D_4和相应各地址控制端A_1、A_0。它的功能是根据地址控制信号，将输入信号送到对应的输出端，其真值表见表1—43。

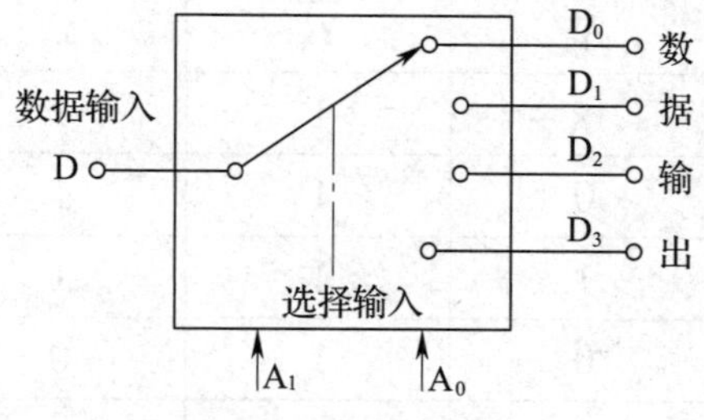

图1—124　数据分配器示意图

如数据分配器有四个输出端，那就需要两个地址控制信号，下面用本任务所用芯片2线－4线译码器74LS139来构成一个双4路数据分配器。

表 1—43　　数据分配器真值表

通道选择地址码		输入	输出			
A_1	A_0	D	D_3	D_2	D_1	D_0
0	0	D	1	1	1	D
0	1	D	1	1	D	1
1	0	D	1	D	1	1
1	1	D	D	1	1	1

1．74LS139 型 2 线 －4 线译码器引脚排列及功能

74LS139 型 2 线 －4 线译码器引脚排列图如图 1—125 所示，74LS139 型 2/4 线译码器的外形图如图 1—126 所示。74LS139 真值表见表 1—44。

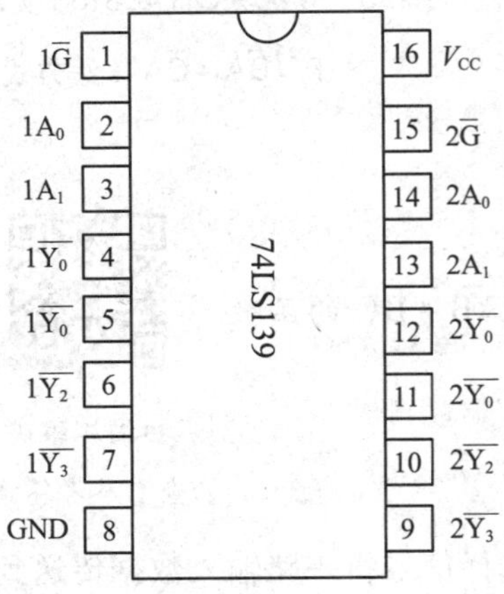

图 1—125　74LS139 引脚排列图

图 1—126　74LS139 型 2/4 线译码器的外形图

表 1—44　　74LS139 真值表

输入端			输出端			
$\overline{G}$	A_1	A_0	$\overline{Y_3}$	$\overline{Y_2}$	$\overline{Y_1}$	$\overline{Y_0}$
1	×	×	1	1	1	1
0	0	0	1	1	1	0
0	0	1	1	1	0	1
0	1	0	1	0	1	1
0	1	1	0	1	1	1

2．4 路数据分配器

用 74LS139 可构成 4 路数据分配器，如图 1—127 所示，它可根据地址输入端 A_1、A_0 的

取值组合，选中$\overline{Y_0}\sim\overline{Y_3}$中的一路数据输出。

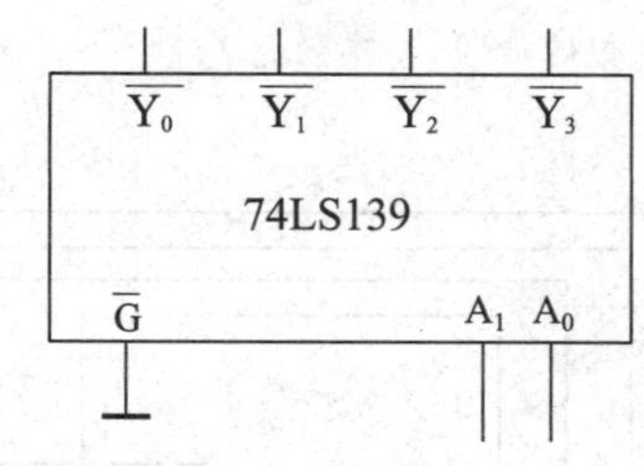

图 1—127　74LS139 构成 4 路数据分配器

当地址控制端 A_1、A_0为 00 时，输出 $\overline{Y}_0$与输入 $\overline{G}$ 取值相同，相当于 $\overline{G}$ 接通到 $\overline{Y}_0$，而不管 G 为何值，其他$\overline{Y_1}$、$\overline{Y_2}$、$\overline{Y_3}$均为 1，相当于不接通。

当地址控制端 A_1、A_0 为 01 时，$\overline{Y_1}$与 $\overline{G}$ 相同，相当于$\overline{Y_1}$与 $\overline{G}$ 接通，其他不接通。

依此类推，两个地址控制端，共有四个状态，则输入 $\overline{G}$ 分别接通四个输出$\overline{Y_0}$、$\overline{Y_1}$、$\overline{Y_2}$、$\overline{Y_3}$，从而完成数据分配功能。

扫描二维码
查看参考答案

列出上述 4 路数据分配器的真值表。

一、软件仿真

1. 原理图的绘制

进入 Proteus ISIS，根据如图 1—128 所示的控制原理图从元器件库中选择对象 74LS153、74LS139、74LS49、数码显示器、电阻等，并置入对象选择器窗口，再放置到图形编辑器窗口，在图形编辑窗口中画好原理图。

2. 仿真调试

点击虚拟仪表按钮，在对象选择器找到“DC VOLTMETER（电压表）”，添加到原理图编辑区，按照如图 1—129 所示布置，并连接好。按下仿真按钮，改变开关 S1 和 S2 的状态，再改变开关设置个位、十位、百位和千位的状态，观察记录数码管的状态和各个电压表的测量值。

二、实践操作

1. 准备工具、仪表器材

（1）工具

钳子、电烙铁、镊子等常用电子组装工具一套。

（2）仪表

15 V 直流稳压电源、万用表。

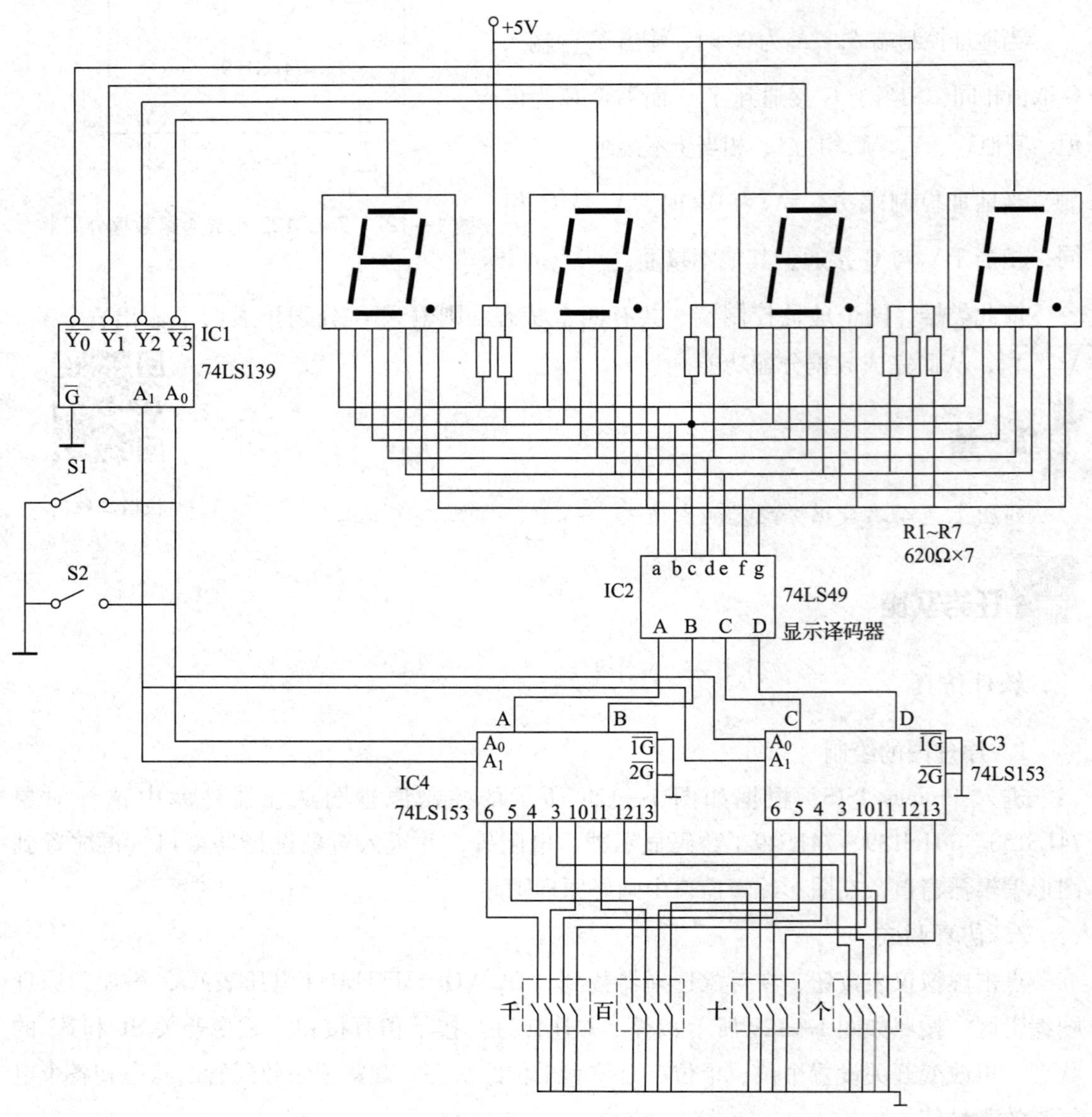

图 1—128　数据选择器和译码器应用电路原理图

2. 核对检测元器件

（1）清点元器件

按元器件明细表 1—45 核对元器件的数量、型号和规格，如有短缺、差错应及时补全和更换。

（2）检测元器件

用万用表的电阻挡对元器件进行检测，剔除并更换不符合质量要求的元器件。

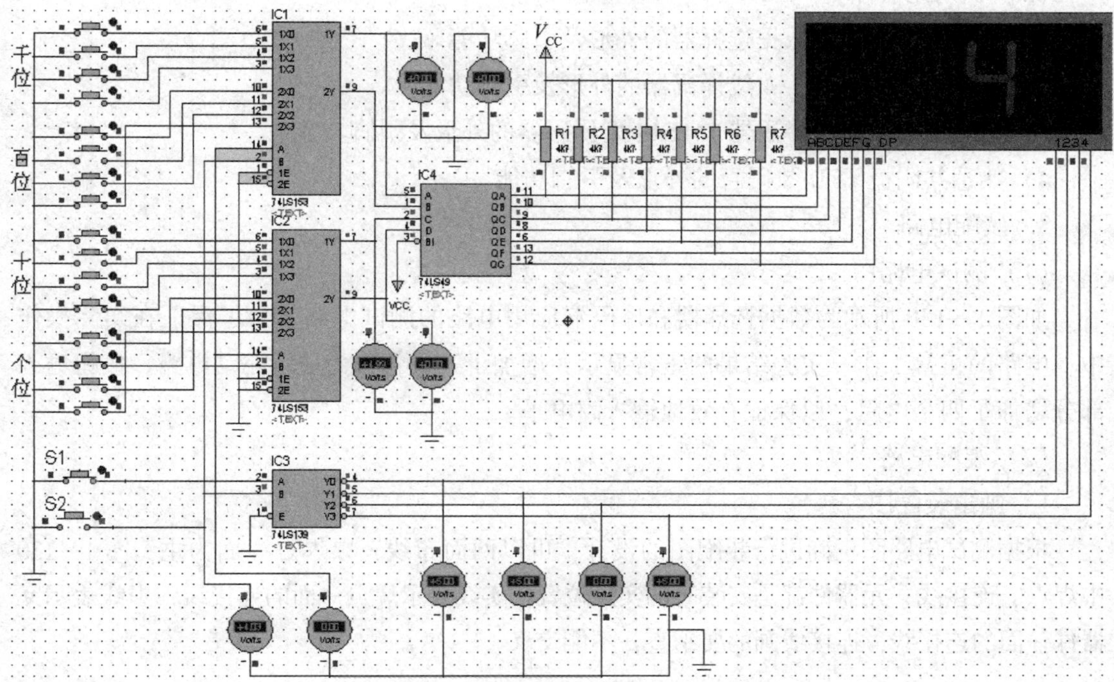

图 1—129　电路的仿真调试

表 1—45　　元器件明细表

代号	名称	型号	数量
IC1	LED 数码管		4
IC2	显示译码器	74LS49	1
IC3	数据选择器	74LS153	1
IC4	2/4 线译码器	74LS139	1
	集成电路插座	16 脚	3
	集成电路插座	14 脚	1
S1 ~ S2	按钮开关		2
S3 ~ S6	编码开关		4
V1 ~ V4	三极管	9012	4
R1 ~ R7	电阻器	620 Ω	7
R8 ~ R11	电阻器	2 kΩ	4
R12 ~ R15	电阻器	47 kΩ	4
	试验板	28 × 56（焊点数）	1

（3）识别元器件

1）熟悉 74LS153 型数据选择器的外形及引脚功能。

2）熟悉 74LS139 型 2/4 线译码器的外形及引脚功能。

3）熟悉共阴极显示译码器 74LS49 型译码器的外形及引脚功能。

4）熟悉共阴极 LED 数码管的外形及引脚功能。

3. 装配电路

（1）测试电路图

如图 1—130 所示为数据选择器和译码器应用电路的测试电路，为了保证在实际操作中，电路的正常工作、实验结果的正常显示，增加了三极管作为显示驱动电路，按钮输入部分增加了四个电阻，以保证有效地输入高电平。

（2）装配电路

1）画出装配图

根据测试电路图正确进行装配图的设计，可以两面布线，以焊点一面为主，图 1—130 中焊点、连接线、元器件都是安装时的实际位置，实线表示焊点一面的连接线，虚线表示元器件一面的连接线，连接线画的要平直，不能交叉。

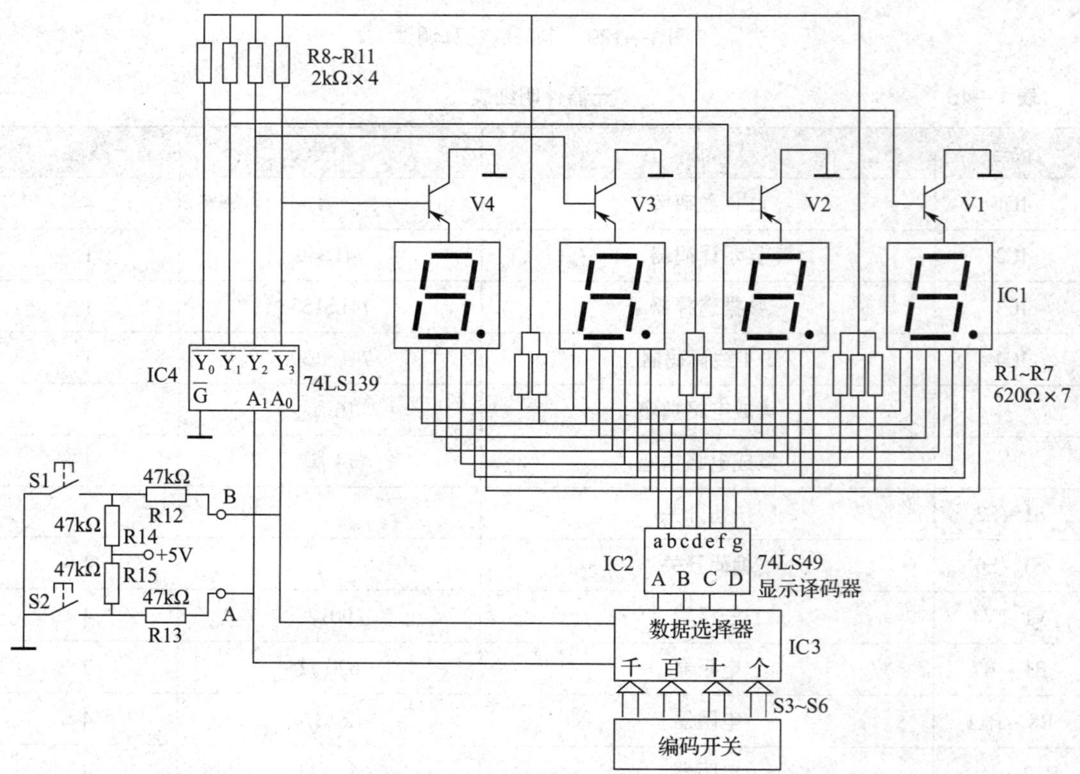

图 1—130　数据选择器和译码器的应用测试电路

2）插装与焊接试验板

①按装配图将元器件插装在试验板上，安装原则是先低后高、先里后外、上道工序不得影响下道工序的安装。

②电阻器采用卧式安装，占用四个焊盘，紧贴板面安装，色标法电阻的色环标志顺序方向一致。

③集成电路应安装相应插座，插座的标记口的方向应与实际的集成块标记口方向一致，将集成电路插入插座时，应避免插反及引脚未完全插入插座等现象。16 脚的插座占 4 ×8 个焊盘，14 脚的插座占 4 ×7 个焊盘。

④数码显示器占用焊盘：水平 5 个，垂直 7 个。

⑤导线连线在焊点面上拐弯时，采用直角形状，直角处用焊点固定。

⑥按钮占用 3 ×4 个焊盘。

⑦所有焊点均采用直脚焊，焊后剪去多余引脚。

安装好的电路板如图 1—131 所示。

图 1—131　数据选择器和译码器的应用测试电路板

4. 测试电路

（1）电路安装完成后，对照电路图和装配图进行检查。

（2）用万用表检测电源是否有短路问题，无误后插上集成电路，方可通电测试。

（3）测试要求：设 S1、S2 按下为“0”、未按下为“1”，按表 1—46 中的要求分别设置 S_1、S_2、S_3、S_4、S_5、S_6的状态（×表示任意值），用万用表分别测量$\overline{Y_0}$、$\overline{Y_1}$、$\overline{Y_2}$、$\overline{Y_3}$点的电位，将测量值填入表 1—46 中，并观察记录数码管的状态。

表 1—46　　测试记录表

S_1	S_2	S_3	S_4	S_5	S_6	$\overline{Y_3}$	$\overline{Y_2}$	$\overline{Y_1}$	$\overline{Y_0}$	$\overline{Y_0}$数码管的状态			
										千位	百位	十位	个位
0	0	×	×	×	×								
0	1	×	×	×	×								
1	0	×	×	×	×								
1	1	×	×	×	×								

?想一想

根据测试记录，分析测量结果是否与理论分析一致，并分析数据选择器和分配器在应用电路中的作用。

扫描二维码
查看参考答案

任务评价

任务评价表

评价项目	评价标准	配分（分）	自我评价	小组评价	教师评价
职业素养	安全意识、责任意识、服从意识强	5			
	积极参加教学活动，按时完成各项学习任务	5			
	团队合作意识强，善于与人交流和沟通	5			
	自觉遵守劳动纪律，尊敬师长，团结同学	5			
	爱护公物，节约材料，工作环境整洁	5			
专业能力	能正确完成电路仿真，仿真结果符合要求	15			
	装配图绘制合理	10			
	元器件布局合理	10			
	装配电路质量符合要求	20			
	电路测试效果符合要求	20			
合计		100			
总评	自我评价 ×20% + 小组评价 ×20% + 教师评价 ×60% =	综合等级	教师（签名）:		

注：学习任务考核采用自我评价、小组评价和教师评价三种方式，考核分为 A（100 ~ 90）、B（89 ~ 80）、C（79 ~ 70）、D（69 ~ 60）、E（59 ~ 0）五个等级。

思考与练习

1. 数据选择器的功能是什么？
2. 数据分配器的功能是什么？
3. 一个 8 选 1 数据选择器的数据输入端有几个？
4. 8 路数据分配器，其地址输入端有几个？

课题二　脉冲产生与变换电路

任务1　单稳态触发器与振荡器的应用

学习目标

1. 了解脉冲电路的概念，熟悉微分电路、积分电路的功能。

2. 了解触发器的概念，熟悉单稳态触发器和振荡器的功能，能对脉冲产生与变换电路进行分析。

3. 能完成环形振荡电路的分析、仿真、安装与测试。

任务描述

在日常生活中经常可以看到闪烁的指示灯，如路由器、仪器仪表、电脑及各种标志指示等，如图2—1所示是常见的路由器上的指示灯。数字电子技术中，可以用振荡器产生的脉冲信号控制灯的闪烁，示意框图如图2—2所示。本任务的主要内容就是在熟悉常用脉冲产生与变换电路的功能及其应用的基础上，完成这个灯闪烁控制电路的仿真、安装与测试。

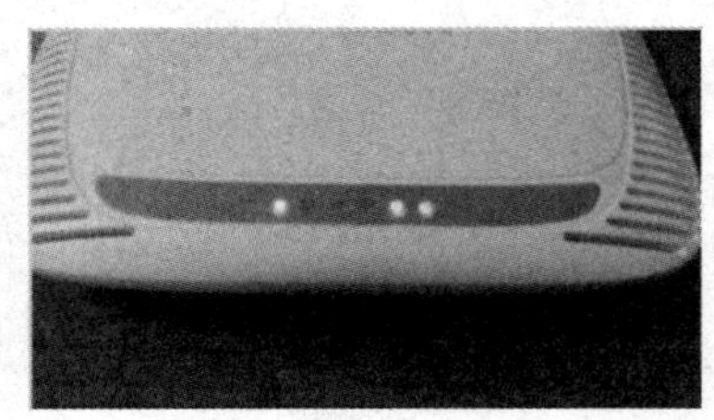

图2—1　路由器指示灯

图2—2　控制灯闪烁的示意框图

相关知识

一、微分电路和积分电路

1. 微分电路

（1）电路

如图2—3a所示是最简单的微分电路。输入电压 u_i 加在RC串联回路上，输出电压取自R两端。输入电压的波形是矩形波，要求脉冲宽度 t_W 远大于电路的时间常数，即 $t_W \gg RC$。

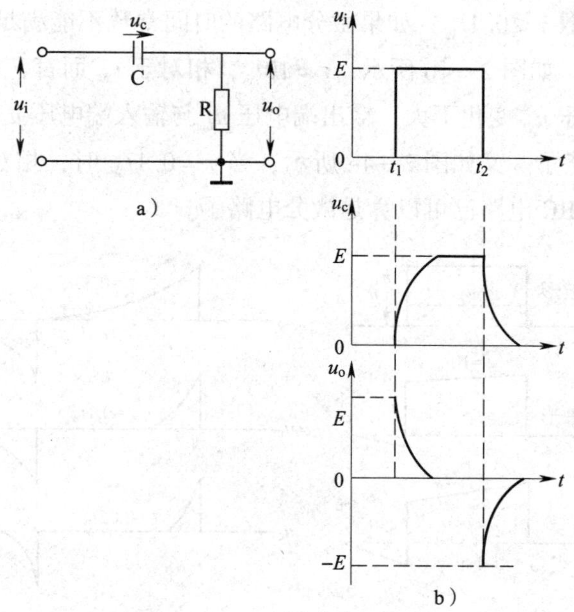

图 2—3　微分电路及其波形

a）电路图　b）波形

（2）工作原理

在 $0<t<t_1$ 期间，$u_i=0$，$u_o=0$，$u_C=0$。

在 $t=t_1$ 瞬间，u_i 由 0 突然上跳为 E，由于电容器电压不能突变，有 $u_C=0$，输出电压 $u_o=u_i-u_C=E$。

在 $t_1<t<t_2$ 期间，电容器自 t_1 开始充电，但是由于 $RC \ll t_W$，电容器电压 u_C 很快充到 E，而输出电压 $u_o=u_i-u_C$ 迅速下降为 0，于是输出电压 u_o 就形成一个正的尖脉冲。

在 $t=t_2$ 瞬间，u_i 由 E 下跳为 0，电容器电压不能突变，则 $u_o=u_i-u_C=-E$，即输出电压 u_o 由 0 下跳为 $-E$。

$t>t_2$ 时，电容器自 t_2 开始放电，因而很快使 $u_C=0$，输出电压 u_o 迅速上升为 0，于是输出电压 u_o 就形成了一个负的尖脉冲。

当第二个矩形波电压出现在输入端的时候，又重复上述过程，在输出端就又得到一对正负相间的尖脉冲。

由此可见，微分电路的输出突出了输入脉冲的变化部分。当输入电压不变时，输出电压即为零。微分电路的输入输出波形如图 2—3b 所示。

（3）构成微分电路的条件

在前面讨论微分电路时，曾假设 RC 必须很小，即 $\tau=RC \ll t_W$，电路的时间常数需远小于输入脉冲的脉冲宽度。这就是说，在输入脉冲作用期间，电容器的充电（或放电）过程基本结束。

实际电路中一般取 $\tau \leqslant 0.1t_W$。如果微分电路的时间常数不能满足 $\tau \ll t_W$，则实际上变成了一般的耦合电路。如图 2—4b 所示，$\tau = 10t_w$，相对于 t_W 而言，电容器充放电进行得很慢，电容器两端电压 u_C 变化不大，输出端电压 u_o 与输入端电压 u_i 波形相似，则 RC 电路已经是 RC 耦合电路了。又如图 2—4e 所示，当 $\tau = 0.1t_W$ 时，相对于 t_W 而言，充放电进行得很快，这时的 RC 电路已可以算是微分电路了。

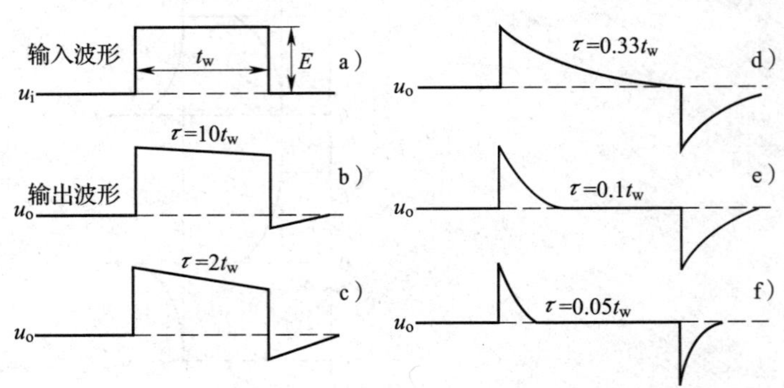

图 2—4　τ 的不同值对输出波形的影响

2. 积分电路

（1）电路

如图 2—5a 所示是最简单的积分电路、输入电压也是加在 RC 串联回路，但输出电压 u_o 却取自电容器 C 两端。输入端加的也是矩形波，要求脉冲宽度 $t_W \ll RC$。

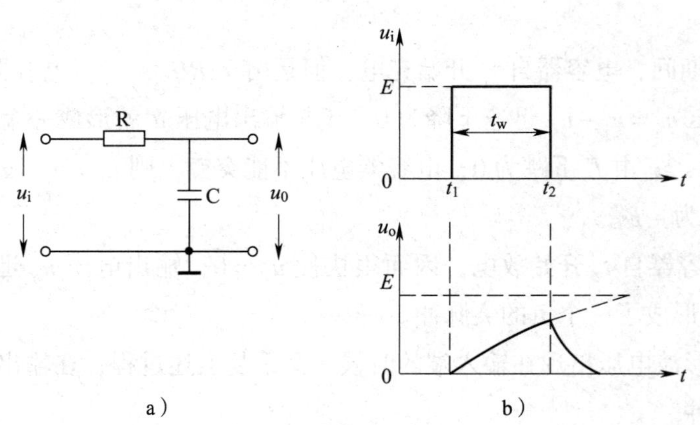

图 2—5　积分电路及其波形

a）电路图　b）波形

（2）工作原理

在 $0 < t < t_1$ 期间，输入端电压 $u_i = 0$，输出端电压 $u_o = 0$。

在 $t = t_1$ 瞬间，输入端电压 u_i 由 0 突然上跳为 E，电容器两端电压不能突变，则 $u_o = u_C = 0$。

在 $t_1<t<t_2$ 期间，电容器 C 开始充电，u_C 按指数规律上升。由于 $\tau \gg t_W$，电容器充电过程十分缓慢，电容器电压 u_C 上升曲线只是整个充电曲线的一小段，可以认为近似于一条直线，即 $u_o=u_C$ 是线性上升的。

在 $t=t_2$ 瞬间，输入端电压 u_i 下跳为 0，电容器两端电压 u_C 不能突变而保持 t_2 前瞬间的大小。

$t>t_2$ 时，电容器开始放电，$u_o=u_C$ 按指数曲线下降。

于是，输出端电压 u_o 就形成一个锯齿波或近似三角波，如图 2—5b 所示。当第二个矩形波出现在输入端时便重复上述过程。

由此可见，积分电路的输出延缓了输入的跳变部分，它相对于输入脉冲的上升沿、下降沿的波形，就变得“圆滑”了。

?想一想

微分电路和积分电路在电路构成和功能上有什么区别？

扫描二维码
查看参考答案

二、单稳态触发器

触发器是一种具有“记忆”功能的逻辑部件，它的特点是，没有收到触发信号时，可以一直保持电路的原有状态不变，收到触发信号后，则由原有状态转换为另一状态（常称为“翻转”）。本任务涉及的单稳态触发器就是触发器的一种。

单稳态触发器只有一个稳定状态，即在没有触发信号时，电路处于稳定状态；在触发信号作用下，电路翻转为暂稳态，并经过一段时间又能自动返回稳态。

1. 门电路构成的单稳态触发器

（1）微分型单稳态触发器

1）电路

图 2—6 所示为由 TTL 与非门构成的微分型单稳态触发器。图中，G1、G2 之间采用 RC 微分电路耦合，故称为微分型单稳态触发器。Rp、Cp 组成输入微分电路。

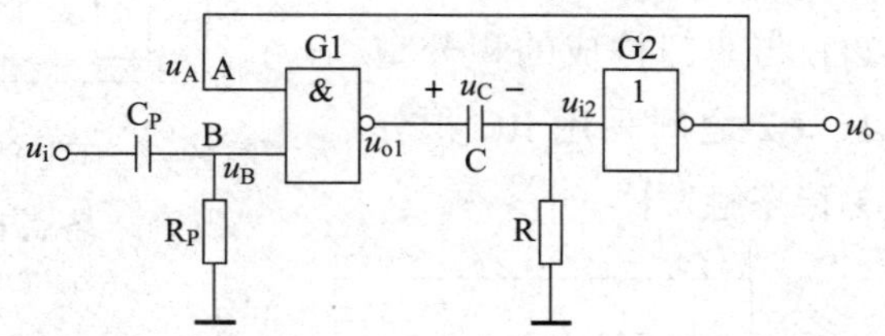

图 2—6　TTL 微分型单稳态触发器

2）工作原理

电路的稳定状态是 G2 关闭、G1 开通，即 u_o 为高电平。

当负的触发脉冲输入时，经输入微分电路，将负的尖脉冲加在 G1 的输入端 B，使 u_B 下降，从而引起下列正反馈过程：

$$u_B\downarrow \rightarrow u_{o1}\uparrow \rightarrow u_{i2}\uparrow \rightarrow u_o\ (u_A)\downarrow$$

结果 G1 迅速关闭，G2 迅速开通，形成了暂稳态。u_i 负跳变消失后，u_B 恢复为高电平，但 u_A 已经变成低电平，所以 G1 仍然关闭。

在暂稳态期间，电容器 C 经 G1 输出端和 R 充电。随着电容两端电压的上升，u_{i2} 逐渐下降，当 u_{i2} 下降到门的阈值电压 V_T 时，又引起下列正反馈过程：

$$u_{i2}\downarrow \rightarrow u_o\ (u_A)\uparrow \rightarrow u_{o1}\downarrow$$

结果是 G2 迅速关闭，G1 迅速开通，电路返回到稳定状态，在输出端 u_o 就得到一个具有固定宽度 t_W 的矩形脉冲。

之后，电容器 C 经 G1、R 放电。最后 u_o 下降到电路处于稳态时的值。

电路中各点电压波形如图 2—7 所示。

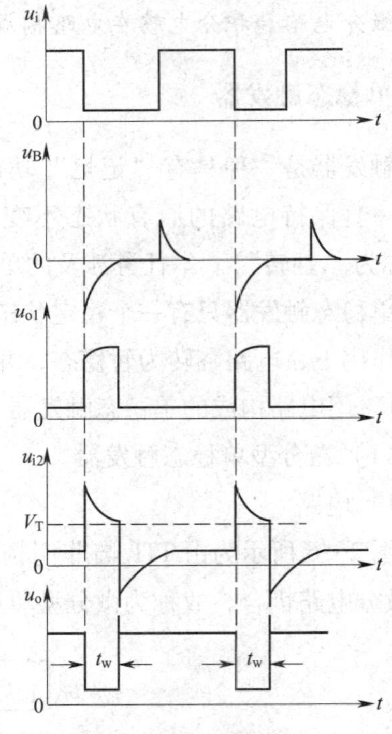

图 2—7　TTL 微分型单稳态触发器各点电压波形

电路的输出脉冲宽度由计算得：

$$t_W = (R + R_2)C\ln\left(\frac{R}{R + R_2} \cdot \frac{V_{OH}}{V_T}\right)$$

式中　R_2—G1 输出高电平时的输出电阻；

V_{OH}—G1 输出高电平电压；

V_T—G2 的阈值电压。

若 $R = 300\ \Omega$，取 $R_2 = 100\ \Omega$，$V_{OH} = 3.6\ V$，$V_T = 1.4\ V$，则 $t_W = 0.7\ (R + R_2)\ C$。

（2）积分型单稳态触发器

1）电路

如图 2—8 所示为 TTL 与非门构成的积分型单稳态触发器。图中 G1、G2 之间采用 RC 积分电路耦合，故称积分型单稳态触发器。

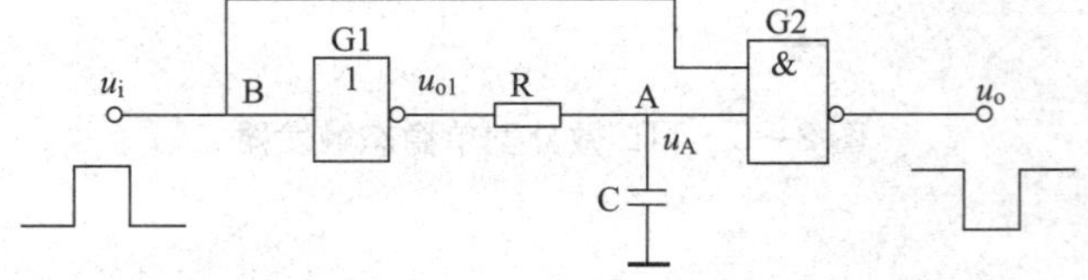

图 2—8　TTL 积分型单稳态触发器

2）工作原理

因为 u_i 为低电平，所以电路的稳态是 G1、G2 都处于关闭状态，u_o 为高电平。在稳态中，电容器 C 充电，u_A 为高电平。

当输入一个正的触发脉冲信号时，u_i 由低电平跳变为高电平，G1 开通，u_{o1} 变成低电平。由于电容器 C 两端电压不能突变，u_A 仍为高电平，而 u_B 已经变为高电平，所以 G2 开通，u_o 变成低电平，电路进入暂稳态。

在暂稳态期间，电容器开始经 R、G1 的输出电阻放电，随着 C 的放电，u_A 逐渐下降。当 $u_A = V_T$ 时，G2 关闭，u_o 又变为高电平，暂稳态结束。

当触发脉冲信号跳回低电平之后，G1 关闭，电容器 C 经 G1 输出端、R 充电，充电结束后，电路又回到稳态。

电路中各点波形如图 2—9 所示。

电路的输出脉冲宽度由计算得：

$$t_W = 1.1RC$$

上述积分型单稳态电路要求触发脉冲信号宽度大于输出脉冲宽度。采用如图 2—10 所示的窄脉冲触发的积分型单稳态电路，对输入脉冲的宽度就没有这种限制。

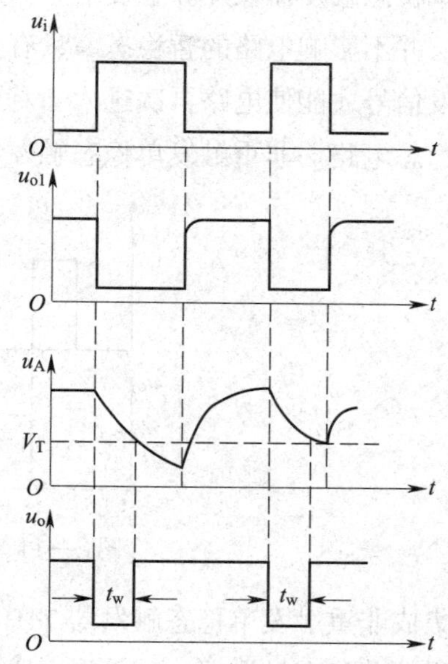

图 2—9　TTL 积分型单稳态触发器各点电压波形

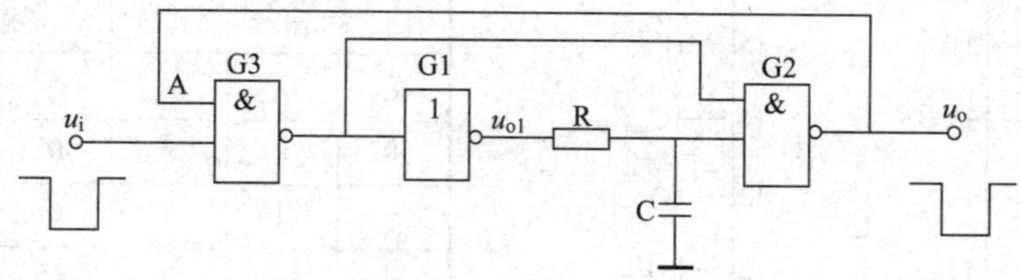

图 2—10　窄脉冲触发的积分型单稳态触发器

该电路中，当电源接通时，由于电容器 C 两端电压为零，G2 关闭，u_o（u_A）为高电平。G3 开通，输出低电平，一方面使 u_o 为高电平，另一方面使 u_{o1} 为高电平，从而使 C 充电，充电结束后形成电路的稳态。当负的触发脉冲作用时，u_o（u_A）变成低电平，此时即使负触发脉冲消失了，电路仍继续工作，直到电容器 C 放电过程结束。因此，这种电路对触发脉冲宽度无特别要求。

2. 集成单稳态触发器

集成化的单稳态触发器与普通门电路构成的单稳态触发器相比，具有明显的优点，如脉冲展宽范围大、外接元器件少、温度特性好、功能全、抗干扰能力强、对电源电压变化的稳定性好等。

集成单稳态触发器有 TTL 型和 CMOS 型两类，按工作方式的不同，主要可分为非重触发和可重触发两种。

（1）非重触发集成单稳态触发器

单稳态触发器在外界触发信号作用下，进入暂稳态。在暂稳态期间，外界再输入触发信号，并不影响电路的暂稳态。只有当暂稳态过程结束，电路又进入原来的稳态之后，新的触发信号才能使电路再次进入暂稳态，即暂稳态持续时间 t_W 是不变的，这就是非重触发单稳态电路。非重触发单稳态触发器波形如图 2—11 所示。

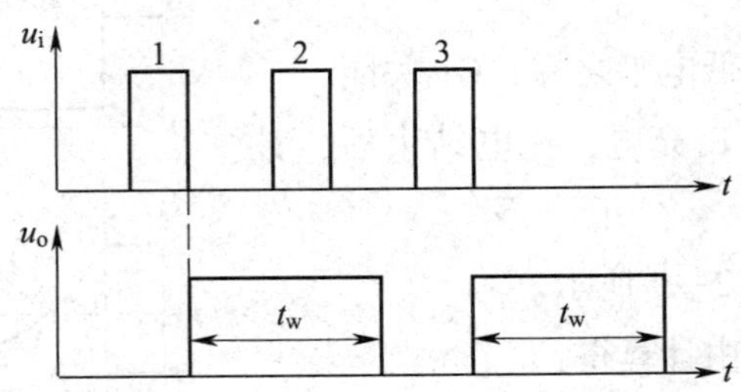

图 2—11　非重触发单稳态触发器波形

集成非重触发单稳态触发器 74HC221 为高速 CMOS 集成单稳态触发器，有两个可单独使用的单稳态触发器，其外形引脚和真值表如图 2—12 所示。

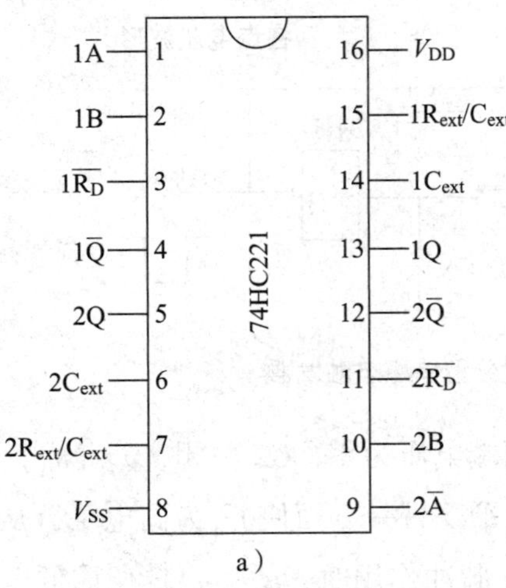

a）

输入			输出	
$\overline{R_D}$	$\overline{A}$	B	Q	$\overline{Q}$
0	×	×	0	1
×	1	×	0	1
×	×	0	0	1
1	↓	1	⊓	⊔
1	0	↑	⊓	⊔
↑	0	1	⊓	⊔

b）

图 2—12　非重触发单稳态触发器 74HC221 引脚排列及真值表

a）外形引脚图　b）真值表

74HC221 在使用时需外接电阻和电容，能产生脉宽为 $t_w \approx 0.7RC$ 的脉冲，脉宽调节范围为 20 ~ 200 μs。其接法如图 2—13 所示。

（2）可重触发单稳态触发器

可重触发单稳态电路与非重触发集成单稳态触发器不一样，当外界输入触发信号使电路进入暂稳态之后，输入新的触发信号，就可延长暂稳态的持续时间，输出脉宽可任意展宽。可重触发单稳态触发器波形如图 2—14 所示。

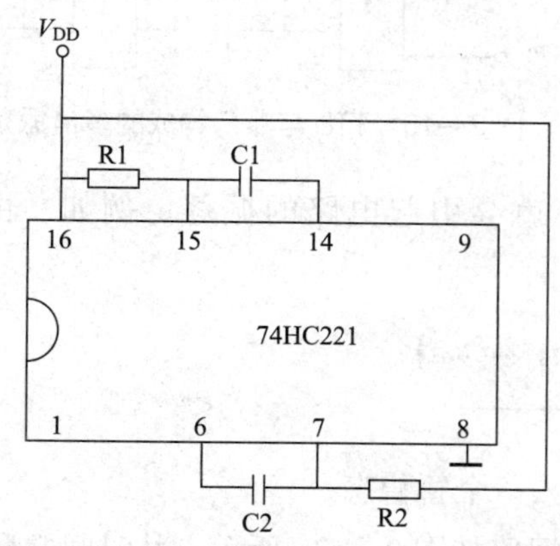

图 2—13　74HC221 在使用时电阻和电容的接法

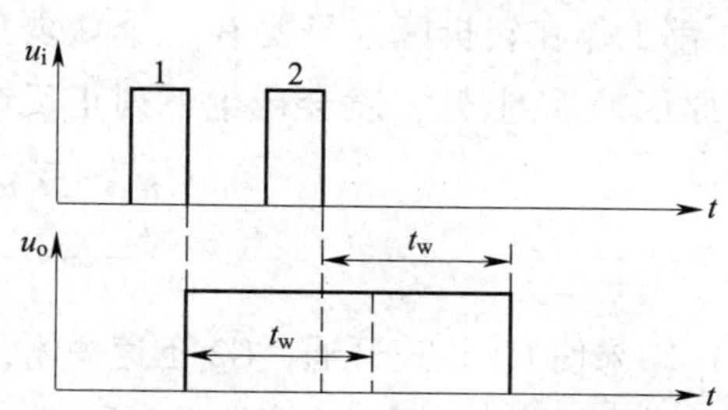

图 2—14　可重触发单稳态触发器波形

如集成可重触发的单稳态触发器 74123，其外形引脚和真值表如图 2—15 所示。

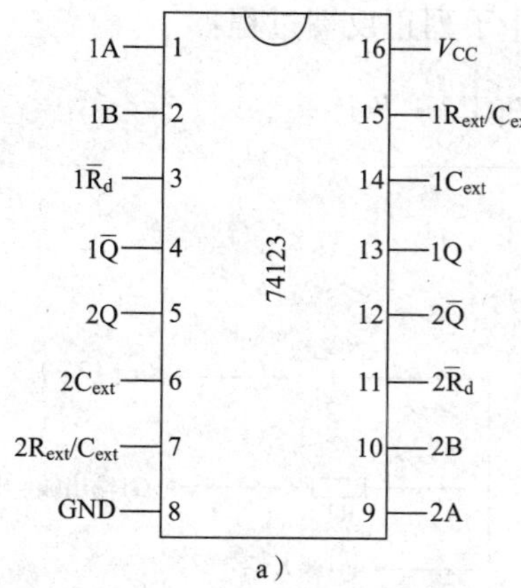

a）

输入			输出	
$\overline{R}_d$	$\overline{A}$	B	Q	$\overline{Q}$
0	×	×	0	1
×	1	×	0	1
×	×	0	0	1
1	0	↑	⊓	⊔
1	↓	1	⊓	⊔
↑	0	1	⊓	⊔

b）

图 2—15　集成可重触发的单稳态触发器 74123 引脚排列及真值表

a）外形引脚图　b）真值表

常用的集成单稳态触发器参见附表 6。

单稳态触发器的应用很广泛，通常用于脉冲的整形、延迟和定时等。

三、多谐振荡器

1. TTL 与非门构成的多谐振荡器

（1）电路

TTL 与非门构成的多谐振荡器如图 2—16 所示。它是由两个交叉耦合的与非门组成的。两级与非门都通过电容耦合。图中，u_k 是振荡控制端，$u_k=0$，振荡停止；$u_k=1$，振荡器工作。作为振荡器，必须把两个与非门的静态工作点选在转折区。这可以通过合理地选择 R1、R2 的数值来实现。

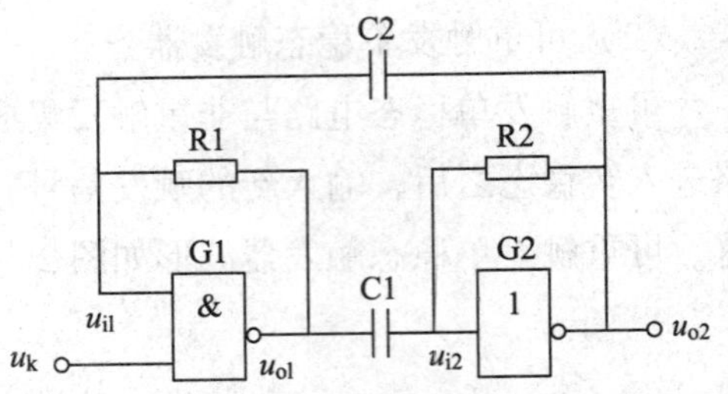

图 2—16　TTL 与非门构成的多谐振荡器

（2）工作原理

u_k 接高电平，电源接通之后，由于 G1、G2 都工作在转折区，只要有一个微弱的干扰，就会引起电路的振荡。例如，由于某种原因使 u_{i1} 上升，就会产生下列正反馈过程：

$$u_{i1}\uparrow \rightarrow u_{o1}\downarrow \rightarrow u_{i2}\downarrow \rightarrow u_{o2}\uparrow$$

结果使 G1 迅速开通，G2 迅速关闭，电路进入一个暂稳态。

进入暂稳态之后，电容器 C1 开始充电，充电回路如图 2—17a 所示，其时间常数 $\tau_{充}=(R/\!/R_2)\ C_1$。而电容器 C2 同时开始放电，放电回路如图 2—17b 所示，其时间常数 $\tau_{放}=R_1C_2$。由于电路是对称的，$\tau_{充}<\tau_{放}$，即充电速度较快。在 C1 充电的过程中，u_{i2} 不断升高。当 u_{i2} 上升到 G2 的阈值电压 V_T 时，就会发生下列正反馈过程：

$$u_{i2}\uparrow \rightarrow u_{o2}\downarrow \rightarrow u_{i1}\downarrow \rightarrow u_{o1}\uparrow$$

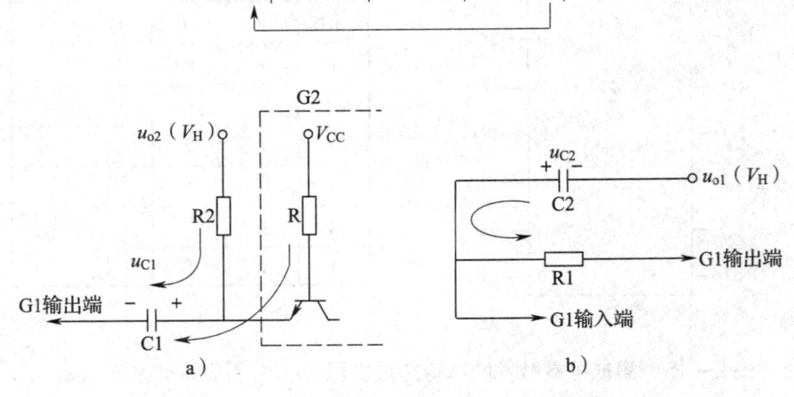

图 2—17　多谐振荡器电容充放电回路

a）电容器 C1 充电回路　b）电容器 C2 放电回路

结果电路进入 G1 关闭、G2 开通的另一个暂稳态。接着 C1 放电，C2 充电。与前一个暂稳态相似，当 C2 充电到 u_{i1} 上升为 V_T 时，第一次出现的正反馈过程再次进行，电路回到 G1 开通、G2 关闭的暂稳态。如此周而复始，电路的两个暂稳态交替出现。于是，u_{o2} 处即可输出矩形脉冲电压。

电路中的各点电压波形如图 2—18 所示。

由于电路是对称的，其输出脉冲宽度可以由下式来估算：

$$t_W = 2.2\ (R_1 // R)\ C_2 = 2.2\ (R_2 // R)\ C_1$$

2. 环形振荡器

（1）TTL 与非门环形振荡器

把奇数个与非门首尾相接，形成一个闭环，就可组成环形振荡器。由三个与非门构成的环形振荡器如图 2—19 所示。

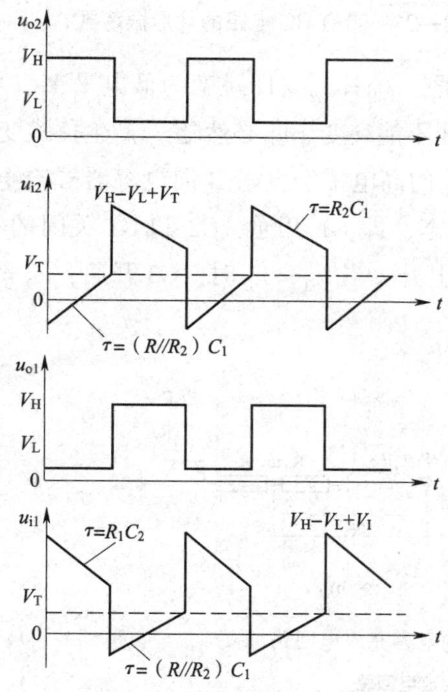

图 2—18　TTL 与非门多谐振荡器各点电压波形

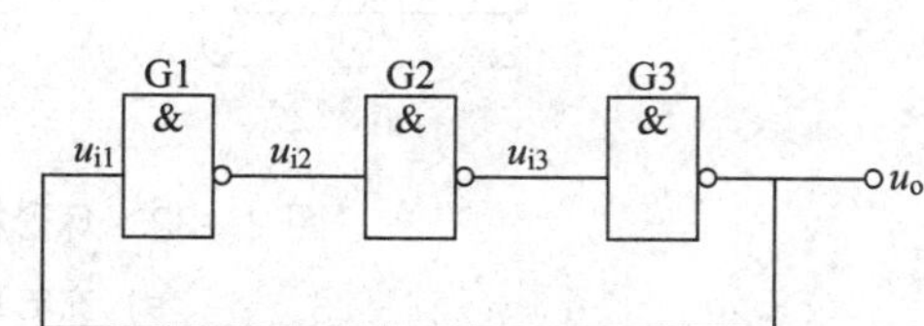

图 2—19　与非门构成的环形振荡器

这个电路没有稳定状态。如果三个门的平均传输延迟时间都是 t_{pd}，设开始时 u_{i1}（u_o）由低电平“0”跳变为高电平“1”，则经过 t_{pd}之后，G2 输入 u_{i2}变为“0”；再经过 t_{pd}，使 u_{i3}变为“1”；最后再经过 t_{pd}，使 u_o（u_{i1}）变为“0”。所以，u_{i1} 经过三个门的延迟（$3t_{pd}$）之后，由高电平变成低电平。可以想象，再经过 $3t_{pd}$之后，$u_{i1} = u_o$ 又将变成高电平。如此周而复始，形成振荡，在 u_o 处便可得到矩形脉冲输出。振荡器各点的电压波形如图 2—20 所示，由波形图可知，振荡器振荡周期 $T = 6t_{pd}$。

这种振荡器的优点是电路简单，缺点是由于 TTL 与非门平均传输延迟时间 t_{pd}很短，因此振荡频率很高，而且振荡频率不可调。为了克服这一缺点，可以利用 RC 延时电路。通过 RC 电路，既可以延长延迟时间，又可以很容易地通过改变 R 或 C 的数值来调节振荡频率。

（2）带有 RC 电路的环形振荡器

带有 RC 电路的环形振荡器如图 2—21 所示。由于 RC 电路的延迟时间比门的平均传输延迟时间 t_{pd}长得多，在分析时可以忽略 t_{pd}不计。

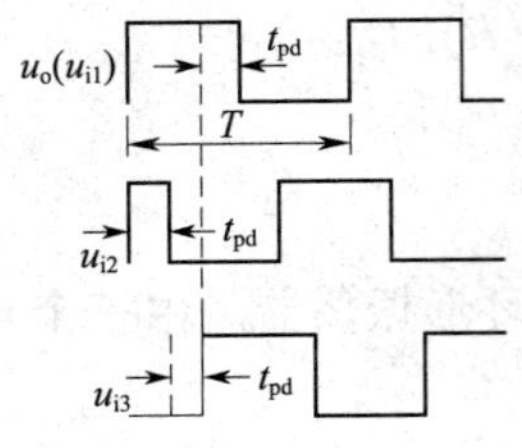

图 2—20　振荡器各点的电压波形

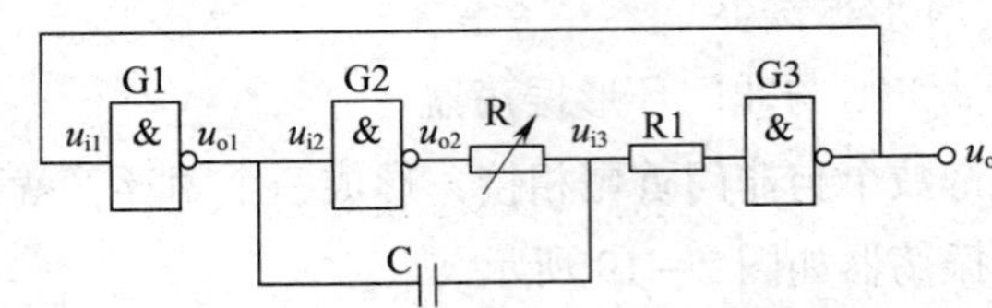

图 2—21　带有 RC 电路的环形振荡器

当 u_{i1} 由低电平跳变为高电平 V_H 时，G1 开通，$u_{o1}=u_{i2}$ 立即跳变为低电平 V_L，G2 关闭，u_{o2} 也跟着跳变为 V_H。由于电容器 C 两端电压不能突变，u_{i3} 必然随 u_{i2} 产生负跳变，G3 关闭。由于 R1 一般很小，$u_o=u_{i1}=V_H$。然后 u_{o2} 的高电平经电阻 R 向电容器 C 充电，充电回路如图 2—22a 所示。电路处于第一个暂稳态，即 G1 开通、G2 和 G3 关闭的状态。输出 $u_o=V_H$ 为高电平。由于 C 的充电，u_{i3} 逐渐上升。当 $u_{i3}=V_T$ 时，G3 开通，$u_O=u_{i1}=V_L$，输出降为低电平。

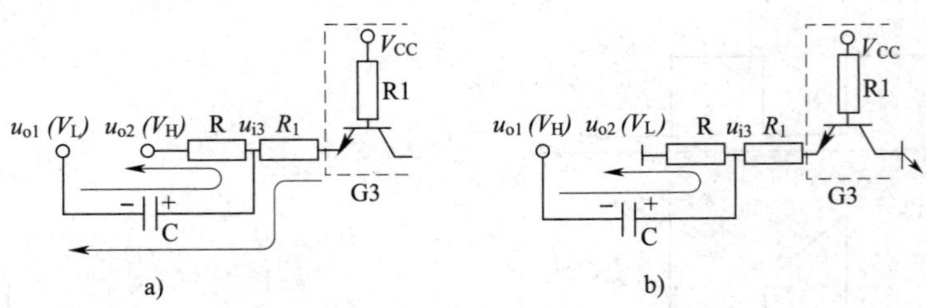

图 2—22　环形振荡器的电容充放电回路

a）充电回路　b）放电回路

u_{i1} 的低电平使 G1 关闭，$u_{o1}=u_{i2}=V_H$，G2 开通，$u_{o2}=V_L$。由于电容器 C 两端电压不能突变，u_{i3} 随 u_{o1} 一起产生一个正跳变，G3 开通，$u_o=u_{i1}=V_L$，G1 关闭。然后，电容器 C 经电阻 R 和 G2 输出电阻放电，放电回路如图 2—22b 所示。这时电路处在第二个暂稳态，即 G1 关闭，G2 和 G3 开通。随着 C 的放电，u_{i3} 逐渐下降。当 $u_{i3}=V_T$ 时，G3 关闭，$u_O=u_{i1}=V_H$，于是又开始前面讲过的第一个过程，电路翻转成第一个暂稳态。如此周而复始，电路不停地振荡。振荡电路各点电压波形如图 2—23 所示。$T\approx 2.23RC$。

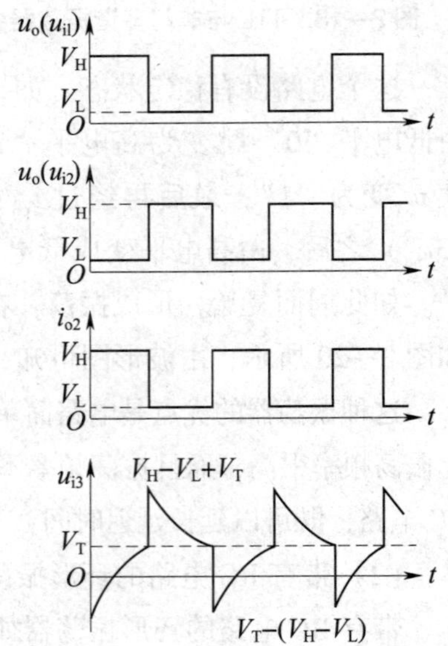

图 2—23　振荡电路各点电压波形

3. 石英晶体振荡器

前面介绍的多谐振荡器的频率稳定性较差。为了得到频率稳定性很高的脉冲信号，可采用石英晶体振荡器。

（1）石英晶体谐振器的构成

石英晶体谐振器是利用石英晶体（二氧化硅的结晶体）的压电效应制成的一种谐振器件。从一块石英晶体上按一定方位角切下薄片（简称为晶片，可以是正方形、矩形或圆形等），在它的两个对应面上涂敷银层作为电极，在每个电极上各焊一根引线接到管脚上，再加上封装外壳就构成了石英晶体谐振器，又简称为石英晶体或晶体、晶振。其产品一般用金属外壳封装，也有用玻璃壳、陶瓷或塑料封装的。如图 2—24 所示为金属外壳封装的晶振。

（2）石英晶体的符号与特性

石英晶体的符号如图 2—25a 所示。如图 2—25b 所示是石英晶体的阻抗频率特性曲线，由石英晶体的阻抗频率特性可知，当信号频率为 f_0 时，石英晶体的等效阻抗最小，信号最容易通过，所以这种电路的振荡频率只决定于晶体本身的谐振频率 f_0，而与电路中 R、C 数值无关。

图 2—24　金属外壳封装晶振

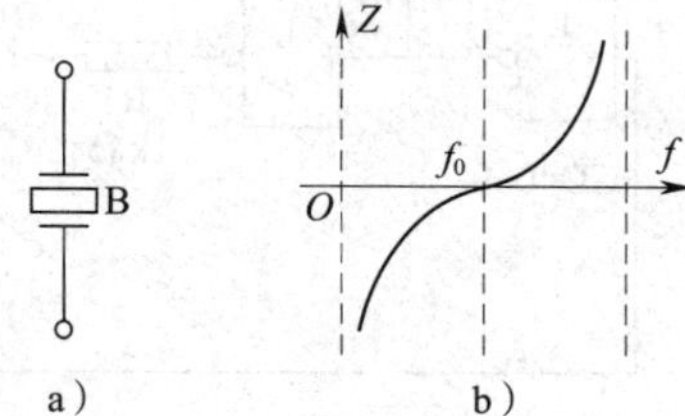

图 2—25　石英晶体的符号及阻抗频率特性曲线

a）石英晶体的符号　b）石英晶体阻抗频率特性曲线

（3）石英晶体振荡器

石英晶体振荡器如图 2—26 所示，石英晶体振荡器是在多谐振荡器电路中接入石英晶体而组成的，电阻 R 的作用是为 G1、G2 提供一个适当的静态工作点，使 G1、G2 工作在转折区（放大区）。对于 TTL 门，R 的阻值一般在 700 Ω ~ 2 kΩ，而对于 CMOS 门，则常在 10 ~ 100 MΩ，C 是 G1、G2 的耦合电容。C1 是微调电容，微调 C1 可使电路产生振荡。

（4）石英晶体振荡器的应用及分类

石英晶体振荡器是一种高精度和高稳定度的振荡器，被广泛应用于彩色电视机、计算机、遥控器等中的各类振荡电路中，以及在通信系统中用于频率发生器、为数据处理设备产生时钟信号和为特定系统提供基准信号。

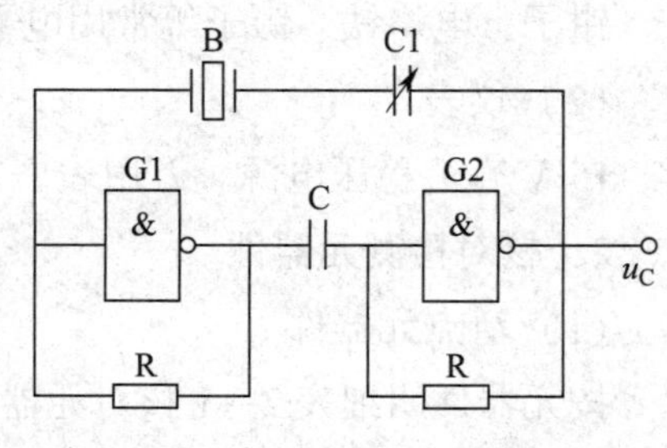

图 2—26　石英晶体振荡器图

国际电工委员会（IEC）将石英晶体振荡器分为 4 类：普通晶体振荡（SPXO）、电压控制式晶体振荡器（VCXO）、温度补偿式晶体振荡器（TCXO）、恒温控制式晶体振荡器（OCXO）。目前发展中的还有数字补偿式晶体振荡器（DCXO）、微机补偿晶体振荡器（MCXO）等。

任务实施

一、软件仿真

1. 原理图的绘制

进入 Proteus ISIS，根据如图 2—27 所示的控制原理图从元器件库中选择对象 CD4069、发光二极管、电容、电阻、电位器等，并置入对象选择器窗口，再放置到图形编辑器窗口，在图形编辑窗口中画好原理图。

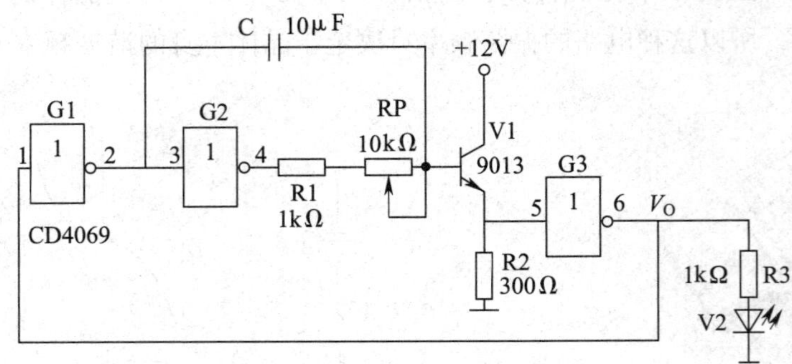

图 2—27　环形振荡器原理图

2. 仿真调试

点击虚拟仪表按钮，在对象选择器找到“Digital Oscilloscope（数字示波器）”，添加到原理图编辑区，按照如图 2—28 所示布置，并连接好。按下仿真按钮，改变电位器的状态，通过示波器观察电容上和输出端的电压波形。

二、实践操作

1. 准备工具、仪表器材

（1）工具

钳子、电烙铁、镊子等常用电子组装工具一套。

（2）仪表

15 V 直流稳压电源、万用表。

2. 核对检测元器件

（1）清点元器件

按元器件明细表 2—1 核对元器件的数量、型号和规格，如有短缺、差错应及时补缺和更换。

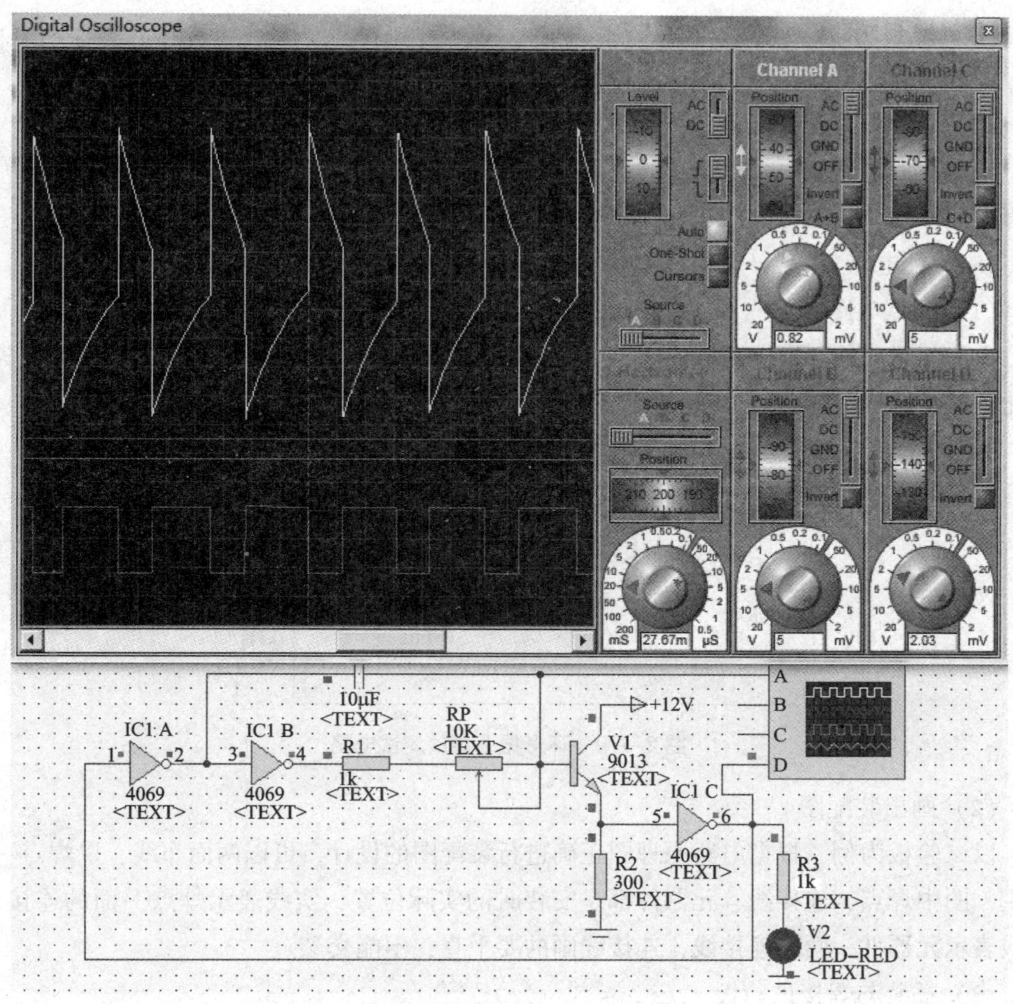

图 2—28　电路的仿真调试

表 2—1　　元器件明细表

代号	名称	型号	数量
R1、R3	电阻器	1 kΩ	2
R2	电阻器	300 Ω	1
RP	电位器	100 kΩ	1
C	电容器	10 μF	1
V2	发光二极管	红色	1
V1	三极管	9013	1
IC1	非门	CD 4069	1
	集成电路插座	14 脚	1
	试验板	28×28（焊点数）	1

（2）检测元器件

用万用表的电阻挡对元器件进行检测，剔除并更换不符合质量要求的元器件。

（3）识别所用集成电路

识别集成电路非门 CD 4069 的外形及引脚排列，以便于在实际安装和检测排查故障的过程中能够较顺利地解决问题。

3．装配电路

（1）测试电路

由非门组成的环形振荡器的测试电路如图 2—29 所示。为便于观察指示灯闪烁的快慢变化，此处选用 100 kΩ 的电位器。

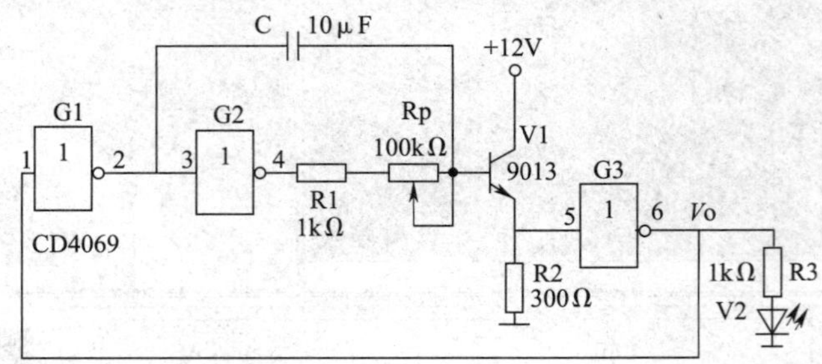

图 2—29　环形振荡器的测试电路

（2）画出装配图

以试验板为例，根据电路原理图正确进行装配图的设计，可以两面布线，以焊点一面为主，图中焊点、连接线、元器件都是安装时的实际位置，实线表示焊点一面的连接线，虚线表示元器件一面的连接线，连接线画的要平直，不能交叉。

（3）插装与焊接试验板

安装好的电路板如图 2—30 所示。

图 2—30　指示灯控制电路板

4. 测试电路

（1）电路安装完毕后，对照电路图和装配图进行检查，仔细检查电路中各元器件是否安装正确，导线、焊点是否符合要求，检查有极性器件是否安装连接正确。

（2）通电前用万用表 R×1 挡测电源与地之间的电阻。若发现短路，应先排除短路点。

（3）检测无误后，按集成电路标记口的方向插上集成电路，方可通电测试。

（4）测试内容

接通电源后，调电位器，用示波器观测 CD4069 的 3 脚和 6 脚的输出波形变化情况，且观察发光二极管的状态，并记录。

?想一想

根据测试记录，分析测量结果是否与理论分析一致，并分析电路工作过程。

扫描二维码
查看参考答案

任务评价

任务评价表

评价项目	评价内容	配分（分）	自我评价	小组评价	教师评价
职业素养	安全意识、责任意识、服从意识强	5			
	积极参加教学活动，按时完成各项学习任务	5			
	团队合作意识强，善于与人交流和沟通	5			
	自觉遵守劳动纪律，尊敬师长，团结同学	5			
	爱护公物，节约材料，工作环境整洁	5			
专业能力	能正确完成电路仿真，仿真结果符合要求	15			
	装配图绘制合理	10			
	元器件布局合理	10			
	装配电路质量符合要求	20			
	电路测试效果符合要求	20			
合计		100			
总评	自我评价×20%＋小组评价×20%＋教师评价×60%＝	综合等级	教师（签名）：		

注：学习任务考核采用自我评价、小组评价和教师评价三种方式，考核分为 A（100～90）、B（89～80）、C（79～70）、D（69～60）、E（59～0）五个等级。

思考与练习

1. 什么是单稳态触发器？
2. 单稳态触发器能用于定时控制和脉冲整形吗？
3. 多谐振荡器的输出脉冲周期如何调整？

任务2 555 定时器的应用

学习目标

1. 熟悉 555 定时器的原理。
2. 掌握 555 定时器构成的单稳态电路、振荡电路等应用电路的功能。
3. 能完成报警电路的仿真、安装和测试。

任务描述

在实际生活中，很多重要的地方都会安装防护报警装置，如银行、珠宝、商铺等，当遇到抢劫、偷盗或其他意外情况，工作人员可以马上按下报警按钮，报警铃声会响起，还可以同时与 110 报警电话接通，通知警察来处理。如图 2—31 所示的是一个简单的报警器，这里的报警电路可以用 555 定时器电路来构成，当意外情况发生时，按下按钮，电源接通，报警信号就会发出，报警信号是由 555 定时器构成的多谐振荡器产生的，其示意框图如图 2—32 所示。本任务的主要内容就是熟悉 555 定时器的功能，并完成 555 定时器组成的报警电路的分析、仿真、安装与测试。

图 2—31 报警器

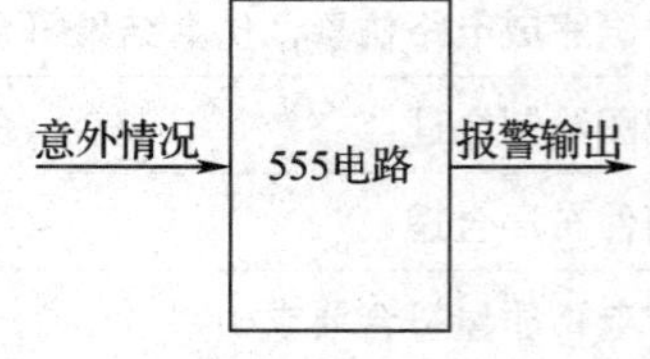

图 2—32 多谐振荡器示意框图

相关知识

一、555 定时器

常用的 555 定时器有 TTL 定时器和 CMOS 定时器两种类型，两者的工作原理基本相同。如图2—33所示的是CMOS定时器CC7555，它由电阻分压器，两个电压比较器A、B，基本RS触发器，放电管V以及输出缓冲门G5、G6等组成。

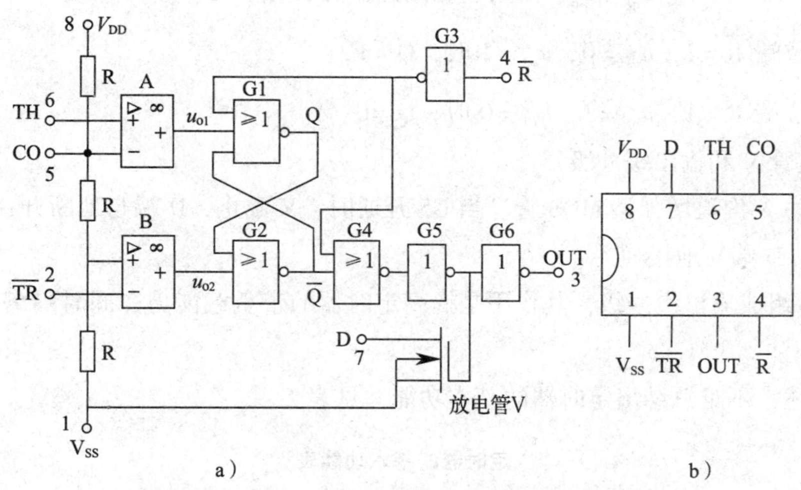

图2—33 CMOS定时器CC7555

a）电路原理图 b）外形引脚图

1. 电阻分压器

电阻分压器由三个阻值相同的电阻（R）串联而成。由于集成运放具有高输入阻抗的特点，当CO端不施加电压时，$u_{CO}=\frac{2}{3}V_{DD}$，运放B的“+”端电压为$\frac{1}{3}V_{DD}$。

2. 电压比较器

定时器的主要功能取决于集成运放A、B组成的比较器。比较器的输出控制放电管V的状态。比较器输出与输入之间的关系为：

$$u_{TH}>\frac{2}{3}V_{DD}，u_{o1}=1；$$

$$u_{TH}<\frac{2}{3}V_{DD}，u_{o1}=0。$$

$$u_{\overline{TR}}>\frac{1}{3}V_{DD}，u_{o2}=0；$$

$$u_{\overline{TR}}<\frac{1}{3}V_{DD}，u_{o2}=1。$$

式中TH为阈值输入端，$\overline{TR}$为触发输入端。

3. 基本RS触发器

或非门G1、G2组成的逻辑部件称为或非型基本RS触发器。它是一种双稳态触发器，即可在触发信号作用下，稳定在0和1两个状态。基本RS触发器的相关知识将在下个课题中深入学习。在本电路中，该触发器起到如下逻辑功能：

外部复位端 $\overline{R}=0$ 时，$Q=0$；

外部复位端 $\overline{R}=1$，$u_{o1}=u_{o2}=0$ 时，Q 保持原有状态不变；

外部复位端 $\overline{R}=1$，$u_{o1}=0$，$u_{o2}=1$ 时，$Q=1$；

外部复位端 $\overline{R}=1$，$u_{o1}=1$，$u_{o2}=0$ 时，$Q=0$。

4．放电管 V 和输出缓冲级

放电管为 N 沟道增强型 MOS 管。当 G5 开通时，V 截止，D 端与地断开；当 G5 关闭时，V 导通，D 端与地接通。

G5、G6 组成输出缓冲级，其作用是提高定时器的带负载能力，同时隔离负载对定时器的影响。

综上所述，不难总结出定时器的基本功能，见表 2—2。

表 2—2　　定时器的基本功能表

输入			输出			
u_{TH}	$u_{\overline{TR}}$	$\overline{R}$	Q	$\overline{Q}$	OUT	放电管 V
×	×	0	0	×	0	导通
$<\frac{2}{3}V_{DD}$	$<\frac{1}{3}V_{DD}$	1	1	0	1	截止
$>\frac{2}{3}V_{DD}$	$>\frac{1}{3}V_{DD}$	1	0	1	0	导通
$>\frac{2}{3}V_{DD}$	$<\frac{1}{3}V_{DD}$	1	1	0	1	截止
$<\frac{2}{3}V_{DD}$	$>\frac{1}{3}V_{DD}$	1	原状态	原状态	原状态	原状态

上述讨论是在 CO 端悬空的条件下进行的。如果 CO 端施加一外加电压（其值在 0 和 V_{DD}之间），比较器的参考电压将发生变化，电路的阈值、触发电平也将随之改变。

二、555 定时器的应用

1．单稳态触发器

（1）电路

555 定时器构成的单稳态触发器如图 2—34a 所示。电路中电阻 R、电容 C 为外接定时元器件。

（2）工作原理

当单稳态触发器无触发脉冲信号时，输入端 u_i 为“1”，直流电源 $+V_{DD}$接通以后，通过电阻向电容器 C 充电，当 u_C（u_{TH}）上升到$\frac{2}{3}V_{DD}$时，Q = 0，$\overline{Q}$ = 1，OUT = 0，放电管 V 导通，电容器 C 放电，$u_{TH} < \frac{2}{3}V_{DD}$，而 $u_{\overline{TR}} = u_i > \frac{1}{3}V_{DD}$，根据 555 定时器功能可知，此时电路保持原态“0”不变，这种状态即是单稳态触发器的稳定状态，输入输出波形如图 2—34b 所示。

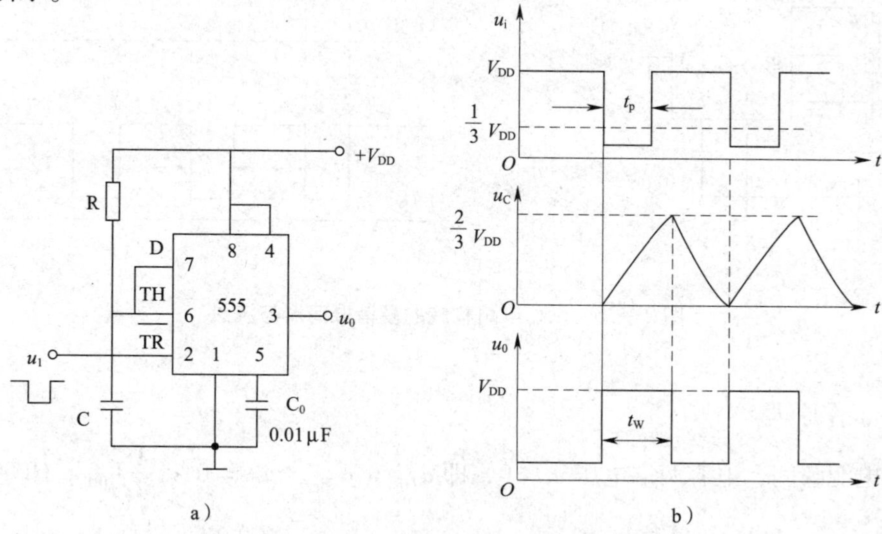

图 2—34　555 定时器构成的单稳态触发器电路与波形

a）电路　b）输入波形输出波形

当单稳态触发器有触发脉冲信号，即 $u_i = u_{\overline{TR}} < \frac{1}{3}U_{DD}$ 时，由于 $u_{TH} < \frac{2}{3}V_{DD}$，则触发器输出由“0”变为“1”，放电管由导通变为截止，直流电源 + V_{DD}通过电阻 R 向电容 C 充电，电容两端电压 u_C（u_{TH}）按指数规律上升，当 $u_{TH} = u_C < \frac{2}{3}V_{DD}$时，输出保持原状态“1”不变，这种状态即是单稳态触发器的暂稳状态。

当 u_C（u_{TH}）$\geqslant \frac{2}{3}V_{DD}$时，又有 $u_{\overline{TR}} > \frac{1}{3}V_{DD}$，电路又发生翻转，Q = 0，$\overline{Q}$ = 1，OUT = 0，放电管 V 导通，电容器 C 放电，电路自动返回到稳定状态。

想一想

555 定时器构成的单稳态触发器的输出脉冲宽度如何调整？

扫描二维码
查看参考答案

2. 多谐振荡器

（1）电路

如图 2—35a 所示为 555 电路构成的多谐振荡器，电路中电阻 R、电容 C 为外接定时元器件。

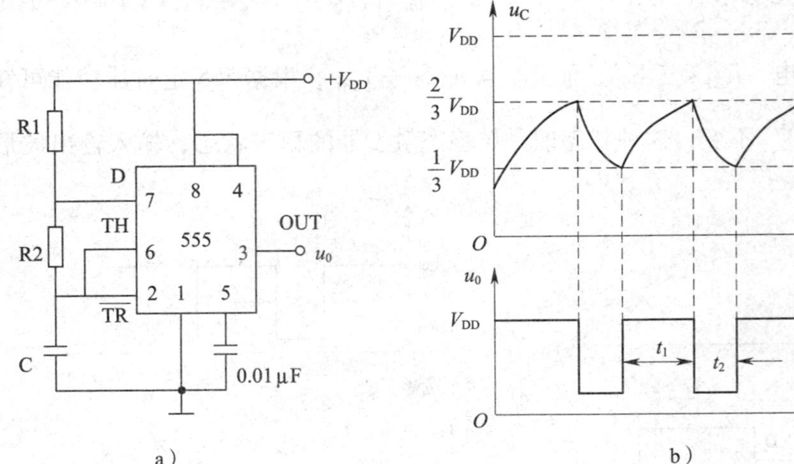

图 2—35　555 电路构成的多谐振荡器与波形

a）电路　b）波形

（2）工作原理

接通电源瞬间，电容两端电压 $u_C=0$，即 $u_{TH}=u_{\overline{TR}}=u_C=0<\frac{1}{3}V_{DD}$，OUT＝1，直流电源通过电阻 R_1、R_2 向电容充电，电容电压开始上升；当电容两端电压 $u_C\geqslant\frac{2}{3}V_{DD}$，即 $u_{TR}=u_{\overline{TR}}=u_C\geqslant\frac{2}{3}V_{DD}$ 时，电路翻转，输出就由 OUT＝1 变为 OUT＝0，电容放电，电容电压逐渐下降，当电容两端电压下降到 $u_C\leqslant\frac{1}{3}U_{DD}$，即 $u_{TH}=u_{\overline{TR}}=u_C\leqslant\frac{1}{3}V_{DD}$时，电路再次翻转，输出又由 OUT＝0 变为 OUT＝1，如此周而复始，在一种暂稳状态和另一种暂稳状态之间自动转换，便形成了振荡，电路输出波形如图 2—35b 所示。

由计算可得输出矩形波的振荡周期：

$$T=t_1+t_2\approx0.7(R_1+R_2)C+0.7R_2C\approx0.7(R_1+2R_2)C$$

t_1——充电时间，即电容两端电压从$\frac{1}{3}V_{DD}$上升到$\frac{2}{3}V_{DD}$所需时间。

t_2——放电时间，即电容两端电压从$\frac{2}{3}V_{DD}$下降到$\frac{1}{3}V_{DD}$所需时间。

电路输出矩形波的占空比：$q=\frac{t_1}{T}=\frac{t_1}{t_1+t_2}=\frac{R_1+R_2}{R_1+2R_2}$。

扫描二维码

查看参考答案

要想 555 多谐振荡器输出方波，电路参数应如何选取？

3. 施密特触发器

施密特触发器是一种具有回差特性的双稳态电路，其特点是：电路具有两个稳态，且两个稳态依靠输入触发信号的电平大小来维持，由第一稳态翻转到第二稳态，再由第二稳态翻回第一稳态所需的触发电平存在差值。

（1）电路

555 电路构成的施密特触发器如图 2—36a 所示。

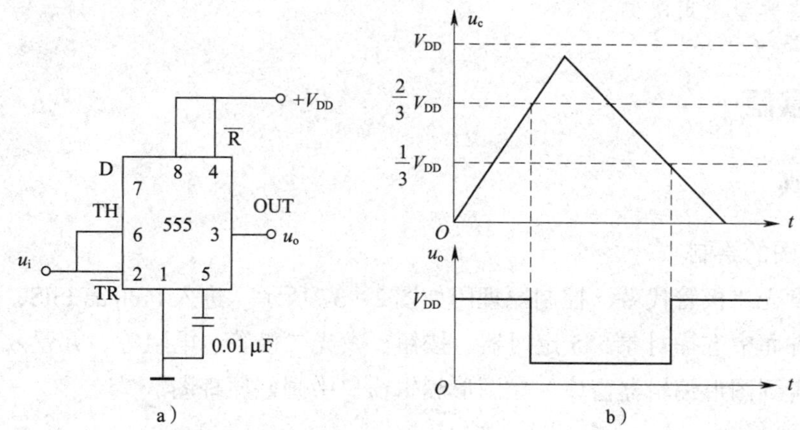

图 2—36　555 电路构成的施密特触发器与波形
a）电路　b）输入输出波形

（2）工作原理

当输入信号 $u_i = u_{\overline{TR}} = u_{TH} < \frac{1}{3}V_{DD}$时，输出为高电平；当输入信号$\frac{2}{3}V_{DD} > u_i > \frac{1}{3}V_{DD}$时，电路输出维持原态不变，输出继续为高电平；当输入信号上升到 $u_i \geqslant \frac{2}{3}V_{DD}$时，电路翻转，输出变为低电平；当 u_i 上升到峰值后，开始下降，若 $u_i > \frac{1}{3}V_{DD}$，电路输出维持原态不变，输出仍然为低电平；当输入信号下降到 $u_i < \frac{1}{3}V_{DD}$时，电路再次翻转，输出又返回高电平。电路输出波形如图 2—36b 所示。

由上述分析可知，在输入信号上升过程中，当 $u_i \geqslant \frac{2}{3}V_{DD}$时，电路输出由高电平变为低电平；而在输入信号下降过程中，当 $u_i \leqslant \frac{1}{3}V_{DD}$时，电路输出由低电平变为高电平，可见电路具有回差特性。回差电压：$\Delta V_T = \frac{2}{3}V_{DD} - \frac{1}{3}V_{DD} = \frac{1}{3}V_{DD}$。

如果在 CO 端施加直流电压，则可改变电路回差电压 ΔV_T 的大小。施加的直流电压越高，ΔV_T 就越大。

施密特触发器的用途很广，利用它的回差特性，可用于波形转换、幅度鉴别等。

职业能力培养

555 定时器是美国 Signetics 公司于 1972 年研制生产的，用于取代机械式定时器的中规模集成电路，因输入端设计有三个 5 kΩ 的电阻而得名。此电路后来在全世界范围内得到了广泛应用。查阅图书资料或通过互联网检索，了解一下除了本任务内容以外，555 定时器还有哪些典型应用实例。

任务实施

一、软件仿真

1. 原理图的绘制

警铃用发光二极管代替，控制原理图如图 2—37 所示。进入 Proteus ISIS，根据控制原理图从元器件库中选择对象 555 定时器、按钮、发光二极管、电阻等，并置入对象选择器窗口，再放置到图形编辑器窗口，在图形编辑窗口中画好原理图。

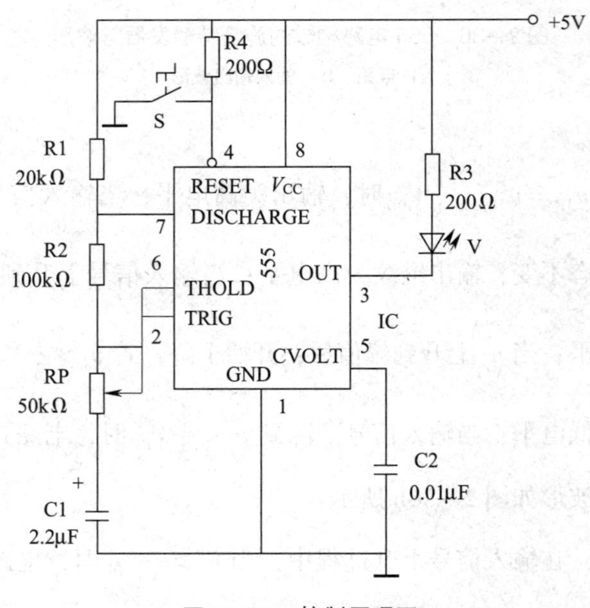

图 2—37　控制原理图

2. 仿真调试

点击虚拟仪表按钮，在对象选择器找到“Digital Oscilloscope（数字示波器）”，添加到原理图编辑区，按照如图 2—38 所示报警控制电路布置并连接好。按下仿真按钮，改变开关 S 的状态，观察记录发光二极管的状态和信号发生器的波形图。

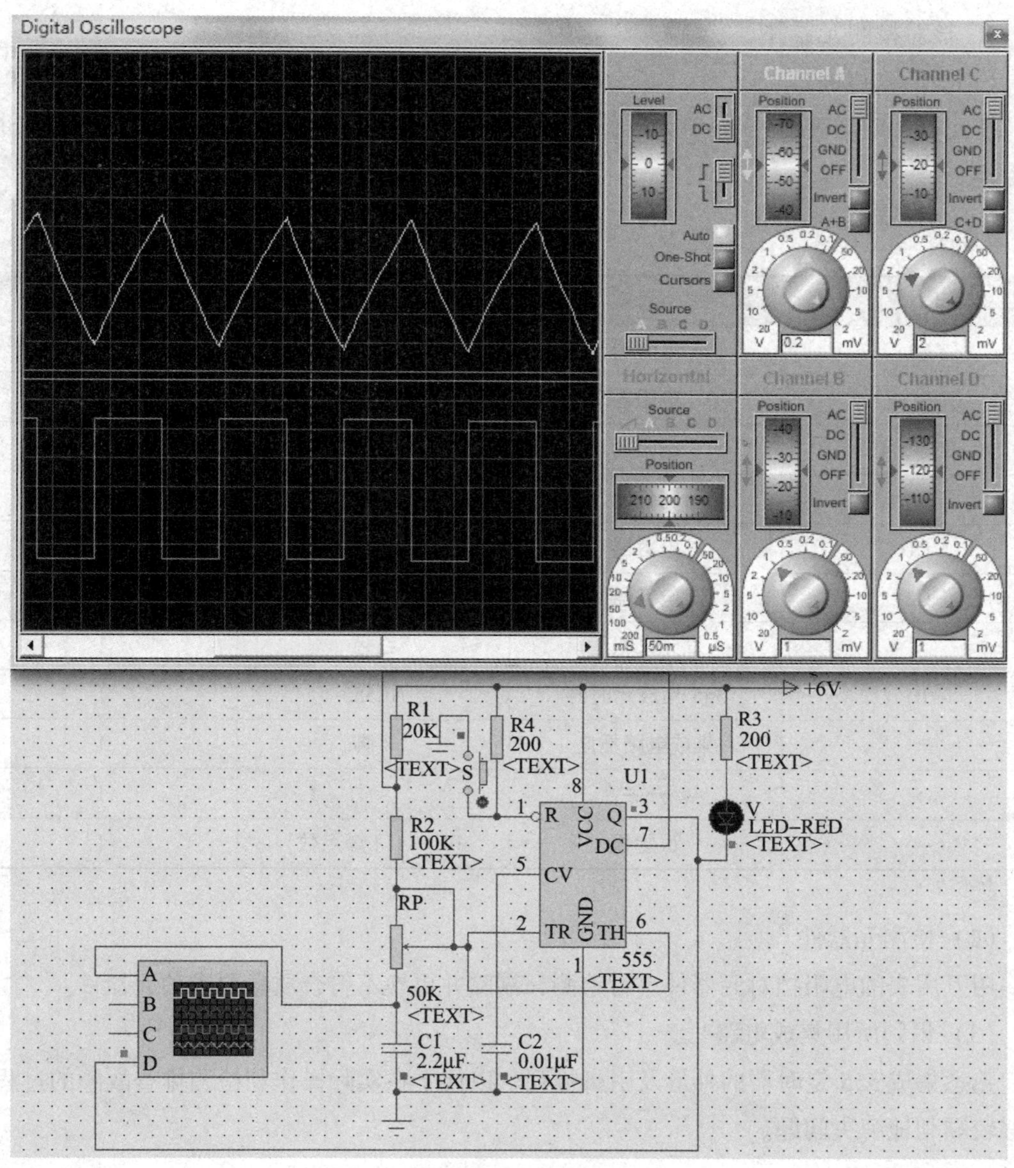

图 2—38　555 振荡器仿真调试

三、实践操作

1. 准备工具、仪表器材

（1）工具

钳子、电烙铁、镊子等常用电子组装工具一套。

（2）仪表

15 V 直流稳压电源、万用表。

2. 核对检测元器件

（1）清点元器件

按元器件明细表2—3核对元器件的数量、型号和规格，如有短缺、差错应及时补全和更换。

表2—3 元器件明细表

代号	名称	型号	数量
R1	电阻器	2 kΩ	1
R2	电阻器	100 kΩ	1
R3、R4	电阻器	200 Ω	2
RP	电位器	50 kΩ	1
C1	电容器	2.2 μF	1
C2	电容器	0.01 μF	1
V	发光二极管	红色	1
IC	555集成定时器	NE555	1
	集成电路插座	8脚	1
S	开关		1
	试验板	14×14（焊点数）	1

（2）检测元器件

用万用表的电阻挡对元器件进行检测，剔除并更换不符合质量要求的元器件。

（3）识别所用集成电路

熟悉集成555定时器的外形及引脚排列，以便于在实际操作和检测排查故障的过程中能够较顺利地解决问题。

3. 装配电路

（1）测试电路图

警铃用发光二极管代替，555报警器测试电路如图2—37所示。

（2）画出装配图

根据电路原理图正确进行装配图的设计，可以两面布线，以焊点一面为主，图中焊点、连接线、元器件都是安装时的实际位置，实线表示焊点一面的连接线，虚线表示元器件一面的连接线，连接线画的要平直，不能交叉。

（3）试验板的插装与焊接

1）按装配图将元器件插装在试验板上，安装原则是先低后高、先里后外、上道工序不得影响下道工序的安装。

2）圆柱形的元器件（如电阻器）采用卧式安装，占用四个焊盘，紧贴板面安装，色标法电阻的色环标志顺序方向一致。

3）集成电路应安装相应插座，插座的标记口的方向应与实际的集成块标记口方向一致，将集成电路插入插座时，应避免插反及引脚未完全插入插座等现象。

4）发光二极管占用两个焊盘，引脚高度与集成电路插座高度相等。

5）按钮占用 3 ×4 个焊盘。

6）电容器占用两个焊盘，引脚高度 3 mm。

7）所有焊点均采用直脚焊，焊后剪去多余引脚。

安装好的电路板如图 2—39 所示。

图 2—39　安装好的报警器电路板

4. 测试电路

（1）电路安装完毕后，对照电路图和装配图进行检查，仔细检查电路中各元器件是否安装正确，导线、焊点是否符合要求，检查有极性器件是否安装连接正确。

（2）通电前用万用表 R ×1 挡测电源与地之间的电阻。如发现短路，应先排除短路点。

（3）检测无误后，按集成电路标记口的方向插上集成电路，方可通电测试。

（4）测试内容：分别在打开和闭合开关 S 时，进行如下操作。

1）用示波器观察 555 定时器 3 脚的输出波形并记录。

2）观察发光二极管的变化情况。

想一想

示波器观察 555 定时器 3 脚的输出波形是否与理论分析一致？如何调整振荡频率？

扫描二维码
查看参考答案

任务评价

任务评价表

<table>
<tr><th>评价项目</th><th>评价内容</th><th>配分（分）</th><th>自我评价</th><th>小组评价</th><th>教师评价</th></tr>
<tr><td rowspan="5">职业素养</td><td>安全意识、责任意识、服从意识强</td><td>5</td><td></td><td></td><td></td></tr>
<tr><td>积极参加教学活动，按时完成各项学习任务</td><td>5</td><td></td><td></td><td></td></tr>
<tr><td>团队合作意识强，善于与人交流和沟通</td><td>5</td><td></td><td></td><td></td></tr>
<tr><td>自觉遵守劳动纪律，尊敬师长，团结同学</td><td>5</td><td></td><td></td><td></td></tr>
<tr><td>爱护公物，节约材料，工作环境整洁</td><td>5</td><td></td><td></td><td></td></tr>
<tr><td rowspan="5">专业能力</td><td>能正确完成电路仿真，仿真结果符合要求</td><td>15</td><td></td><td></td><td></td></tr>
<tr><td>装配图绘制合理</td><td>10</td><td></td><td></td><td></td></tr>
<tr><td>元器件布局合理</td><td>10</td><td></td><td></td><td></td></tr>
<tr><td>装配电路质量符合要求</td><td>20</td><td></td><td></td><td></td></tr>
<tr><td>电路测试效果符合要求</td><td>20</td><td></td><td></td><td></td></tr>
<tr><td colspan="2">合计</td><td>100</td><td></td><td></td><td></td></tr>
<tr><td rowspan="2">总评</td><td rowspan="2">自我评价×20%+小组评价×20%+教师评价×60%=</td><td>综合等级</td><td colspan="3" rowspan="2">教师（签名）：</td></tr>
<tr><td></td></tr>
</table>

注：学习任务考核采用自我评价、小组评价和教师评价三种方式，考核分为 A（100～90）、B（89～80）、C（79～70）、D（69～60）、E（59～0）五个等级。

思考与练习

1. 555 定时器构成的多谐振荡器的输出频率由哪些电路参数决定？
2. 555 定时器构成的施密特触发器有几个稳态？
3. 走廊上的延时灯可以用 555 定时器构成的单稳态触发器控制吗？为什么？

课题三　时序逻辑电路

任务1　触发器的应用

学习目标

1. 熟悉常用的RS、JK、D和T触发器的功能。
2. 掌握触发器的应用。
3. 能正确分析、仿真、安装、调试和测量动态显示电路。

任务描述

在日常生活和生产实际中，数字显示经常可见，如图3—1所示，如果几个数码管一起点亮，称为静态显示，但对多位LED显示器，通常都是采用动态扫描的方法进行显示，即逐个循环地点亮各位显示器。这样虽然在任一时刻只有一位显示器被点亮，但是由于人眼具有视觉暂留效应，只要循环点亮的频率足够快，看起来与全部显示器持续点亮效果完全一样。在这样的电路中，输出信号不但和该时刻的输入信号有关，还和输入信号前的状态有关。本任务的主要内容就是利用触发器和前面所学过的集成组合逻辑电路构成动态扫描显示电路，并完成电路的设计、仿真、安装与测试。

图3—1　实际生活中的数码显示

相关知识

一、基本RS触发器

基本RS触发器是构成各种触发器的基本电路，它有与非型和或非型两种。

1. 与非型基本RS触发器

(1) 电路

与非型基本RS触发器如图3—2所示，它由两个与非门交叉耦合组成。触发信号由输入端R、S进入，Q、$\overline{Q}$为一对互补的输出端。

（2）工作原理

1）R =1、S =1　根据与非门的逻辑功能——“有 0 出 1、全 1 出 0”，可知在这种情况下，G1、G2 的输出决定于 Q、$\overline{Q}$ 的状态。

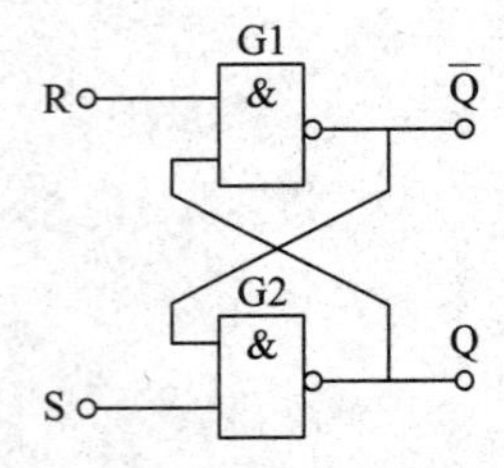

图 3—2　与非型基本 RS 触发器

若电路原状态为 Q =0、$\overline{Q}$ =1，则 G1 的一个输入端 Q =0，输出 $\overline{Q}$ =1。而 G2 的两个输入端 S、$\overline{Q}$ 均为 1，“全 1 出 0”，所以输出 Q =0。同理，若电路的原状态为 Q =1、$\overline{Q}$ =0，则 G1 的两个输入端 R =1、Q =1，输出 $\overline{Q}$ =0。而 G2 的一个输入端 $\overline{Q}$ =0，“有 0 出 1”，输出 Q =1。

可见，不论电路的原状态是什么，基本 RS 触发器在 R =1、S =1 的条件下，将维持原状态不变。这就是触发器的保持功能，体现了触发器具有记忆能力。所以，R =1、S =1 也表示触发器的两个输入端没有触发信号输入。

2）R =1、S =0　由于 S =0，G2 输出 Q =1，此时 G1 的两个输入端全为 1 则输出 $\overline{Q}$ =0。

可见，在这种情况下，Q =1、$\overline{Q}$ =0，触发器置“1”，而与电路原状态无关。所以，S =0 表示 S 端有信号输入，即当 S 端有信号输入时，Q =1，S 端称为“置 1”端，这就是触发器的置 1 功能。

3）R =0、S =1　由于 R =0，G1 输出 $\overline{Q}$ =1，此时 G2 的两个输入端为全 1，输出 Q =0。

可见，在这种情况下，触发器状态必定为“0”，而与电路原来状态无关。R =0 就表示 R 端有信号输入，即当 R 端有信号输入时，Q =0。所以，R 端称为“置 0”端，这就是触发器的置 0 功能。

4）R =0、S =0　显然，在这种情况下，Q =1、$\overline{Q}$ =1。它破坏了触发器的功能。如果 R =0、S =0 之后同时变为 R =1、S =1（即 R、S 端信号同时消失），则触发器的状态将是不确定的。所以，必须避免出现 R =0、S =0 的情况。在应用基本 RS 触发器时，不允许 R 端和 S 端同时为 0。

根据输入、输出的关系可以写出基本 RS 触发器的真值表，见表 3—1。表中的“ * ”号表示 R、S 同时加信号时，Q =1、$\overline{Q}$ =1，当触发信号同时消失后，触发器状态是不确定的。

表 3—1　基本 RS 触发器真值表

R	S	Q	$\overline{Q}$	R	S	Q	$\overline{Q}$
0	0	1*	1*	1	0	1	0
0	1	0	1	1	1	不	变

与非型基本 RS 触发器的逻辑符号如图 3—3 所示。其中，输入端带小圆圈表示低电平触发；输出端不带小圆圈表示 Q 端，带小圆圈表示 $\overline{Q}$ 端。

根据与非型基本 RS 触发器的逻辑功能，可直接画出 Q、$\overline{Q}$ 端波形如图 3—4 所示。图中设触发器的初态为 Q = 0、$\overline{Q}$ = 1。

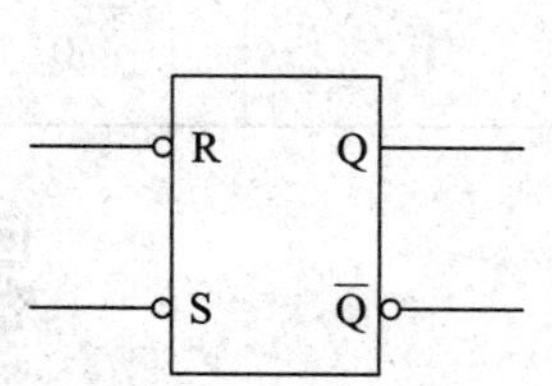

图 3—3 与非型基本 RS 触发器的逻辑符号

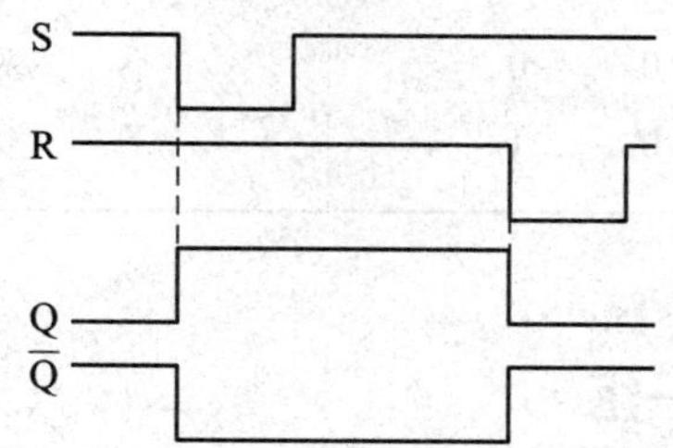

图 3—4 基本 RS 触发器的波形图

2. 或非型基本 RS 触发器

或非型基本 RS 触发器如图 3—5a 所示。它由两个或非门交叉耦合组成。

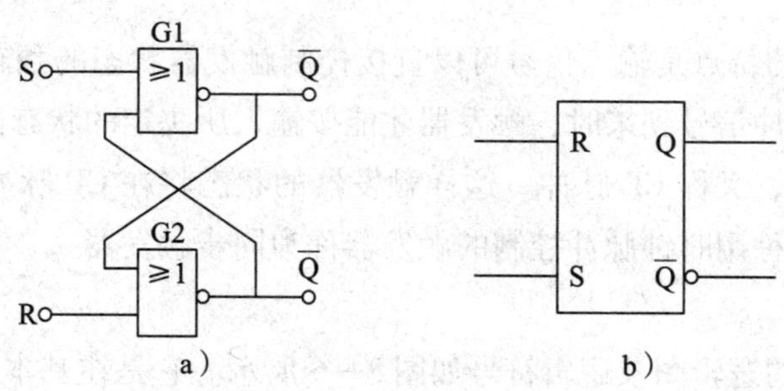

图 3—5 或非型基本 RS 触发器

a) 逻辑图 b) 逻辑符号

下面按照或非门的逻辑功能——“有 1 出 0，全 0 出 1”，简要分析或非型基本 RS 触发器的功能。

（1）当 R = 0、S = 0 时，触发器维持原状态。

（2）当 R = 1、S = 0 时，不论触发器原状态是什么，G2 的一个输入端 R = 1，则 Q = 0；而 G1 两个输入端 Q、S 全为 0，所以 $\overline{Q}$ = 1，即触发器被置“0”。

（3）当 R = 0、S = 1 时，触发器被置“1”。

（4）当 R = 1、S = 1 时，G1、G2 都有一个输入端为 1，所以 Q = 0、$\overline{Q}$ = 0。如果输入端由 R = 1、S = 1 同时变为 R = 0、S = 0，则触发器状态不定。因此必须避免 R = 1、S = 1 的情况出现。

可见，或非型 RS 触发器是高电平触发（或输入高电平有效），它的逻辑符号如

图 3—5b 所示。真值表见表 3—2。表中的“＊”号表示 R =1、S =1 同时消失后触发器状态不定。

表 3—2　　或非型基本 RS 触发器真值表

R	S	Q	$\overline{Q}$	R	S	Q	$\overline{Q}$
0	0	不	变	1	0	0	1
0	1	1	0	1	1	0^*	0^*

练一练

扫描二维码
查看参考答案

根据或非型基本 RS 触发器的特性，自行假设输入信号的状态，画出其波形图。

二、同步 RS 触发器

基本 RS 触发器的特点是输入信号可以直接控制触发器状态的翻转，而在实际应用中往往要求在约定的脉冲信号到来时，触发器才能按输入所决定的状态翻转。这个约定的脉冲信号称为时钟脉冲，又称 CP 脉冲。这样触发器的状态将在 CP 脉冲到来时，随输入信号的不同而变化。这种用时钟脉冲控制的触发器称为同步触发器。

1. 电路

同步 RS 触发器的逻辑图及逻辑符号如图 3—6 所示。它是在基本 RS 触发器的两个输入端，各增加一个控制门和时钟信号输入端—CP 端而组成的，$\overline{R_D}$、$\overline{S_D}$分别为置“0”端和置“1”端，即$\overline{R_D}$ =0 时，Q =0，$\overline{S_D}$ =0 时，Q =1。

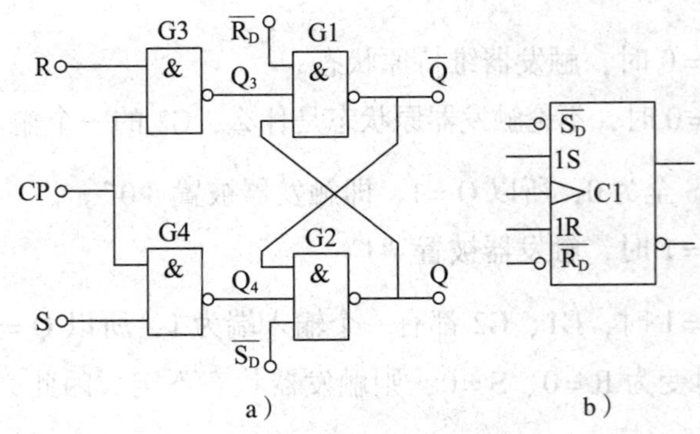

图 3—6　同步 RS 触发器的电路及逻辑符号
a）逻辑图　b）逻辑符号

2．工作原理

电路正常工作时，$\overline{R_D}=\overline{S_D}=1$。

控制门G3、G4都是与非门。和与门一样，与非门的一个输入端可以控制另一个输入端信号的通过。我们以CP端作为控制端。当CP=0时，G3、G4被封锁为“1”，使R端或S端的信号不能通过G3、G4；当CP=1时，G3、G4开放，R端或S端的信号能通过，但G3、G4的输出分别是$\overline{R}$、$\overline{S}$。

（1）CP=0期间　G3、G4被封锁，$Q_3=1$、$Q_4=1$，触发器维持原态不变。

（2）CP=1期间

1）R=0、S=0，$Q_3=1$、$Q_4=1$，触发器维持原态不变。

2）R=0、S=1，$Q_3=1$、$Q_4=0$，触发器被置“1”，$Q=1$、$\overline{Q}=0$。

3）R=1、S=0，$Q_3=0$、$Q_4=1$，触发器被置“0”，$Q=0$、$\overline{Q}=1$。

4）R=1、S=1，$Q_3=0$、$Q_4=0$，这是不允许出现的。

3．特性表、特性方程及状态图

综上所述，可以得到同步RS触发器的真值表，见表3—3。表中Q^n、Q^{n+1}分别表示CP脉冲作用前、后触发器Q端的状态。Q^n称为现态，Q^{n+1}称为次态。表3—3表示输入状态、触发器的现态与次态的关系，又称为特性表。

由表3—3可以写出Q^{n+1}的逻辑表达式：

$$\begin{aligned}Q^{n+1}&=\overline{R}\overline{S}Q^n+\overline{R}S\overline{Q^n}+\overline{R}SQ^n\\&=\overline{R}\overline{S}\overline{Q^n}+\overline{R}S\overline{Q^n}+\overline{R}SQ^n+\overline{R}SQ^n\\&=\overline{R}Q^n(\overline{S}+S)+\overline{R}S(\overline{Q^n}+Q^n)\\&=\overline{R}Q^n+\overline{R}S\end{aligned}$$

表3—3　　同步RS触发器的特性表

R	S	Q^n	Q^{n+1}	R	S	Q^n	Q^{n+1}
0	0	0	0	1	0	0	0
0	0	1	1	1	0	1	0
0	1	0	1	1	1	0	不定
0	1	1	1	1	1	1	不定

由于R=1、S=1是不允许出现的，可以用逻辑式RS=0表示。Q^{n+1}的逻辑表达式可以进一步化简：

$$Q^{n+1} = \overline{R}Q^n + \overline{R}S + RS$$
$$= S + \overline{R}Q^n$$

因此，表 3—3 对应的逻辑表达式可表示为：

$$\begin{cases} Q^{n+1} = S + \overline{R}Q^n \\ RS = 0 \end{cases}$$

上式也称为特性方程，它以逻辑表达式的形式表示了同步 RS 触发器的逻辑功能。

触发器的转换规律也可以用图形的方式形象地加以表示。这个图形就称为状态转换图，简称状态图。同步 RS 触发器的状态图如图 3—7 所示。

分析触发器逻辑功能的时候，经常要用到特性表、特性方程和状态图。

4. 空翻现象

同步 RS 触发器有两个重大缺陷：一是存在输出不定状态，使用中不允许出现这种情况；二是用作计数器时，会出现空翻现象，以至于不能正常计数，其用途受到限制。

下面用同步 RS 触发器接成的计数器来分析空翻现象。

把同步 RS 触发器的 Q 端与 R 端相联，$\overline{Q}$ 端与 S 端相联，如图 3—8 所示。计数脉冲从 CP 端输入，这就构成了一级计数器。作为计数用的触发器，要求每来一个计数脉冲，触发器就翻转一次，此电路就具有这种功能。

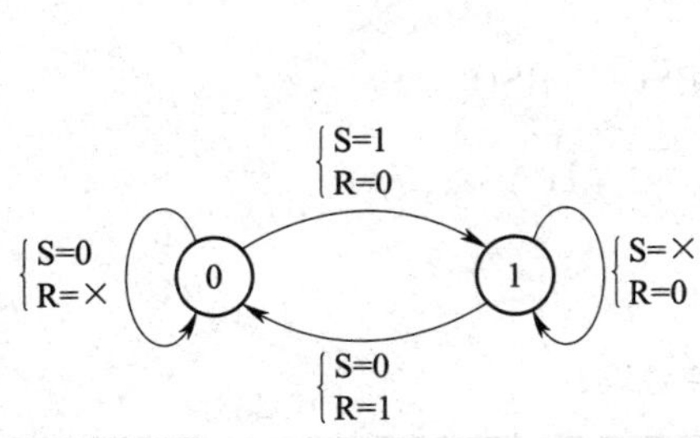

图 3—7　同步 RS 触发器的状态图

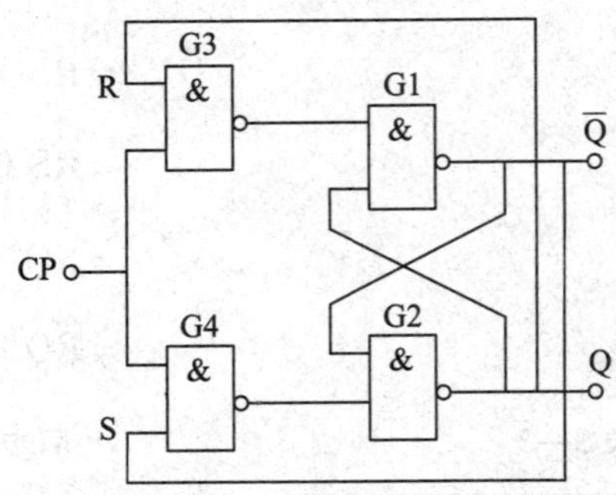

图 3—8　同步 RS 触发器接成的计数器

例如，触发器的起始状态为 Q = 0，$\overline{Q}$ = 1，则 R = 0、S = 1。当第一个计数脉冲（也称 CP 脉冲）到来（即 CP 变为 1）时，触发器被置“1”，Q = 1。这时，输入端的状态也随之改变，R = 1、S = 0。因此，当第二个 CP 脉冲到来时，Q = 0，触发器又翻转成“0”，从而满足了来一个 CP 脉冲，触发器翻转一次的计数要求。

但是，仔细分析就会发现，这里还存在着一些问题。例如，触发器原态为 Q = 0、$\overline{Q}$ = 1，因而 R = 0、S = 1。当 CP 脉冲到来时，Q = 1、$\overline{Q}$ = 0，触发器翻转成 1 状态，且 R = 1、

S=0。只要此时计数脉冲还存在，即 CP 保持为 1，触发器又将翻成 Q=0、$\overline{Q}$=1，这时送回输入端，R 和 S 的状态又变化了，于是还要发生翻转。可见，送入一个 CP 脉冲，只要 CP 脉冲作用时间足够长，触发器就要产生多次翻转。这就是空翻现象，是计数器所不允许的。

三、主从触发器

1. 主从 RS 触发器

(1) 电路、逻辑符号

主从 RS 触发器如图 3—9a 所示，如图 3—9b 所示是它的逻辑符号。主从 RS 触发器是由两个同步 RS 触发器加上一个反相器构成的，两个同步 RS 触发器分别称为主触发器和从触发器。

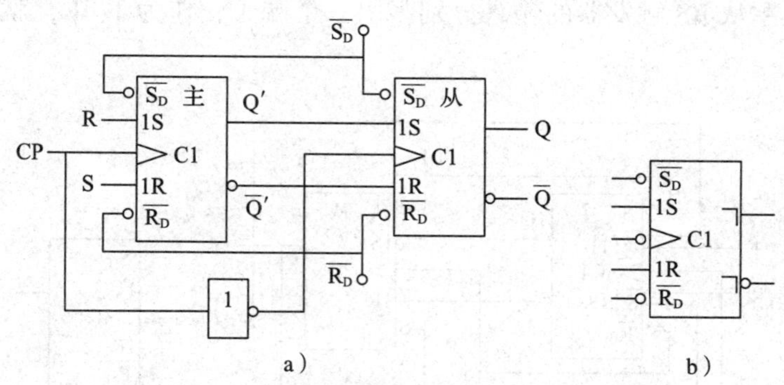

图 3—9 主从 RS 触发器的逻辑图及符号

a) 逻辑图 b) 逻辑符号

(2) 工作原理

1) R=0、S=0 在 CP=1 期间，主触发器状态保持不变。当 CP 由“1”变“0”时，主触发器封锁，从触发器接受主触发状态，所以从 RS 触发器状态也不变。

2) R=0、S=1 在 CP=1 期间，主触发器开放接收 R、S 信号，由同步 RS 触发器工作原理可知，主触发器被置“1”。当 CP 由“1”变“0”时，从触发器接收主触发器状态，Q=1、$\overline{Q}$=0。

3) R=1、S=0 在 CP=1 期间，主触发器开放接收 R、S 信号。由同步 RS 触发器工作原理可知，主触发器被置“0”。当 CP 由“1”变为“0”时，从触发器接收主触发器状态，Q=0、$\overline{Q}$=1。

4) R=1、S=1 这种情况是不允许出现的，因为在 CP=1 期间，主触发器状态 Q′=$\overline{Q'}$=1，破坏了触发器的互补输出状态。如果此时 R、S 同时变为 0，则主触发器状态不定。当然，当 CP 由“1”变“0”时，从触发器状态也就不定。

从以上分析可知，CP＝1时，从触发器被封锁，由R、S的状态决定主触发器的状态，当CP＝0时，主触发器被封锁，从触发器接受主触发器的状态。

主从 RS 触发器接成的计数器如图3—10所示，把主从触发器的Q端接到R端，$\overline{Q}$端接到S端，则主从RS触发器就可以正常计数了。

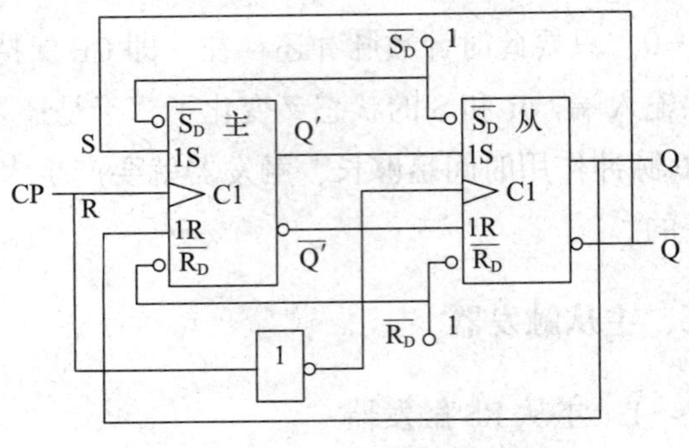

图3—10 主从RS触发器接成计数器

2. 主从JK触发器

(1) 电路、逻辑符号

主从JK触发器电路及逻辑符号如图3—11所示。将主从RS触发器的输出分别送到它的输入，再从主从RS触发器的输入分别多引一个端子，作为J、K，就构成了主从JK触发器。

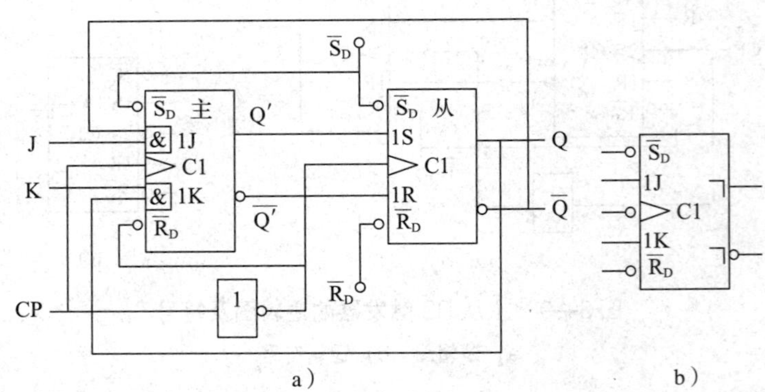

图3—11 主从JK触发器电路及逻辑符号

a）逻辑图 b）逻辑符号

主从JK触发器是一种性能比主从RS触发器更完善的触发器。它不但不存在空翻现象，而且也解决了不定状态的问题。所以，主从JK触发器应用较广泛。

(2) 工作原理

1）J＝0、K＝0 CP脉冲来到后触发器状态不变。

2）J＝0、K＝1 如果触发器原状态为$Q^n=0$、$\overline{Q^n}=1$，CP＝1时，$Q'=0$，当CP＝0时，则$Q^{n+1}=0$，$\overline{Q^{n+1}}=1$。如果触发器原状态为$Q^n=1$、$\overline{Q^n}=0$，则CP＝1时，主触发器置“0”。CP脉冲下降沿到来后，$Q^{n+1}=0$、$\overline{Q^{n+1}}=1$。

可见，不论Q^n为何种状态，CP信号到来后，触发器置“0”，$Q^{n+1}=0$、$\overline{Q^{n+1}}=1$。

3）J＝1、K＝0 如果触发器原状态为$Q^n=0$、$\overline{Q^n}=1$，CP＝1时，主触发器置“1”。

CP 脉冲下降沿到来后，$Q^{n+1}=1$、$\overline{Q^{n+1}}=0$。如果触发器原状态为 $Q^n=1$、$\overline{Q^n}=0$，CP 信号到来后，触发器状态不变，$Q^{n+1}=1$、$\overline{Q^{n+1}}=0$。

可见，不论 Q^n 为何种状态，CP 信号到来后，触发器置“1”。

4）J = 1、K = 1　如果触发器原状态为 $Q^n=0$、$\overline{Q^n}=1$，CP = 1 时，主触发器置“1”。CP 信号下降沿到来后，触发器置“1”，$Q^{n+1}=1$、$\overline{Q^{n+1}}=0$。如果触发器原状态 $Q^n=1$、$\overline{Q^n}=0$，CP = 1 时，主触发器置“0”。CP 信号下降沿到来后，触发器置“0”，$Q^{n+1}=0$、$\overline{Q^{n+1}}=1$。由此可见，当 J = K = 1 时，则来一个 CP 脉冲，触发器状态都要翻转一次，$Q^{n+1}=\overline{Q^n}$、$\overline{Q^{n+1}}=Q^n$。

综上所述，主从 JK 触发器的特性表见表 3—4。

表 3—4　　JK 触发器特性表

J	K	Q^n	Q^{n+1}	J	K	Q^n	Q^{n+1}
0	0	0	0	1	0	0	1
0	0	1	1	1	0	1	1
0	1	0	0	1	1	0	1
0	1	1	0	1	1	1	0

由特性表可以得到 JK 触发器的特性方程：

$$Q^{n+1}=\overline{J}\,\overline{K}Q^n+J\overline{K}\,\overline{Q^n}+\overline{J}KQ^n+JK\overline{Q^n}$$

$$=J\overline{Q^n}+\overline{K}Q^n$$

状态图如图 3—12 所示。

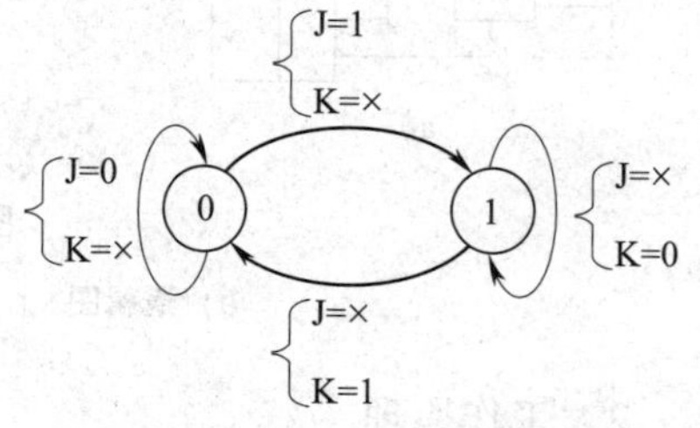

图 3—12　主从 JK 触发器的状态图

（3）一次变化

在 CP = 1 期间，主触发器只能翻转一次，以后不论 J、K 状态如何改变，也不可能再翻转了，这种现象称为一次变化。

设主从 JK 触发器初始状态为 $Q=0$、$\overline{Q}=1$。如果 J = 0、K = 1，那么，在 CP = 1 期间，主触发器状态不变。但若在 CP = 1 这段时间里 J 由 0 变 1，则主触发器将被置“1”。在 J 恢复到 0 后，主触发器无法恢复到“0”状态。当 CP 下降沿到来时，从触发器将被置“1”，主从触发器状态为 1。

可见，主触发器在 CP = 1 期间，由于 J、K 状态的改变，会使主触发器发生一次变化。以后，在 CP = 1 期间，无论 J、K 怎样变化，主触发器都将保持“1”状态不变。因此，要求在 CP = 1 期间，J、K 的值保持不变。显然，如果在 CP = 1 期间里叠加在 J、K 上的干扰信号引起一次变化，将会造成触发器的误动作。因此，主从 JK 触发器的抗干扰能力较差。

四、边沿 JK 触发器

主从 JK 触发器由于存在一次变化问题，使用受到限制。目前广泛采用的是边沿 JK 触发器。

1．电路

边沿 JK 触发器如图 3—13a 所示。它由两个与或非门和两个与非门组成。为便于分析问题，我们将与或非门分解为与门和或非门，从而得到如图 3—13b 所示的逻辑图。如图 3—13c 所示为边沿 JK 触发器的逻辑符号。

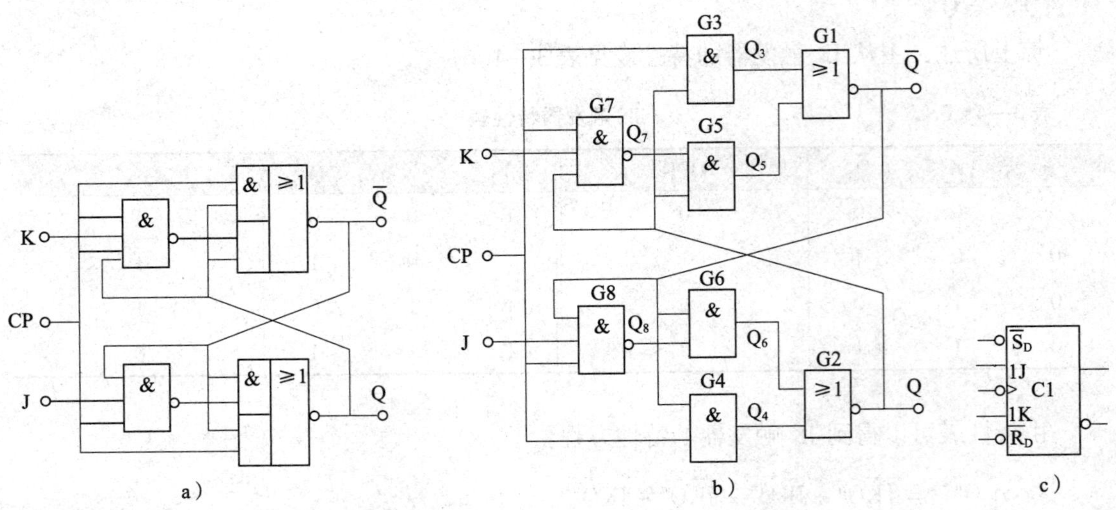

图 3—13　边沿 JK 触发器

a）逻辑图　b）分解后的等效电路逻辑图　c）逻辑符号

2．工作原理

设触发器的状态为 $Q=0$、$\overline{Q}=1$。

当 CP＝0 时，G3、G4、G7、G8 均被封锁，J、K 的任何值均不起作用，各个门的输出状态为：$Q_3=Q_4=0$、$Q_7=Q_8=1$，而 $Q_5=0$、$Q_6=1$，所以触发器维持原状态不变，$Q=0$、$\overline{Q}=1$。

当 CP 由“0”变“1”时，有两条信号通道能影响触发器的状态，一条是 G3、G4 开放直接影响触发器的状态，另一条是 G7、G8 开放，再通过 G5、G6 而影响触发器的状态。但是，前者的影响比后者要快得多。由于 $Q=0$，G3、G5 被封锁，CP 的变化通过 G4 使 $Q_4=1$。因此 Q 维持“0”状态，继续封锁 G3、G5，从而保持 $Q_3=Q_5=0$，$\overline{Q}=1$。触发器维持原状态不变。

在 CP = 1 期间，$Q_4 = 1$，则 Q = 0，$Q_3 = Q_5 = 0$，$\overline{Q} = 1$，触发器维持原状态不变。

在此期间，如果 J = 1、K = 0，则各个门的输出状态为：$Q_7 = 1$、$Q_8 = 0$、$Q_6 = 0$、$Q_4 = 1$，即 CP = 1 期间，G7、G8 开放，为接收输入信号 J、K 做好准备。

当 CP 由“1”变“0”时，Q_4由 1 变 0，则 Q = 1，使 $Q_5 = 1$，$\overline{Q} = 0$，触发器翻转。虽然 CP 变“0”后，G7、G8、G3、G4 被封锁，$Q_7 = Q_8 = 1$，但由于与非门的传输延迟时间比与门长（在制造工艺上予以保证），Q_7 和 Q_8 这一新状态的稳定是在触发器翻转之后，CP 变“0”后，则将触发器封锁而维持翻转后的状态不变。

同理，对于 J、K 的其他值，可以分析得到：

J = 0、K = 0 时，触发器维持原状态。

J = 0、K = 1 时，触发器置“0”。

J = 1、K = 1 时，触发器状态翻转一次。

总之，这种边沿 JK 触发器在 CP = 0、CP 由“0”变“1”、CP = 1 期间，输入信号均不起作用，触发器维持原状态不变。只有当 CP 信号由“1”变“0”时，触发器状态才发生相应的变化。由于在 CP 下降沿到来后，G3、G4 的输出都为 0，因此 G5、G6 的输出状态在 CP 下降沿前的任何时刻只与 J、K 端的状态和 Q、$\overline{Q}$ 的状态有关，即能随 J、K 的变化而变化。所以边沿 JK 触发器不会发生一次变化现象。

主从 JK 触发器和边沿 JK 触发器的特性表、CP 脉冲的触发时刻都相同。

CP、J、K 波形如图 3—14 所示，可画出主从、边沿 JK 触发器的状态波形。

设主从 JK 触发器的状态为 Q_1，边沿 JK 触发器的状态为 Q_2，并设这两种触发器的初态均为 0。画出的波形如图 3—14 所示。

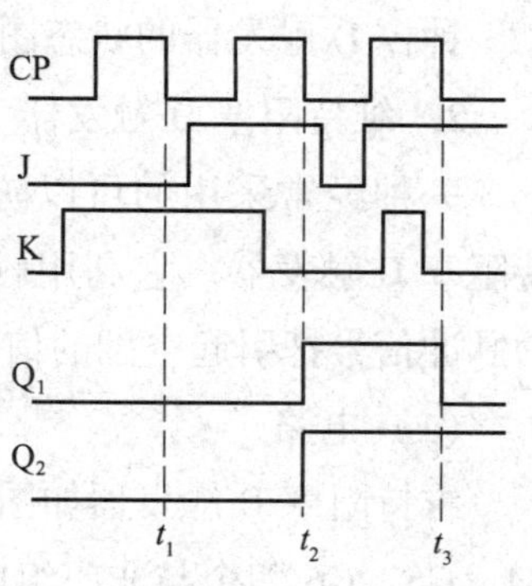

图 3—14 主从、边沿 JK 触发器的波形图

由于主从触发器存在一次变化现象，所以在 $t = t_3$ 时刻，Q_1 由 1 转变为 0 而不是保持原来状态 1。由此可见，在使用主从 JK 触发器时，如在 CP = 1 期间 J、K 有变化，则要先分析是否存在一次变化现象。而边沿 JK 触发器状态的变化只决定于 CP 下降沿到来时刻的 J、K 值。

五、D 触发器

1. 钟控 D 触发器

（1）电路

把同步 RS 触发器稍加改变，就得到了如图 3—15 所示的钟控 D 触发器。它只是在同步 RS 触发器的两个输入端 R、S 之间加上一级反相器而已。

（2）工作原理

1）当 CP = 1 时，若 D = 0，G5 输出为 1，G3 输出为 0，G4 输出为 1，则 Q = 0、$\overline{Q}$ = 1；若 D = 1，G4 输出为 0，G3 输出为 1，则 Q = 1、$\overline{Q}$ = 0。可见此时钟控 D 触发器的输出状态跟随输入信号一起变化。

2）当 CP = 0 时，钟控 D 触发器的输出维持原态不变。

钟控 D 触发器的逻辑功能可以用表 3—5 来表示。

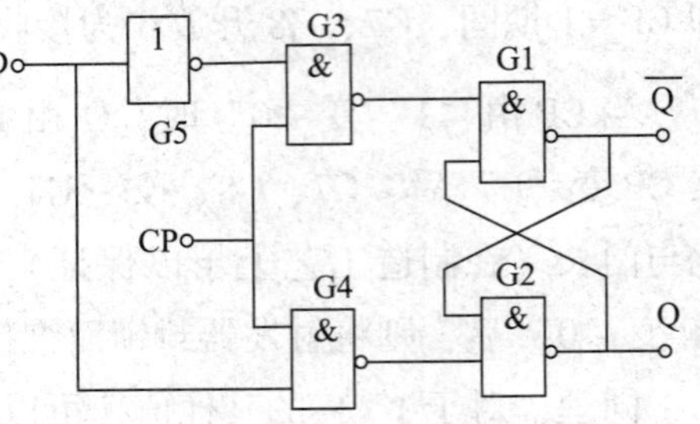

图 3—15　钟控 D 触发器

表 3—5　　钟控 D 触发器的特性表

D	Q^n	Q^{n+1}	D	Q^n	Q^{n+1}
0	0	0	1	0	1
0	1	0	1	1	1

由特性表可以得到特性方程：

$$Q^{n+1} = D\ (\overline{Q^n} + Q^n)\ = D$$

钟控 D 触发器的状态图如图 3—16 所示。

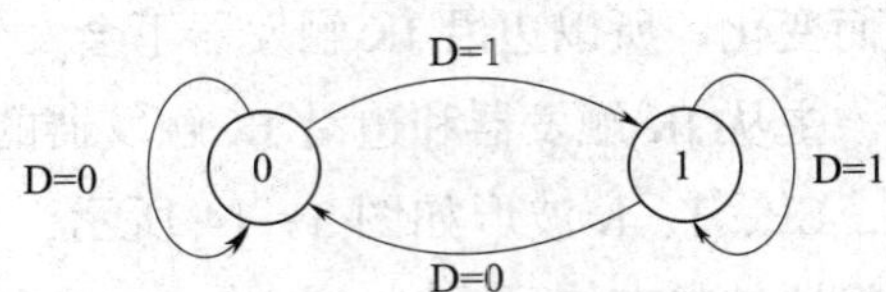

图 3—16　钟控 D 触发器的状态图

2. 维持阻塞 D 触发器

一种经常采用的可以防止空翻的触发器是维持阻塞 D 触发器。它利用触发器翻转时内部产生的脉冲信号把引起空翻的信号传送通道封住而消除空翻现象。

（1）电路

维持阻塞 D 触发器如图 3—17 所示。图中与非门 G1、G2 组成基本 RS 触发器，G3、G4、G5、G6 四个与非门组成控制门。

（2）工作原理

CP = 0 时，G3、G4 被封锁，$Q_3 = Q_4 = 1$，触发器维持原状态不变。

CP 的上升沿到来时：

1）如果 D = 0，则 $Q_5 = 1$、$Q_6 = 0$，所以 $Q_3 = 0$、$Q_4 = 1$，触发器置“0”，Q = 0、$\overline{Q}$ = 1。由于 $Q_3 = 0$，保证了 $Q_5 = 1$，即使 D 状态发生变化，也不能再进入触发器，“阻塞”了 D 端信号进入触发器的通道，维持了 $Q_3 = 0$，使触发器处于 0 状态。所以 G3 的输出端到 G5 的输入端的连线称为“置 0 维持线”。

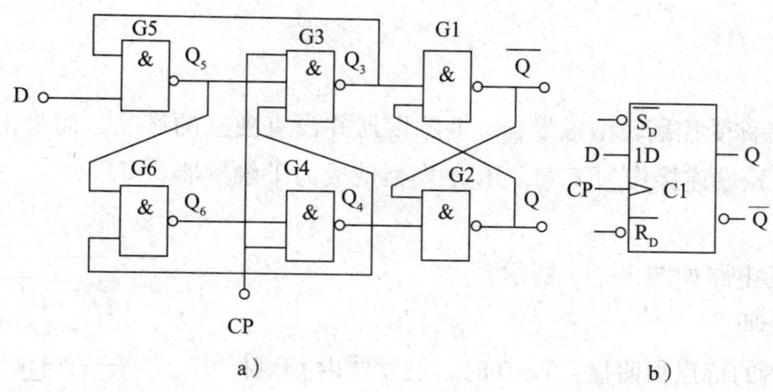

图3—17　维持阻塞D触发器的逻辑图和符号

a）逻辑图　b）逻辑符号

2）如果 D=1，则 $Q_5=0$，G3、G6 被封锁，$Q_3=1$，$Q_6=1$。此时，G4 开放，$Q_4=0$，触发器置“1”，Q=1、$\overline{Q}=0$。由于 $Q_4=0$ 封锁了 G3，从而“阻塞”了 G3 输出置“0”信号，所以 G4 输出端到 G3 输入端的连线称为“置 0 阻塞线”。另外，$Q_4=0$，使 $Q_6=1$，保证了在 CP=1 期间 $Q_4=0$，“维持”了触发器处于 1 状态。所以 G4 输出端到 G6 输入端的连线称为“置 1 维持线”。

由此可见，维持阻塞触发器是在 CP 上升沿来到时才接收 D 端信号，之后即使 D 端信号改变，触发器状态也不受影响。所以，维持阻塞触发器是上升沿触发，而且不会有空翻现象。

由于是上升沿触发，维持阻塞 D 触发器又称为边沿 D 触发器。

维持阻塞 D 触发器的输出状态 Q 和 $\overline{Q}$ 取决于控制端 D 的状态。但是触发器什么时候翻转到 D 端所规定的状态，则是由 CP 脉冲的上升沿决定的。画出维持阻塞 D 触发器在给定 CP 脉冲和 D 信号作用下的 Q 和 $\overline{Q}$ 的波形。设触发器的初态为：Q=0、$\overline{Q}=1$。

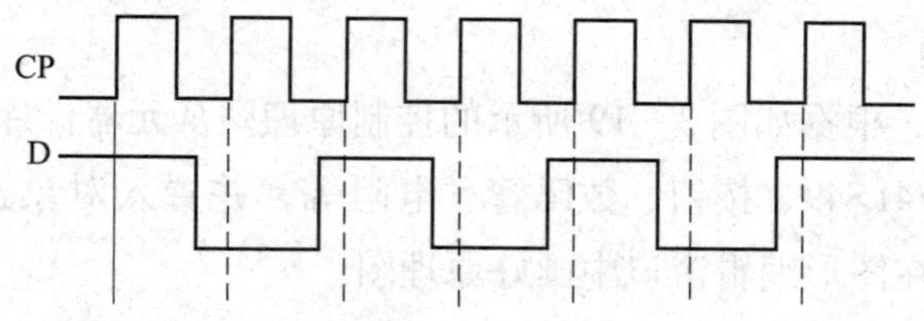

扫描二维码
查看参考答案

六、T 触发器

T 触发器又称受控翻转型触发器。T 触发器并没有独立的产品，而是由 JK 触发器转换而来，将 J、K 端连接作为 T 端，JK 触发器就成为 T 触发器。

1. 电路

T 触发器的电路如图 3—18 所示。

2. 工作原理

这种触发器的特点很明显：T = 0 时，触发器由 CP 脉冲触发后，状态保持不变。T = 1 时，每来一个 CP 脉冲，触发器状态就改变一次。即：J = K = T，其特性方程为：

图 3—18　T 触发器

$$J\overline{Q^n}+KQ^n=T\overline{Q^n}+\overline{T}Q^n$$

根据 T 触发器输入波形，画出输出波形图。

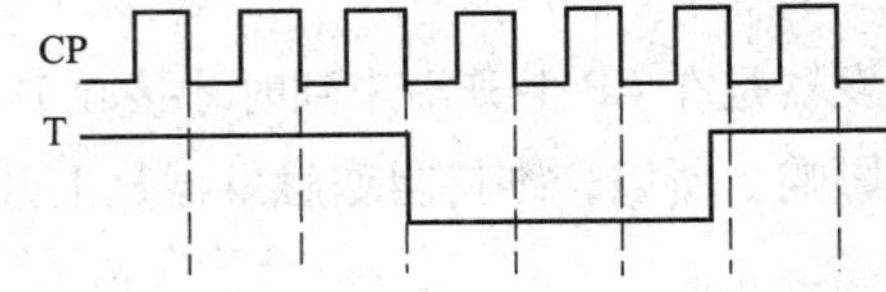

扫描二维码
查看参考答案

一、软件仿真

1. 原理图的绘制

进入 Proteus ISIS，根据如图 3—19 所示的控制原理图从元器件库中选择对象 74LS74、74LS153、74LS139、74LS49、按钮、数码管、电阻等，并置入对象选择器窗口，再放置到图形编辑器窗口，在图形编辑窗口中画好原理图。

2. 仿真调试

点击虚拟仪表按钮，在对象选择器找到“Signal Generator（信号发生器）”“DC—VOLTMETER（电压表）”，添加到原理图编辑区，按照如图 3—20 所示布置并连接好。按下仿真按钮，设置个、十、百、千位的状态，改变脉冲信号发生器的频率，观察记

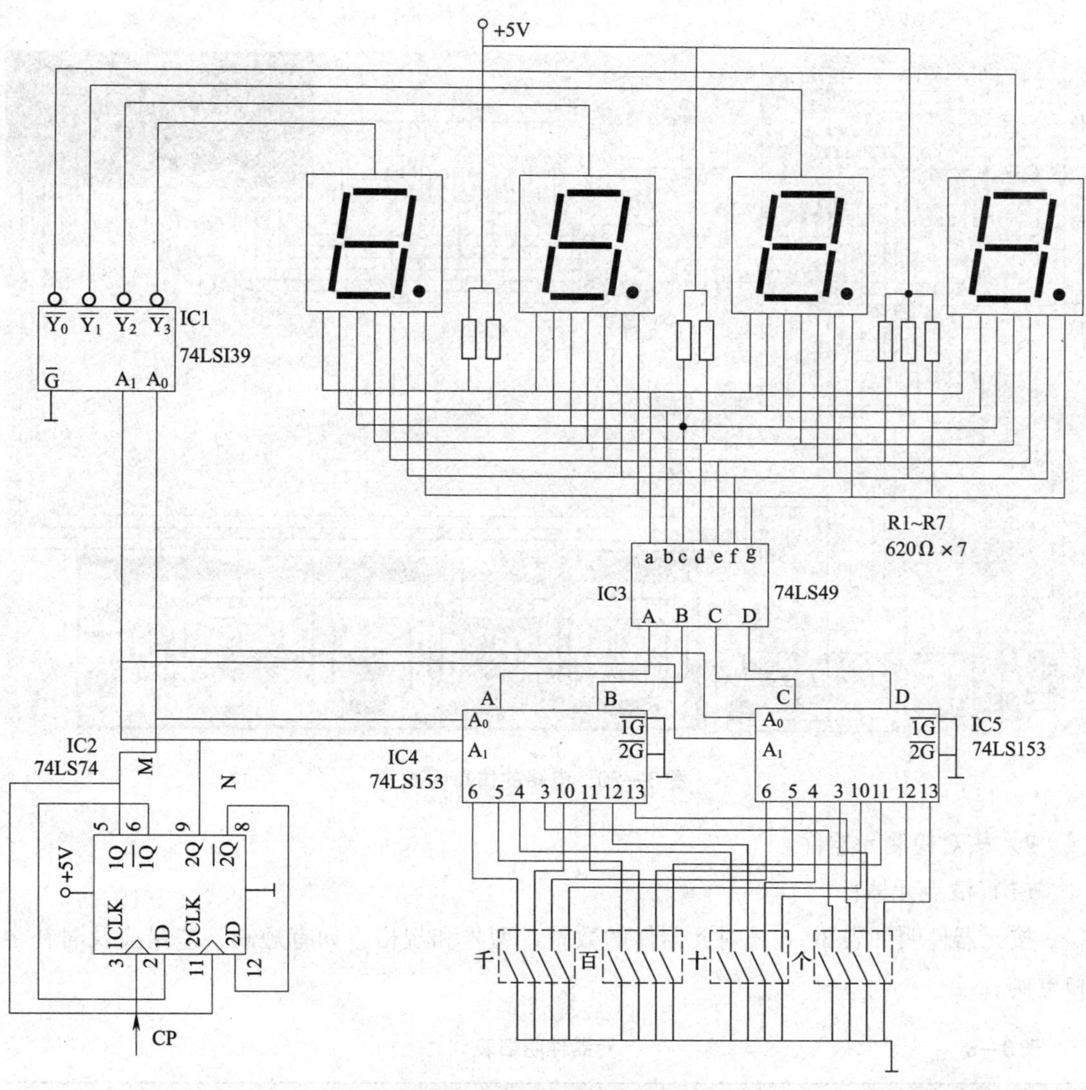

图 3—19　动态显示位选控制原理图

录数码管的状态和各个电压表的测量值，注意脉冲信号发生器的频率与数码管的显示状态的关系。

二、实际操作

1．准备工具、仪表器材

（1）工具

钳子、电烙铁、镊子等常用电子组装工具一套。

（2）仪表

15 V 直流稳压电源、万用表。

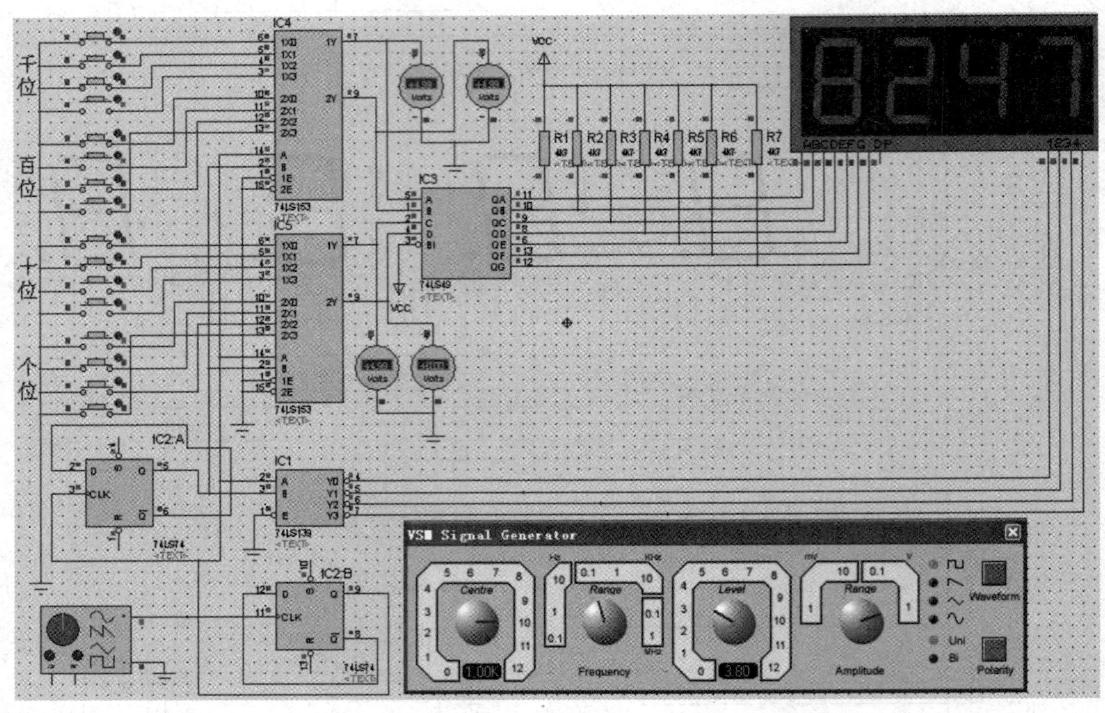

图 3—20　电路的仿真调试

2. 核对检测元器件

（1）清点元器件

按元器件明细表 3—6 核对元器件的数量、型号和规格，如有短缺、差错应及时补全和更换。

表 3—6　　元器件明细表

代号	名称	型号	数量
R1 ~ R4	电阻器	2.7 kΩ	4
R5 ~ R11	电阻器	620 Ω	7
R12 ~ R27	电阻器	10 kΩ	16
V1 ~ V4	三极管	9012	4
DS1、DS2	数码管	SM4205	2
IC1	多路分配器	74LS139	1
IC2	双上升沿 D 触发器	74LS74	1
IC3	七段译码器	74LS49	1
IC4、IC5	双 4—1 数据选择器	74LS153	2

续表

代号	名称	型号	数量
1	编码开关	8421 码	4
	集成电路插座	24 脚	2
		16 脚	4
		14 脚	1
	试验板	28×56（焊点数）	1

（2）检测元器件

用万用表的电阻挡对元器件进行检测，剔除并更换不符合质量要求的元器件。针对不同电阻，先读色环，再用不同电阻挡位测量阻值是否在允许偏差范围内。用万用表的 1 kΩ或 100 Ω 挡对三极管的极性和质量进行判别。

（3）识别集成电路

熟悉集成 D 触发器 74LS74 的外形及引脚排列。74LS74 的外形图如图 3—21 所示。

图 3—21　74LS74 的外形图

3. 装配电路

（1）测试电路

如图 3—22 所示为动态显示位选控制的测试电路。与仿真电路相比，此处增加了显示驱动电路，采用编码开关作为十进制输入。

（2）画出装配图

根据电路原理图正确进行装配图的设计，可以两面布线，以焊点一面为主，图中焊点、连接线、元器件都是安装时的实际位置，实线表示焊点一面的连接线，虚线表示元器件一面的连接线，连接线画得要平直，不能交叉。

（3）试验板的插装与焊接

安装好的电路板如图 3—23 所示。

4. 测试电路

（1）电路安装完毕后，对照测试线路图和装配图进行检查，仔细检查电路中各元器件是否安装正确，导线、焊点是否符合要求，检查有极性器件是否安装连接正确。

（2）通电前用万用表 R×1 挡测电源与地之间的电阻。如发现短路，应先排除短路点。

（3）检测无误后，按集成电路标记口的方向插上集成电路，方可通电测试。

（4）测试内容

当分别提供单个脉冲触发信号和连续脉冲触发信号时，任意设置拨码开关的数值，观察数码管的输出显示情况并记录，填入表 3—7。

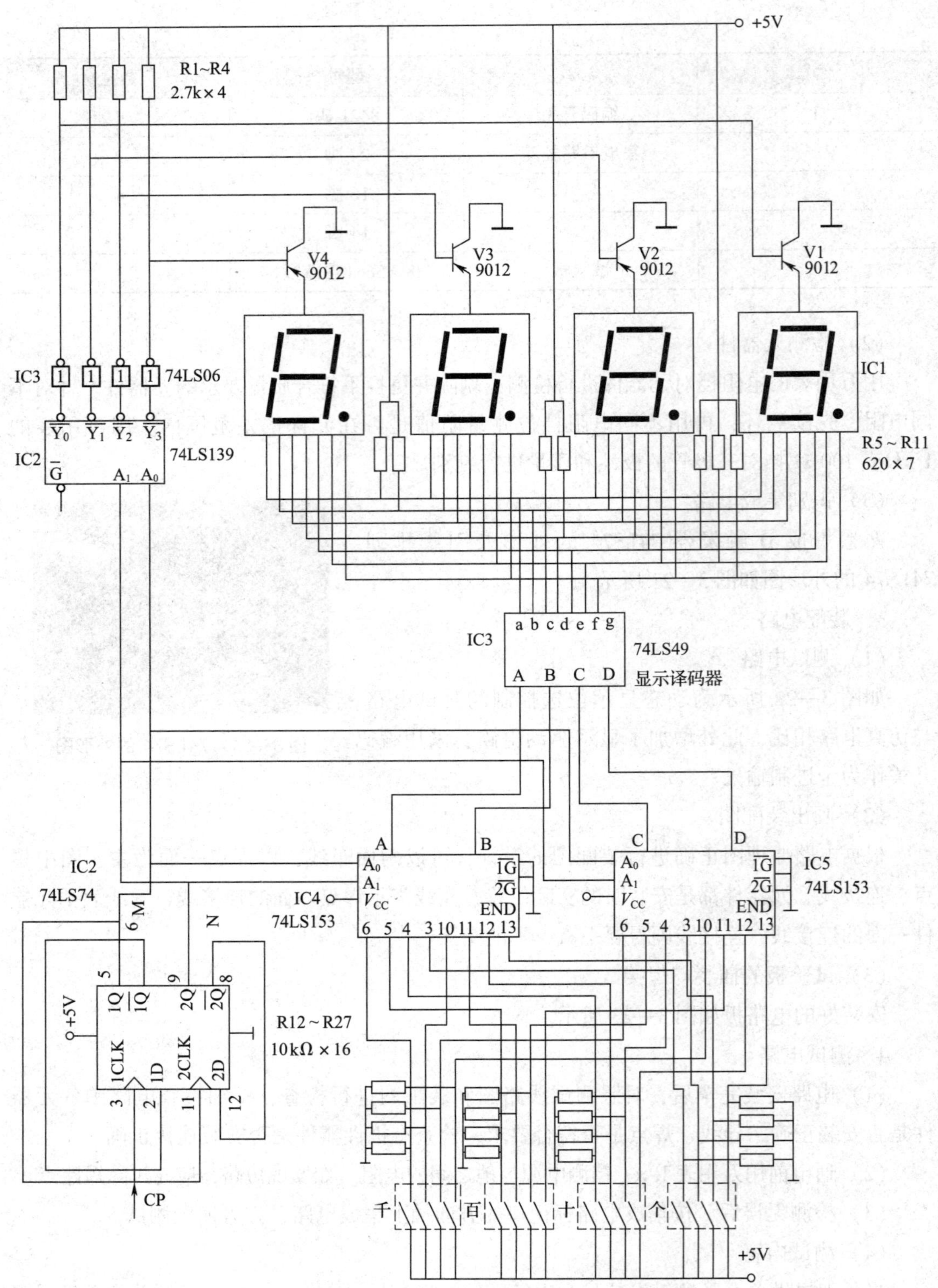

图3—22 动态显示位选控制测试电路

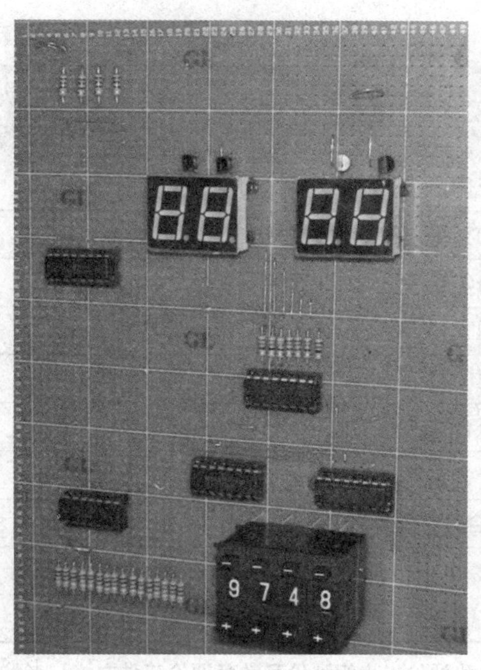

图 3—23　安装好的电路板

表 3—7　　测试记录表

CP 不连续		编码开关的状态				数码管的状态			
		千位	百位	十位	个位	千位	百位	十位	个位
CP 个数	1								
	2								
	3								
	4								
CP 连续									

任务评价

任务评价表

评价项目	评价内容	配分（分）	自我评价	小组评价	教师评价
职业素养	安全意识、责任意识、服从意识强	5			
	积极参加教学活动，按时完成各项学习任务	5			
	团队合作意识强，善于与人交流和沟通	5			

续表

评价项目	评价内容	配分（分）	自我评价	小组评价	教师评价
职业素养	自觉遵守劳动纪律，尊敬师长，团结同学	5			
	爱护公物，节约材料，工作环境整洁	5			
专业能力	能正确完成电路仿真，仿真结果符合要求	15			
	装配图绘制合理	10			
	元器件布局合理	10			
	装配电路质量符合要求	20			
	电路测试效果符合要求	20			
合计		100			
总评	自我评价×20%＋小组评价×20%＋教师评价×60%＝	综合等级	教师（签名）：		

注：学习任务考核采用自我评价、小组评价和教师评价三种方式，考核分为A（100~90）、B（89~80）、C（79~70）、D（69~60）、E（59~0）五个等级。

思考与练习

1. 时序逻辑电路与组合逻辑电路有什么本质区别？
2. 常用的触发器有哪几种？
3. 若要实现计数功能，可以采用哪几种触发器实现？

任务2　寄存器的应用

学习目标

1. 了解寄存器的概念，掌握寄存器的功能。
2. 熟悉时序电路的分析方法。
3. 掌握流水灯控制电路的仿真、安装、测试方法。

任务描述

如今在城市里随处都可看见装扮夜晚的霓虹灯、商家的广告牌彩灯，其原理和

图 3—24所示的流水灯基本相同。本任务的主要内容就是在认识寄存器集成电路的基础上，利用寄存器制作流水灯，并完成电路的仿真、安装与测试，流水灯控制电路示意框图如图 3—25 所示。

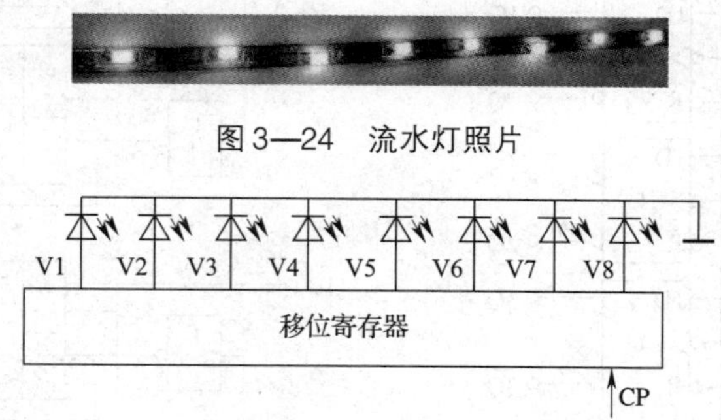

图 3—24　流水灯照片

图 3—25　流水灯控制电路示意框图

相关知识

在大型超市里，通常都可以看到给购物者临时存放物品的储物柜。这些储物柜只是暂时提供给顾客存放物品的，当购物结束，顾客取走物品后又可为下一位顾客提供服务。在这里超市的储物柜起到了临时存放的作用，而在本任务中有个逻辑部件的作用和它相仿，这就是寄存器，不过寄存器临时存放的是数码信号。寄存器是具有能够接收、暂存和传递数码的一种逻辑记忆元器件，它分数码寄存器和移位寄存器两种类型。

一、数码寄存器

数码寄存器是最简单的寄存器，它只具有接收数码和清除原有数码的功能。数码寄存器一般分为多位 D 触发器、D 锁存器和寄存器阵三种。

1. D 触发器构成的数码寄存器

D 触发器构成的数码寄存器逻辑图如图 3—26 所示。

图中，$\overline{C_r}$为清零端，当$\overline{C_r}=0$时，1Q ~4Q 均为“0”态。寄存数码时$\overline{C_r}=1$，在 CP 上升沿到来后，输入端 1D ~4D 的数码并行存入 1Q ~4Q 之中。当$\overline{C_r}=1$、CP =0 时，各触发器处于保持状态。

2. D 锁存器构成的数码寄存器

所谓锁存器是指没有锁存信号到来时，其输出状态随输入信号的变化而变化；当锁存信号作用时，锁存器将保持锁存信号到来前的状态不变。D 锁存器构成的数码寄存器逻辑图如图 3—27 所示。

由图可知，它是由四个或非型 D 锁存器构成的。当 CP =1 期间，1D ~4D 的数码存入 1Q ~4Q 之中。CP =0 时各触发器处于保持状态。

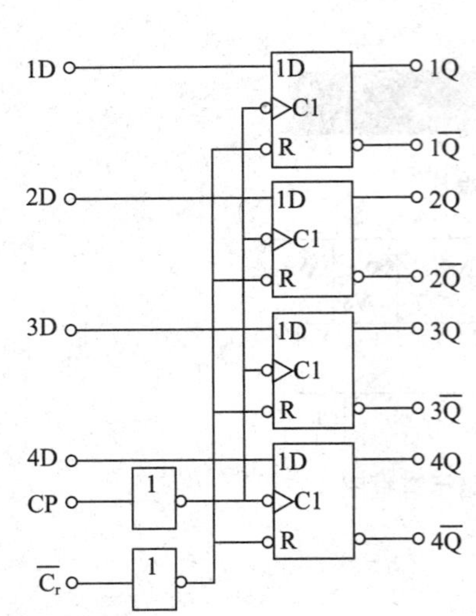

图 3—26　D 触发器构成的数码寄存器逻辑图

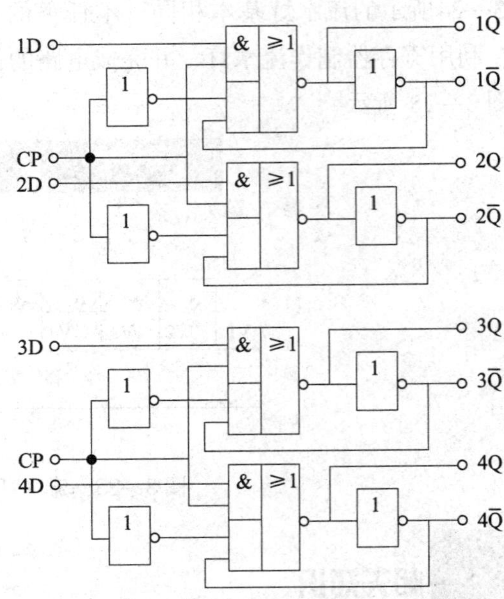

图 3—27　D 锁存器构成的数码寄存器逻辑图

3. 寄存器阵

寄存器阵是一种存储器，存储单元均采用 D 触发器。阵内存储单元按行、列有规则地排列形成了矩阵，可以存储较多的数码，这些数码通常表示为字和位。如 4 ×4 寄存器阵有 4 行 4 列的存储单元，它可以存储 4 个字、每个字 4 位的数码。寄存器阵一般包括存储单元、写入电路、读出电路、数据选择器和缓冲输出级。

二、移位寄存器

移位寄存器除了具有寄存数码的功能之外，还具有数码移位的功能。移位寄存器分单向移位寄存器和双向移位寄存器。

1. 单向移位寄存器

如图 3—28 所示是由 D 触发器组成的单向移位寄存器。当移位脉冲上升沿来到后，输入数据移入 F1，而每个 D 触发器的状态移入下一级触发器，F4 的状态移出寄存器。这种输入数据取自 F1 的 D 端，当一个 CP 移位脉冲到来时，各触发器状态移入下一级的输入方式称为串行输入。输出取自各触发器 Q 端的称为并行输出。而输出取自最高位触发器 Q 端的称为串行输出。因此，如图 3—28 所示的电路称为串行输入、串并行输出单向移位寄存器。

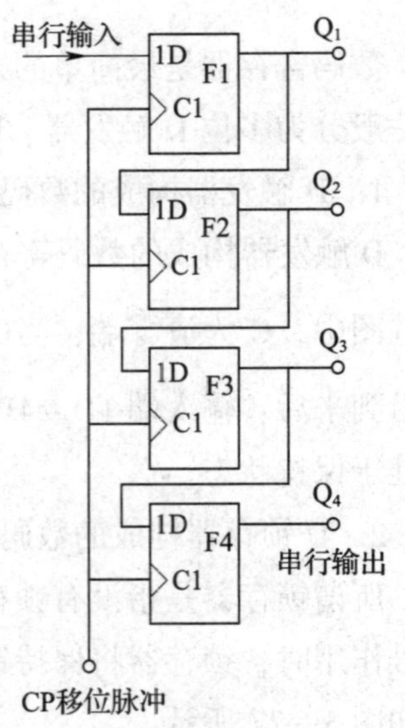

图 3—28　串行输入串行输出或并行输出的寄存器逻辑图

设图 3—28 中各触发器初态均为 0，输入数据为 1 011，试画出 Q1、Q2、Q3 和 Q4 的波形。

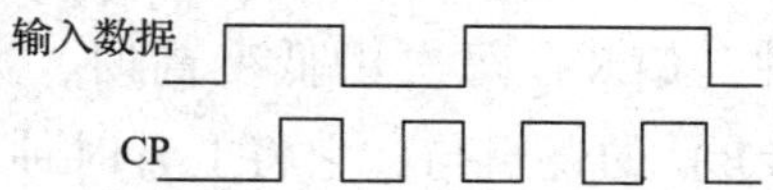

扫描二维码
查看参考答案

如图 3—29 所示是另一种输入方式的移位寄存器。先用清零脉冲将所有触发器置“0”，再给接收脉冲，通过 S 端输入数据，实现并行输入。如图 3—29 所示是一个串并行输入、串并行输出移位寄存器。

本任务采用的移位寄存器是 74HC164，74HC164 是 8 位移位寄存器，串行输入数据，然后并行输出。引脚排列如图 3—30 所示，引脚说明如下：

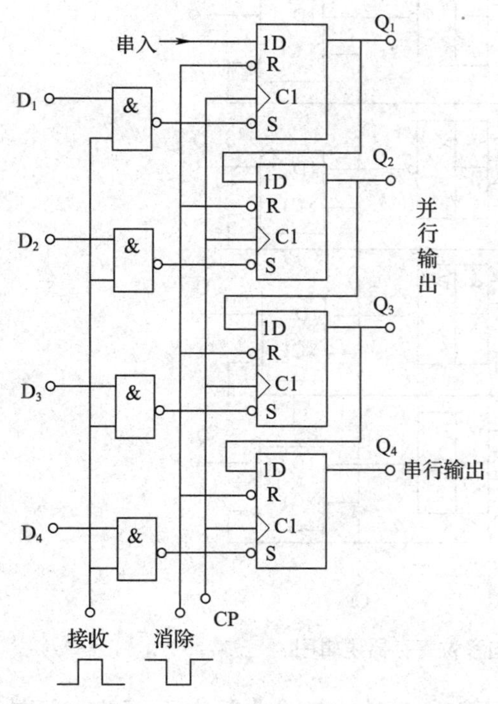

图 3—29　串并行输入、串并行输出移位寄存器逻辑图

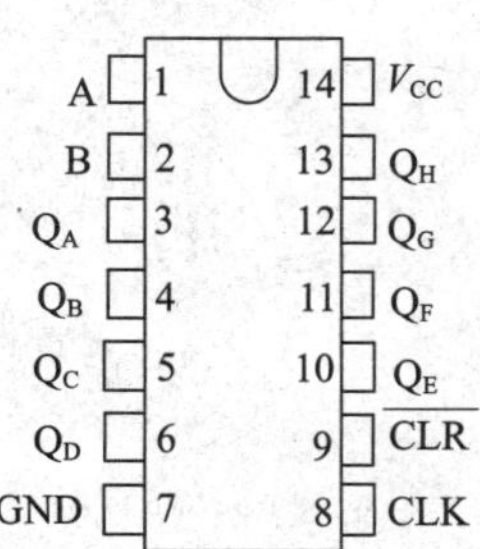

图 3—30　74HC164 引脚排列图

A、B——数据输入：数据通过两个输入端（A 或 B）之一串行输入；任一输入端可以用作高电平使能端，控制另一输入端的数据输入。两个输入端或者连接在一起，或者将不用的输入端接高电平，不得悬空。

$Q_A \sim Q_H$——八位输出。

GND——地端。

CLK——时钟输入：时钟（CLK）每次由低变高时，数据右移一位，输入到 Q_A，Q_A 是两个数据输入端（A 和 B）的逻辑与，它将上升时钟沿之前保持一个建立时间的长度。

$\overline{CLR}$——中央复位输入（低电平有效）：主复位（CLR）输入端上的一个低电平将使其他所有输入端都无效，同时非同步地清除寄存器，强制所有的输出为低电平。

V_{CC}——正电源端。

2. 双向移位寄存器

如图 3—31 所示的寄存器称为双向移位寄存器，该寄存器中的数据既可以左移，又可以右移。

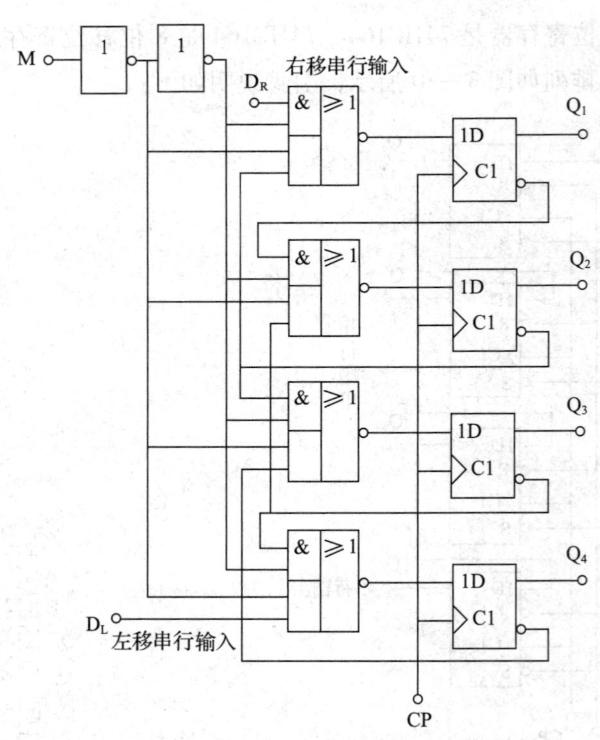

图 3—31　双向移位寄存器逻辑图

图 3—31 中，M 为左、右移控制端，当 M = 1 时，与或非门中下面的与门被封锁，上面的与门打开。各触发器的 $\overline{Q}$ 端经与非门反相后加在相邻高位触发器的 D 端（相当

于低位触发器的 Q 端相邻高位触发器的 D 端）。当 CP 移位脉冲来到后，数据自左向右（自上而下）逐位移动。当 M = 0 时，CP 移位脉冲来到后，数据自右向左（自下而上）逐位移动。

?想一想

扫描二维码
查看参考答案

图 3—31 中右移串行输入 1011 时，M 为何值？输入 1011 如何移入 Q_1、Q_2、Q_3和 Q_4？

常用集成寄存器型号见附表 6。

任务实施

一、软件仿真

1. 原理图的绘制

进入 Proteus ISIS，从元器件库中选择对象 74HC164、按钮、发光二极管、电阻等，并置入对象选择器窗口，再放置到图形编辑器窗口，在图形编辑窗口中画好原理图，在 Proteus 中绘制的控制原理图如图 3—32 所示。

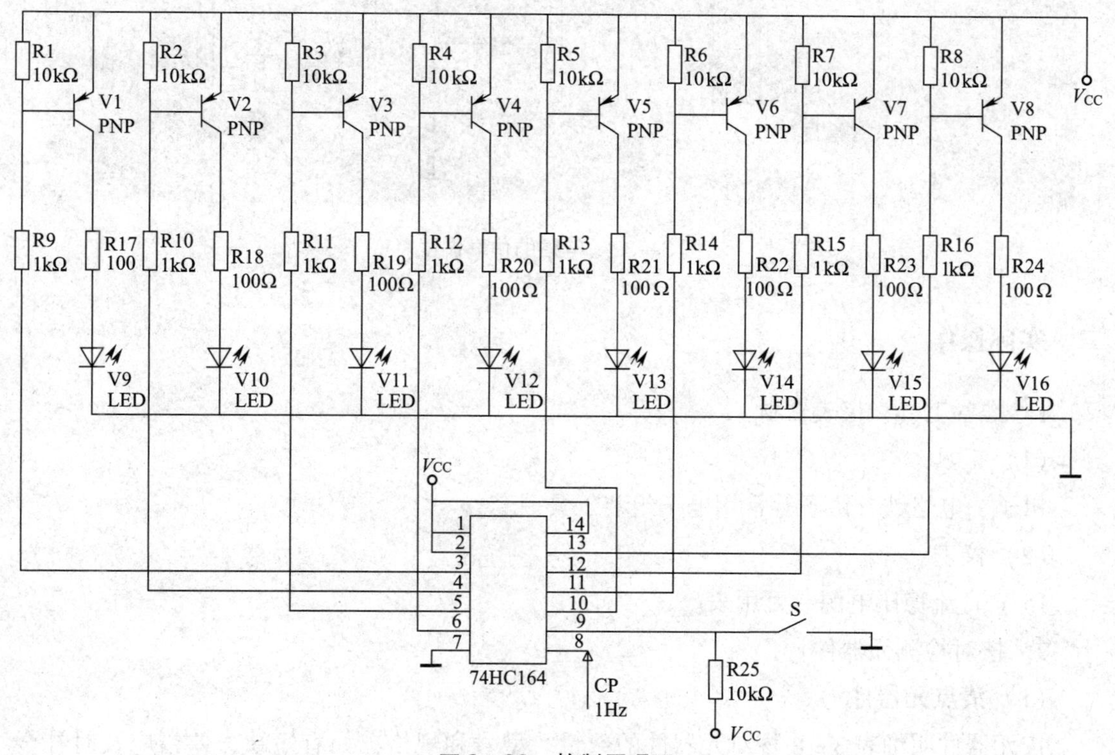

图 3—32　控制原理图

2．仿真调试

点击激励源模式按钮，在对象选择器找到“DC（电压探针）”，设置“Digital Clock Generator Properties”时选择时钟源，添加到原理图编辑区，按照如图 3—33 所示布置并连接好。按下仿真按钮，改变开关 S 的状态，观察记录 LED 二极管的状态。

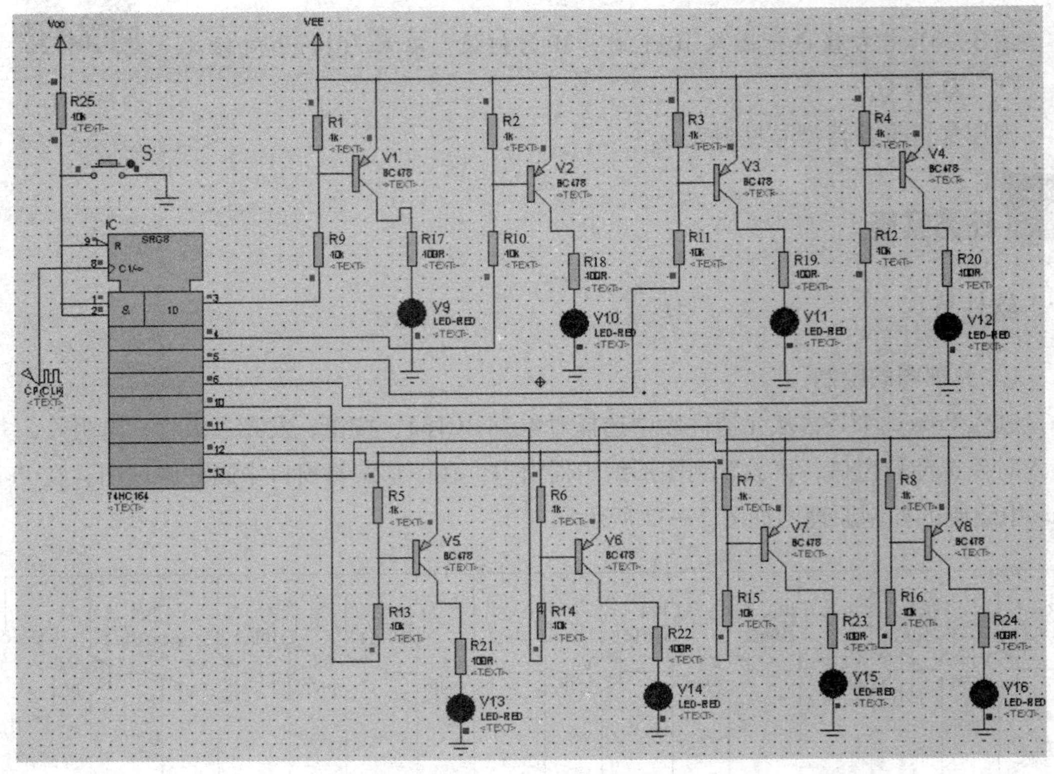

图 3—33　电路的仿真调试

二、实际操作

1．准备工具、仪表器材

（1）工具

钳子、电烙铁、镊子等常用电子组装工具一套。

（2）仪表

15 V 直流稳压电源、万用表。

2．核对检测元器件

（1）清点元器件

按元器件明细表 3—8 核对元器件的数量、型号和规格，如有短缺、差错应及时补全和更换。

表 3—8　　元器件明细表

代号	名称	型号	数量
R1 ~ R8、R25	电阻器	10 kΩ	9
R9 ~ R16	电阻器	1 kΩ	8
R17 ~ R24	电阻器	100 Ω	8
V1 ~ V8	三极管	9012	8
V9 ~ V16	发光二极管	红色	8
S	微动开关	常开	1
IC	移位寄存器	74HC164	1
	集成电路插座	14 脚	1
	试验板	28 × 56（焊点数）	1

（2）检测元器件

用万用表的电阻挡对元器件进行检测，剔除并更换不符合质量要求的元器件。针对不同电阻，先读色环，再用不同电阻挡位测量阻值是否在允许偏差范围内。用万用表的 1 kΩ 或 100 Ω 挡对三极管的极性和质量进行判别；用电阻挡 10 kΩ 挡测量发光二极管，正向导通、反向截止。

（3）识别集成电路

认识集成移位寄存器的外形及引脚排列。串行输入、并行输出 8 位移位寄存器 74HC164 的外形图如图 3—34 所示。

3．装配电路

（1）测试电路

发光二极管循环点亮、熄灭控制电路的测试电路如图 3—32 所示。

（2）画出装配图

根据电路原理图正确进行装配图的设计，可以两面布线，以焊点一面为主，图中焊点、连接线、元器件都是安装时的实际位置，实线表示焊点一面的连接线，虚线表示元器件一面的连接线，连接线画的要平直，不能交叉。

（3）试验板的插装与焊接

安装好的电路板如图 3—35 所示。

4．测试电路

（1）电路安装完毕后，对照电路图和装配图进行检查，仔细检查电路中各元器件是否安装正确，导线、焊点是否符合要求，检查有极性器件是否安装连接正确。

图 3—34　74HC164 的外形图

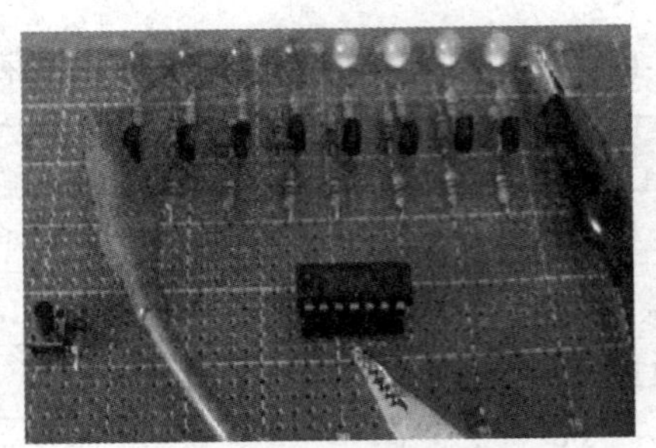
图 3—35　安装好的电路板

（2）通电前用万用表 R×1 挡测电源与地之间的电阻。若发现短路，应先排除短路点。

（3）检测无误后，按集成电路标记口的方向插上集成电路，方可通电测试。

（4）测试内容

74HC164 为串行输入、并行输出 8 位移位寄存器。由器件手册可查得它有两个可控制串行数据输入端 A 和 B，当 A 或 B 任意一个为低电平时，则禁止另一串行数据输入，且在时钟端 CLK 脉冲上升沿作用下 Q_0^{n+1} 为低电平。当 A 或 B 中有一个为高电平时，则允许另一个串行输入端输入数据，并在 CLK 上升沿作用下决定 Q_0^{n+1} 的状态。

用示波器观察 CLK 和 $Q_7 \sim Q_0$的波形，观测发光二极管 V1 ~ V8 的变化，列出 CLK 和 $Q_7 \sim Q_0$的状态表，记录到表 3—9 中。

表 3—9　　测试记录表

CLK	Q_0	Q_1	Q_2	Q_3	Q_4	Q_5	Q_6	Q_7

任务评价

任务评价表

评价项目	评价标准	配分（分）	自我评价	小组评价	教师评价
职业素养	安全意识、责任意识、服从意识强	5			
	积极参加教学活动，按时完成各项学习任务	5			
	团队合作意识强，善于与人交流和沟通	5			

续表

评价项目	评价标准	配分（分）	自我评价	小组评价	教师评价
职业素养	自觉遵守劳动纪律，尊敬师长，团结同学	5			
	爱护公物，节约材料，工作环境整洁	5			
专业能力	能正确完成电路仿真，仿真结果符合要求	15			
	装配图绘制合理	10			
	元器件布局合理	10			
	装配电路质量符合要求	20			
	电路测试效果符合要求	20			
合计		100			
总评	自我评价×20%＋小组评价×20%＋教师评价×60%＝	综合等级	教师（签名）：		

注：学习任务考核采用自我评价、小组评价和教师评价三种方式，考核分为A（100～90）、B（89～80）、C（79～70）、D（69～60）、E（59～0）五个等级。

思考与练习

1. 简述寄存器的定义及分类。
2. 数码寄存器的功能是什么？
3. 移位寄存器的功能是什么？

任务3　计数器的应用

学习目标

1. 掌握常用计数器的功能和特点。
2. 能对一般计数器电路进行分析。
3. 能完成0～9 999计数显示电路的仿真、安装、测试。

任务描述

数字和我们的日常生活密不可分，最早发明的文字就是用来计数的，在日常生活中常用到用于计数的计数牌、记分牌等。如图3—36所示是一个四位金额的计数显示牌。本任务的主要内容就是在熟悉集成计数器电路功能特点的基础上，完成 0 ~ 9 999 计数显示电路的设计、仿真、安装与测试。

图 3—36　计数示例

相关知识

计数器是数字系统中能累计输入脉冲个数的数字电路，它是由一系列具有存储信息功能的各类触发器构成的计数单元和一些控制门组成的。

计数器在数字系统中有着广泛的应用，除了计数之外，还可用来定时、分频等。

计数器按计数进制不同，可分为二进制计数器、十进制计数器和 N 进制计数器；按计数单元中触发器翻转顺序来分，则有异步计数器和同步计数器两大类。在异步计数器中，当计数脉冲输入时，各级触发器翻转不是同时的，而是有先后的；在同步计数器中，所有触发器在同一脉冲作用下翻转是同时的。如果按计数过程中计数器数值的增减来分，计数器又可分为递增计数器、递减计数器和可逆计数器，随着计数脉冲的输入而递增计数的称为递增计数器，递减计数的称为递减计数器，可增可减的称为可逆计数器。

一、二进制计数器

1．异步二进制计数器

下面以异步三位二进制递增计数器为例进行说明。

（1）电路

异步二进制递增计数器的逻辑图如图 3—37 所示。它由三级 JK 触发器组成，由于 J = K = 1，故来一个触发脉冲，触发器状态翻转一次，Q 端为各触发器的输出，C 为进位输出。

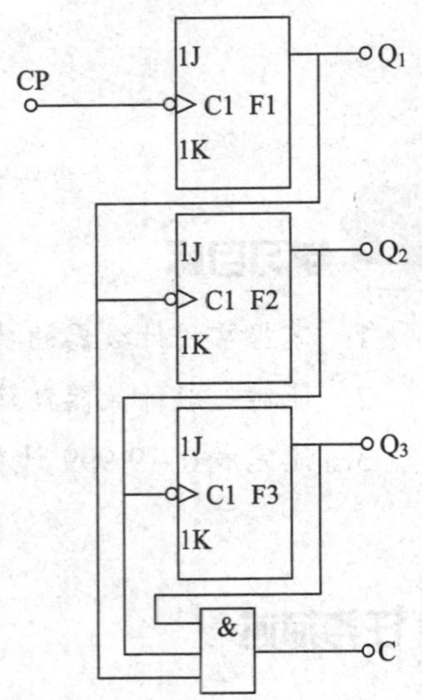

图 3—37　异步二进制递增计数器逻辑图

（2）工作原理

计数器工作前，一般都需要把所有的触发器置“0”，即计数器状态为 000。这一过程称清零或复位。清零之后，计数器就可以开始计数了。

第一个计数脉冲输入时，在该脉冲的下降沿到来时刻，F1 翻转，Q_1 由 0 变 1。Q_1 的正跳变加到 F2 的 CP 端，因为触发器都是负跳变触发，所以 F2 不翻转，计数器的状态为 001。

第二个计数脉冲输入时，F1 又翻转，Q_1 由 1 变 0。Q_1 的负跳变送到 F2 的 CP 端，F2 翻转，$Q_2 = 1$。Q_2 的正跳变送到 F3 的 CP 端，F3 不翻转，计数器状态为 010。

按照上述规律，当第七个脉冲输入时，计数器状态为111。如输入第八个脉冲，计数器状态变成000，并产生一个向高位的进位信号。

由上述可知，每向触发器CP端输入一个脉冲，触发器状态就翻转一次，即

$$Q^{n+1}=\overline{Q^n}$$

这就是各级的状态方程。由图3—37又可得到进位方程：

$$C=Q_3^nQ_2^nQ_1^n$$

按照计数器翻转规律，可直接得到计数器状态表，见表3—10。

表3—10 三位异步二进制递增计数器状态表

输入CP脉冲个数	计数器状态			进位C
	Q_3^n	Q_2^n	Q_1^n	
0	0	0	0	0
1	0	0	1	0
2	0	1	0	0
3	0	1	1	0
4	1	0	0	0
5	1	0	1	0
6	1	1	0	0
7	1	1	1	1
8	0	0	0	0

由状态表可知，如图3—37所示电路具有二进制递增计数功能。

由状态表也可以画出状态图，如图3—38所示。

三位异步二进制递增计数器波形图如图3—39所示。

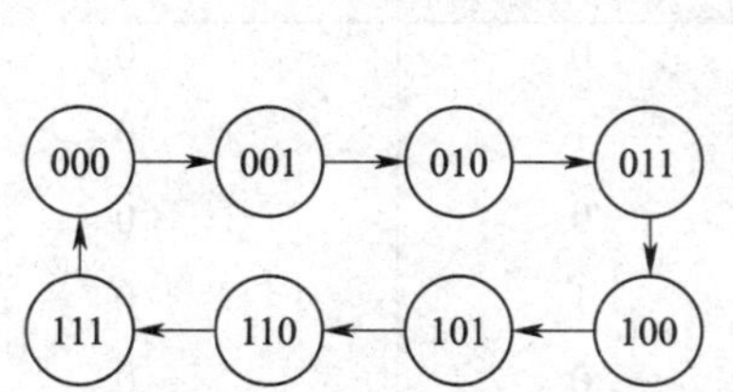

图3—38 三位异步二进制递增计数器状态图

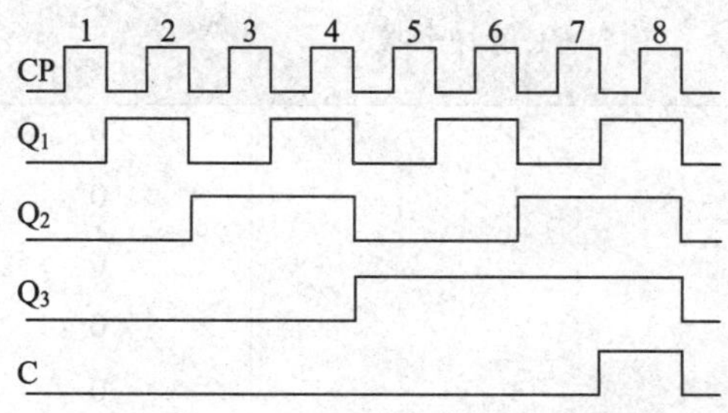

图3—39 三位异步二进制递增计数器波形图

2. 同步二进制计数器

下面以四位同步二进制递增计数器为例进行说明。

（1）电路

四位同步二进制递增计数器如图 3—40 所示。它由四级接成 T 触发器的 JK 触发器和三个与门组成，C 是进位输出。

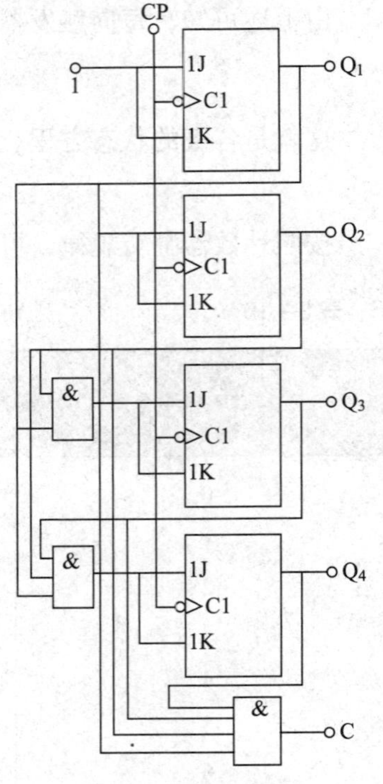

图 3—40　四位同步二进制递增计数器逻辑图

（2）工作原理

首先写出触发器的驱动方程：

$$\begin{cases} J_1 = K_1 = T_1 = 1 \\ J_2 = K_2 = T_2 = Q_1^n \\ J_3 = K_3 = T_3 = Q_2^n Q_1^n \\ J_4 = K_4 = T_4 = Q_3^n Q_2^n Q_1^n \end{cases}$$

其次将驱动方程代入 T 触发器的特性方程：

$$Q^{n+1} = T\overline{Q^n} + \overline{T}Q^n = T \oplus Q^n$$

得状态方程、输出方程为：

$$\begin{cases} Q_1^{n+1} = \overline{Q_1^n} \\ Q_2^{n+1} = Q_1^n \overline{Q_2^n} + \overline{Q_1^n} Q_2^n = Q_1^n \oplus Q_2^n \\ Q_3^{n+1} = Q_2^n Q_1^n \overline{Q_3^n} + \overline{Q_2^n Q_1^n} Q_3^n \\ \quad = Q_2^n Q_1^n \oplus Q_3^n \\ Q_4^{n+1} = Q_3^n Q_2^n Q_1^n \oplus Q_4^n \end{cases}$$

$$C = Q_4^n Q_3^n Q_2^n Q_1^n$$

假设 CP 脉冲输入前电路已先清零，由状态方程和进位输出方程可得状态表，见表 3—11。

表 3—11　　四位同步二进制递增计数器状态表

输入 CP 脉冲个数	计数器状态				进位 C
	Q_4^n	Q_3^n	Q_2^n	Q_1^n	
0	0	0	0	0	0
1	0	0	0	1	0
2	0	0	1	0	0
3	0	0	1	1	0
4	0	1	0	0	0
5	0	1	0	1	0
6	0	1	1	0	0
7	0	1	1	1	0
8	1	0	0	0	0

续表

输入 CP 脉冲个数	计数器状态				进位 C
	Q_4^n	Q_3^n	Q_2^n	Q_1^n	
9	1	0	0	1	0
10	1	0	1	0	0
11	1	0	1	1	0
12	1	1	0	0	0
13	1	1	0	1	0
14	1	1	1	0	0
15	1	1	1	1	1
16	0	0	0	0	0

由状态表可画出状态图和波形图，分别如图 3—41、图 3—42 所示。

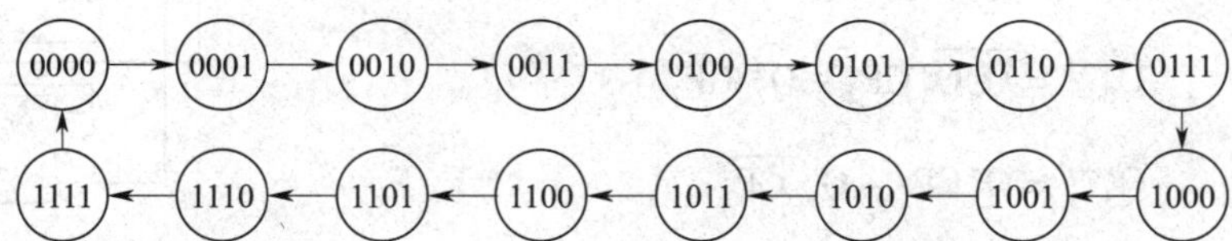

图 3—41　四位同步二进制递增计数器状态图

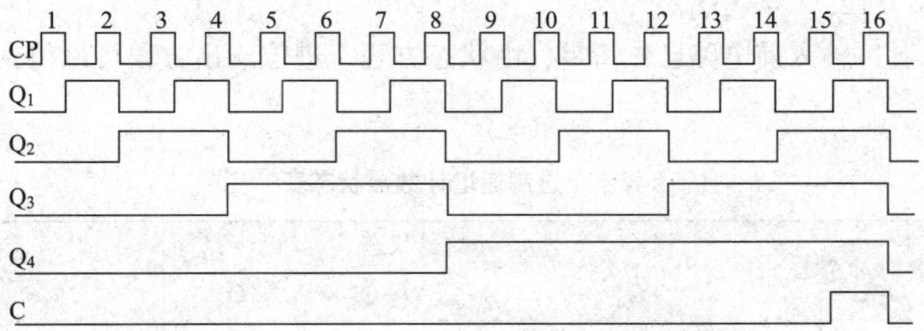

图 3—42　四位同步二进制递增计数器波形图

二、十进制计数器

在计数器中，十进制数通常是用二进制数表示的，所以十进制计数器是指二—十进制编码的计数器。由于二—十进制编码种类很多，这里仅讨论 8421BCD 码十进制计数器。

1．异步十进制递增计数器

（1）电路

异步十进制递增计数器如图 3—43 所示。

（2）工作原理

由如图 3—43 所示可以得到驱动方程、进位输出方程：

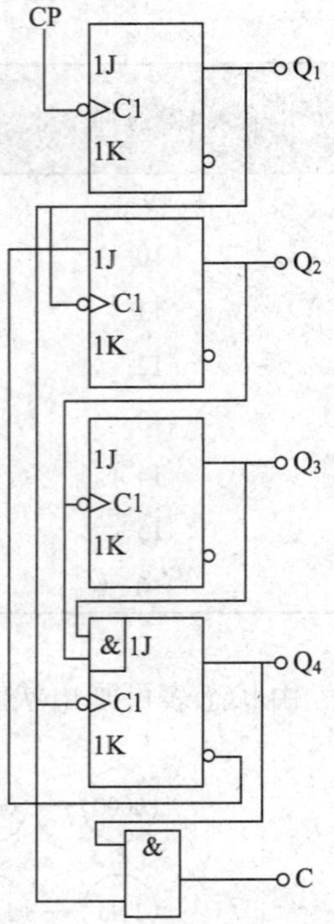

$$\begin{cases} J_1 = K_1 = 1 \\ J_2 = \overline{Q_4^n}，K_2 = 1 \\ J_3 = K_3 = 1 \\ J_4 = Q_3^n Q_2^n，K_4 = 1 \end{cases}$$

$$C = Q_4^n Q_1^n$$

在异步时序电路中，每次电路状态转换时，各个触发器并不一定都有时钟脉冲，而特性方程只有在 CP 信号到达时才有效，无 CP 信号时触发器维持不变，所以 JK 触发器的特性方程可写为：

$$Q^{n+1} = (J\overline{Q^n} + \overline{K}Q^n)CP + Q^n\,\overline{CP}$$

将驱动方程代入上式，就可以得到状态方程：

$$Q_1^{n+1} = \overline{Q_1^n}CP_1 + Q_1^n\,\overline{CP_1}$$

$$Q_2^{n+1} = \overline{Q_4^n}\,\overline{Q_2^n}CP_2 + Q_2^n\,\overline{CP_2}$$

$$Q_3^{n+1} = \overline{Q_3^n}CP_3 + Q_3^n\,\overline{CP_3}$$

$$Q_4^{n+1} = \overline{Q_4^n}Q_3^nQ_2^nCP_4 + Q_4^n\,\overline{CP_4}$$

图 3—43　异步十进制递增计数器逻辑图

进位输出方程：$C = Q_4^n Q_1^n$

假设 CP 脉冲输入前电路已先清零，由状态方程、进位输出方程可以得到状态表，见表 3—12。

表 3—12　　　　异步十进制递增计数器状态表

输入 CP 脉冲个数	计数器状态				进位 C
	Q_4^n	Q_3^n	Q_2^n	Q_1^n	
0	0	0	0	0	0
1	0	0	0	1	0
2	0	0	1	0	0
3	0	0	1	1	0
4	0	1	0	0	0
5	0	1	0	1	0
6	0	1	1	0	0
7	0	1	1	1	0
8	1	0	0	0	0
9	1	0	0	1	1
10	0	0	0	0	0

由状态表可画出状态图、波形图，分别如图 3—44、图 3—45 所示。

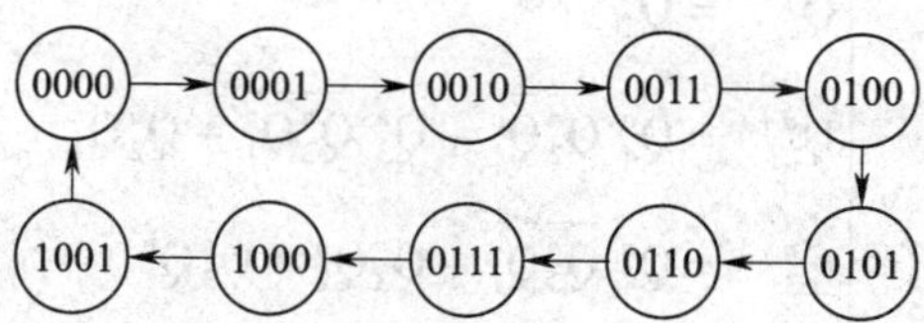

图 3—44 异步十进制递增计数器状态图

2. 同步十进制递减计数器

典型的同步十进制递减计数器如图 3—46 所示。

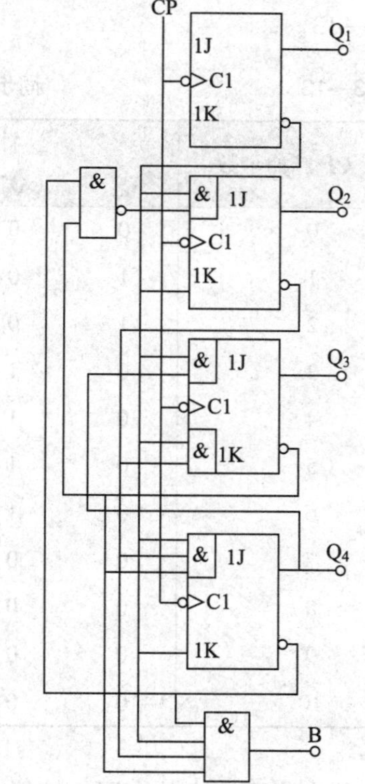

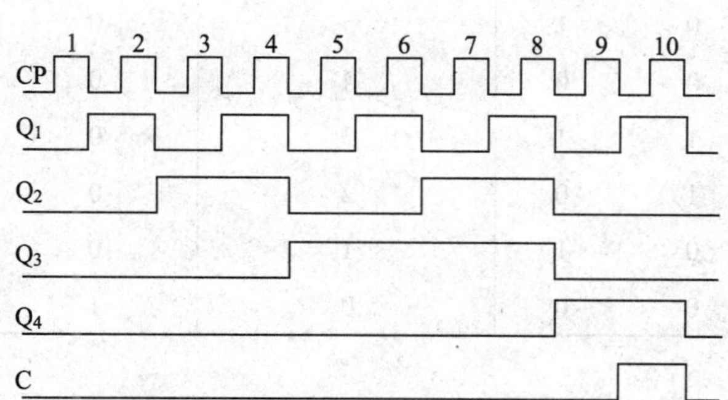

图 3—45 异步十进制递增计数器波形图

图 3—46 同步十进制递减计数器逻辑图

由如图 3—46 所示可以写出驱动方程：

$$J_1 = K_1 = 1$$

$$J_2 = \overline{\overline{Q_4^n}\,\overline{Q_3^n}}\ \overline{Q_1^n},\ K_2 = \overline{Q_1^n}$$

$$J_3 = Q_4^n\,\overline{Q_1^n},\ K_3 = \overline{Q_2^n}\,\overline{Q_1^n}$$

$$J_4 = \overline{Q_3^n}\,\overline{Q_2^n}\,\overline{Q_1^n},\ K_4 = \overline{Q_1^n}$$

再将驱动方程代入 JK 触发器特性方程，得状态方程、借位输出方程：

$$
\begin{cases}
Q_1^{n+1} = \overline{Q_1^n} \\
Q_2^{n+1} = Q_4^n \overline{Q_2^n}\,\overline{Q_1^n} + Q_3^n \overline{Q_2^n}\,\overline{Q_1^n} + Q_2^n Q_1^n \\
Q_3^{n+1} = Q_4^n \overline{Q_3^n}\,\overline{Q_1^n} + Q_3^n Q_2^n + Q_3^n Q_1^n \\
Q_4^{n+1} = \overline{Q_4^n}\,\overline{Q_3^n}\,\overline{Q_2^n}\,\overline{Q_1^n} + Q_4^n Q_1^n
\end{cases}
$$

$$
B = \overline{Q_4^n}\,\overline{Q_3^n}\,\overline{Q_2^n}\,\overline{Q_1^n}
$$

设计数前先清零，$Q_4Q_3Q_2Q_1 = 0000$。由状态方程和借位输出方程可得电路的状态表，见表 3—13。

表 3—13　　同步十进制递减计数器状态表

输入 CP 脉冲个数	计数器状态				对应的十进制数	借位 B
	Q_4^n	Q_3^n	Q_2^n	Q_1^n		
0	0	0	0	0	0	1
1	1	0	0	1	9	0
2	1	0	0	0	8	0
3	0	1	1	1	7	0
4	0	1	1	0	6	0
5	0	1	0	1	5	0
6	0	1	0	0	4	0
7	0	0	1	1	3	0
8	0	0	1	0	2	0
9	0	0	0	1	1	0
10	0	0	0	0	0	1

由状态表可画出状态图、波形图，分别如图 3—47、图 3—48 所示。

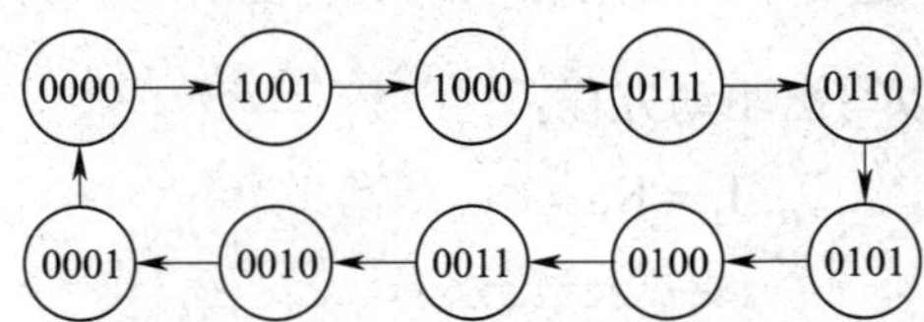

图 3—47　同步十进制递减计数器状态图

3. 二—五—十进制计数器

CT74LS290 型二—五—十进制计数器由一个独立的一位二进制计数器和一个五进制计数器组成。

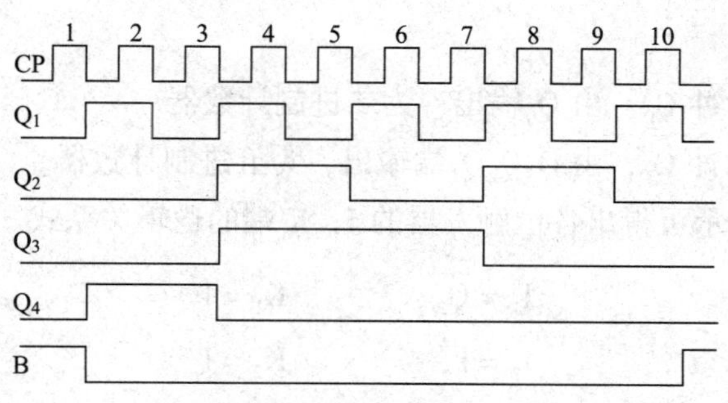

图 3—48　同步十进制递减计数器波形图

（1）逻辑图

CT74LS290 型二—五—十进制计数器逻辑图如图 3—49a 所示。

（2）外引线排列图及功能表

CT74LS290 型二—五—十进制计数器外引线排列图及功能表如图 3—49b 和图 3—49c 所示。

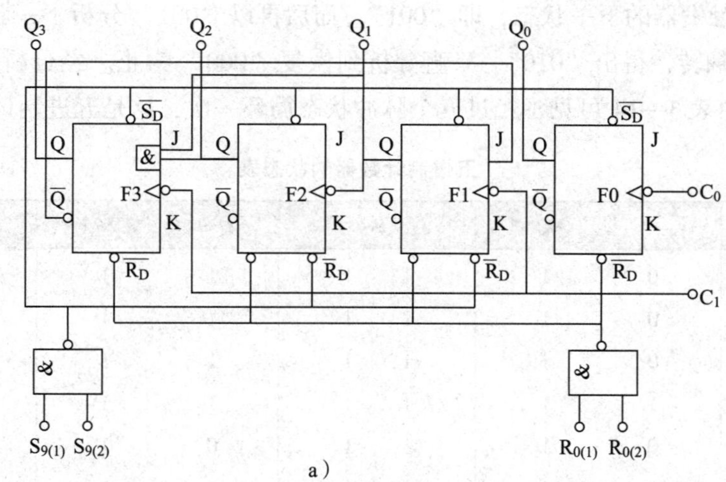

a）

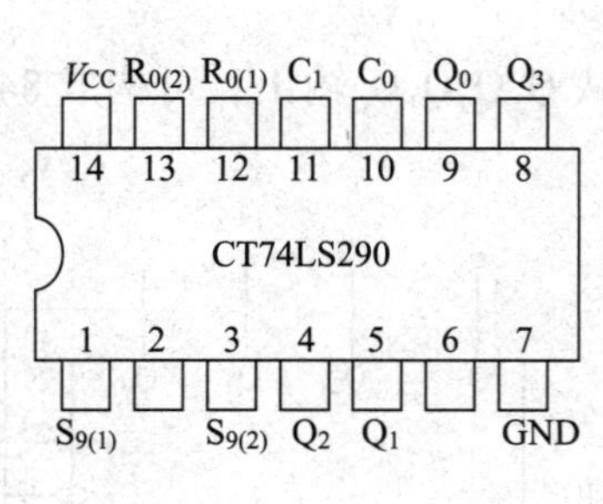

b）

$R_{0(1)}$	$R_{0(2)}$	$S_{9(1)}$	$S_{9(2)}$	Q_3	Q_2	Q_1	Q_0
1	1	0 ×	× 0	0	0	0	0
×	×	1	1	1	0	0	1
×	0	×	0	计数			
0	×	0	×	计数			
0	×	×	0	计数			
×	0	0	×	计数			

（×表示任意态）

c）

图 3—49　CT74LS290 型二—五—十进制计数器

a）逻辑图　b）外引线排列图　c）功能表

（3）工作原理

1）只输入计数脉冲 C_0，由 Q_0输出，为二进制计数器。

2）只输入计数脉冲 C_1，由 $Q_3Q_2Q_1$端输出，为五进制计数器。

由如图 3—49a 所示可得出各位触发器的 J，K 端的逻辑关系式。

$$J_1=\overline{Q_3},\qquad K_1=1$$

$$J_2=1,\qquad K_2=1$$

$$J_3=Q_1Q_2,\qquad K_3=1$$

因初始状态为“000”，故这时 J、K 端的电平为

$$J_1=1,\qquad K_1=1$$

$$J_2=1,\qquad K_2=1$$

$$J_3=0,\qquad K_3=1$$

根据 JK 触发器的状态表，第二位触发器 F2 只在 Q_1的状态从“1”变为“0”时才能翻转可得出各触发器的下一状态，即“001”。而后再以“001”分析下一状态，这时触发器 F1 和 F2 都翻转，得出“010”。一直分析到恢复“000”为止。经分析可列出状态表，见表 3—14。由表 3—14 可见，经过五个脉冲状态循环一次，这是五进制计数器。

表 3—14　　五进制计数器的状态表

时钟脉冲数	$J_3=Q_1Q_2$	$K_3=1$	$J_2=K_2=1$		$J_1=\overline{Q_3}$	$K_1=1$	Q_3	Q_2	Q_1
0	0	1	1	1	1	1	0	0	0
1	0	1	1	1	1	1	0	0	1
2	0	1	1	1	1	1	0	1	0
3	1	1	1	1	1	1	0	1	1
4	0	1	1	1	0	1	1	0	0
5	0	1	1	1	1	1	0	0	0

（4）将 Q_0端与 C_1端连接，输入计数脉冲 C_0，从 $Q_3Q_2Q_1Q_0$输出，可构成 8421BCD 码十进制计数器，如图 3—50 所示。

常用 TTL、CMOS 集成计数器见附表 7。

三、*N* 进制计数器

常见的集成计数器的产品都是二进制计数器和十进制计数器，如果要得到任意进制的计数器，可以利用一些门电路作为控制电路来达到目的。任意进制计数器简称 *N* 进制计数器。利用各种不同的集

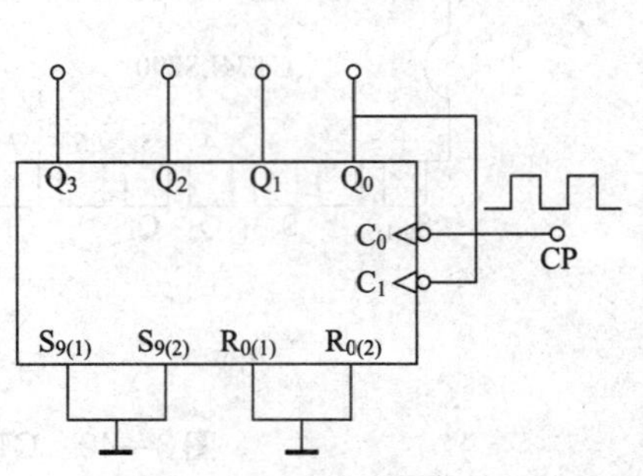

图 3—50　十进制计数器

成计数器构成 N 进制计数器的方法有多种，通常是利用复位法；如果要得到计数容量较大（即 N 较大）的计数器，就必须采用级联法。

1. 复位法

如图 3—51 所示为十二进制递增计数器。$Q_4Q_3Q_2Q_1$ 从 0000 到 1011 时，计数器正常计数。由 1 011 增至 1 100 时，与非门输出为 0，计数器转变为 0000，从而实现了十二进制计数。这一方法称为复位法。

利用复位法可以得到 N 进制计数器，其方法一般是在 N 个时钟脉冲作用下，把计数到 N 时所有触发器输出状态 $Q^n=1$ 的输出端连接到一个与非门的输入端，并使与非门的输出去控制计数器的复位端 C_r，从而在第 N 个时钟脉冲作用时计数器回到“0”状态，成为 N 进制计数器。

2. 级联法

为了得到计数容量较大的计数器，可以将两个以上的计数器串联起来。例如，把一个三进制计数器和一个四进制计数器串联起来，就构成了一个十二进制计数器。这一方法称为级联法。

如果要得到任意 N 进制计数器，可以参考如图 3—52 所示实例进行连接。图中利用了复位法得到的是一个八十四进制的递增计数器。改变图中与非门输入端与两个十进制计数器输出端的连接位置，可以得到 $N=1\sim100$ 任何一种进制的计数器。

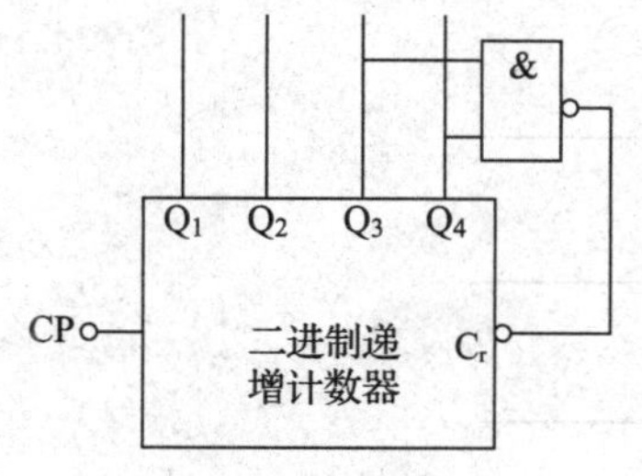

图 3—51　十二进制递增计数器

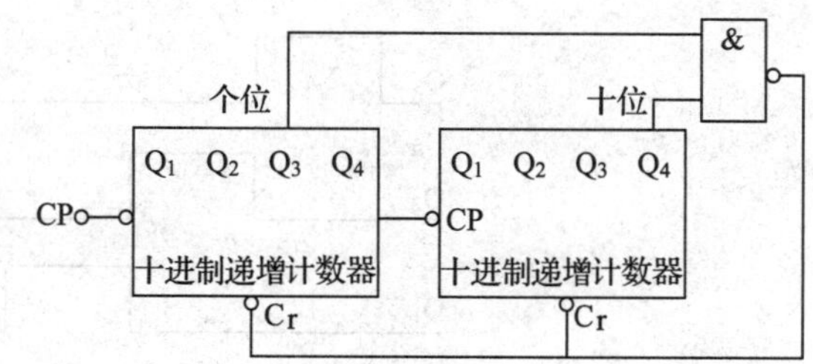

图 3—52　八十四进制递增计数器

想一想

利用复位法如何连接两个十进制计数器构成三十二进制计数器？

扫描二维码
查看参考答案

环形计数器如图 3—53 所示，初态为 $Q_4Q_3Q_2Q_1Q_0=10000$ 状态，其工作原理如下：

由 D 触发器的功能可知，每当一个时钟脉冲 CP 的上升沿到来时，各位触发器的状态依次右移一位，即

$$10000\rightarrow01000\rightarrow00100\rightarrow00010\rightarrow00001\rightarrow10000$$

当第五个时钟脉冲 C 的上升沿到来时，恢复为“10000”，循环一次。

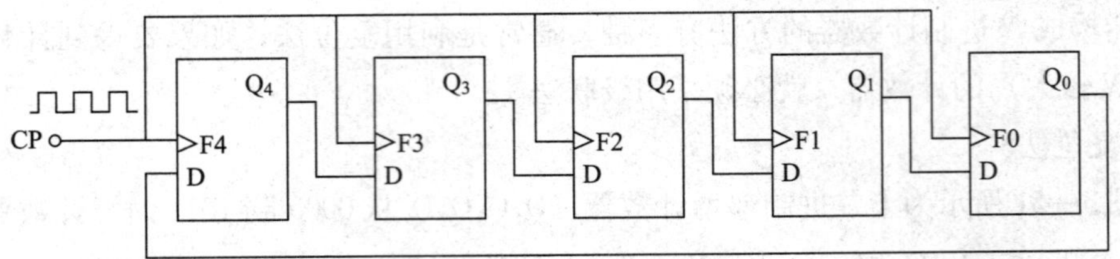

图 3—53　环形计数器

表 3—15 和图 3—54 所示分别为环形计数器的状态表和波形图。

表 3—15　环形计数器的状态表

CP	Q_4	Q_3	Q_2	Q_1	Q_0	CP	Q_4	Q_3	Q_2	Q_1	Q_0
0	1	0	0	0	0	3	0	0	0	1	0
1	0	1	0	0	0	4	0	0	0	0	1
2	0	0	1	0	0	5	1	0	0	0	0

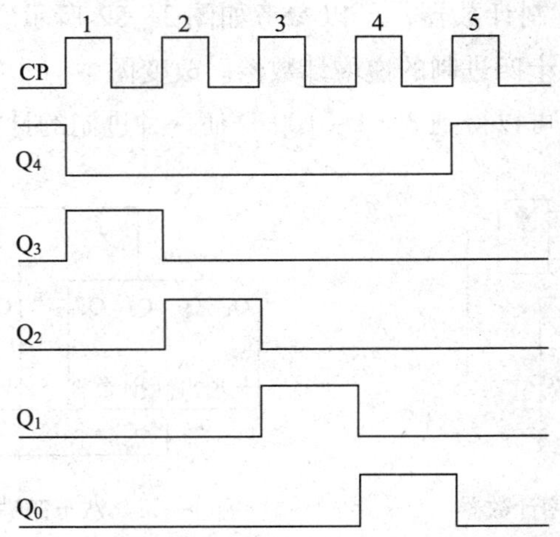

图 3—54　环形计数器波形图

一、软件仿真

1. 原理图的绘制

进入 Proteus ISIS，根据如图 3—55 所示的控制原理图从元器件库中选择对象 74LS139、74LS390、74LS49、74LS74、74LS153、电阻等，并置入对象选择器窗口，再放置到图形编辑器窗口，在图形编辑窗口中画好原理图。

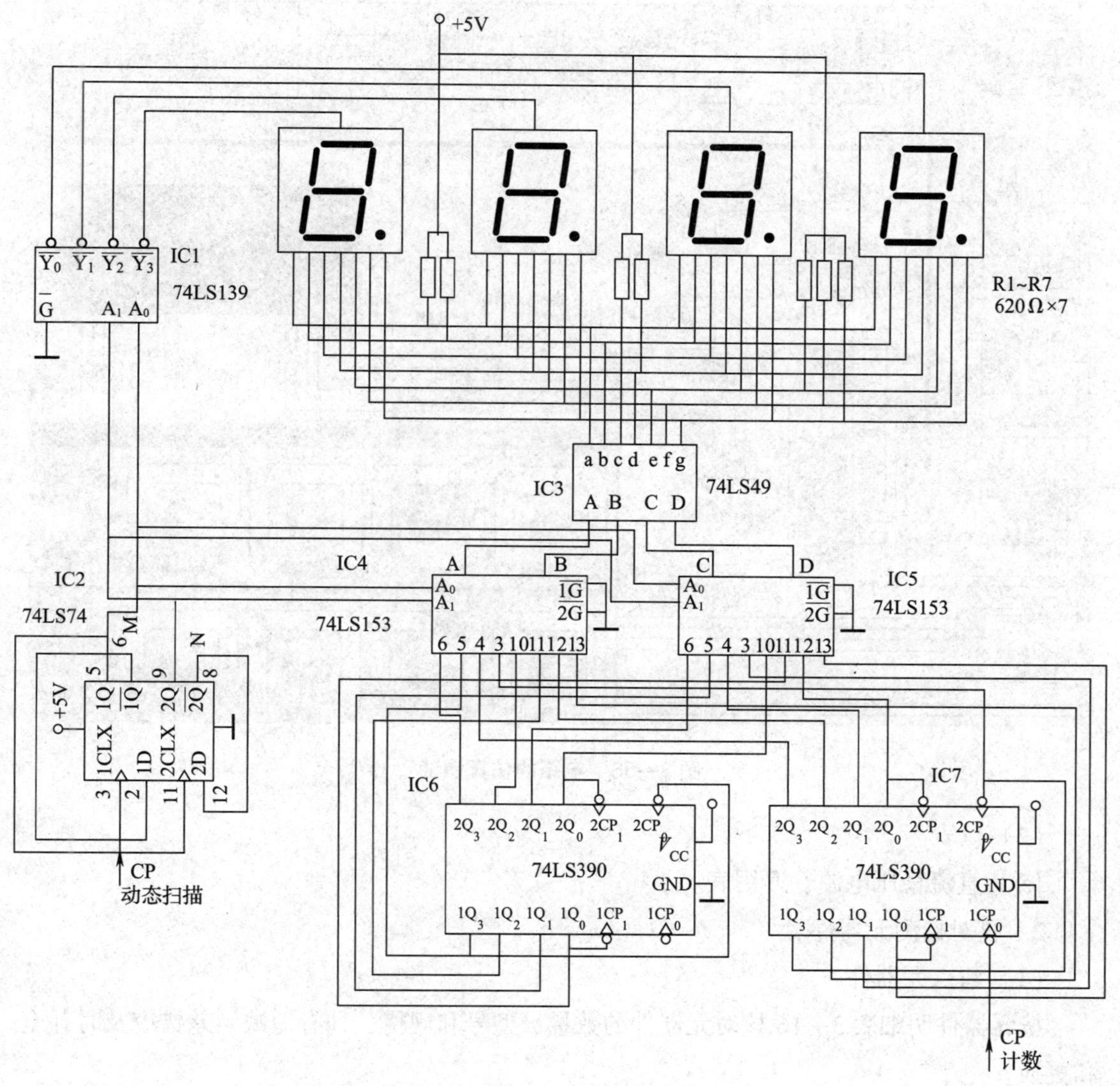

图 3—55 控制原理图

2. 仿真调试

点击虚拟仪表按钮，在对象选择器找到“SIGNAL GENERATOR（脉冲信号发生器）”，添加到原理图编辑区，按照如图 3—56 所示布置并连接好。按下仿真按钮，改变脉冲频率的状态，观察记录 LED 二极管的状态和各个电压表的测量值。

二、实际操作

1. 准备工具、仪表器材

（1）工具

钳子、电烙铁、镊子等常用电子组装工具一套。

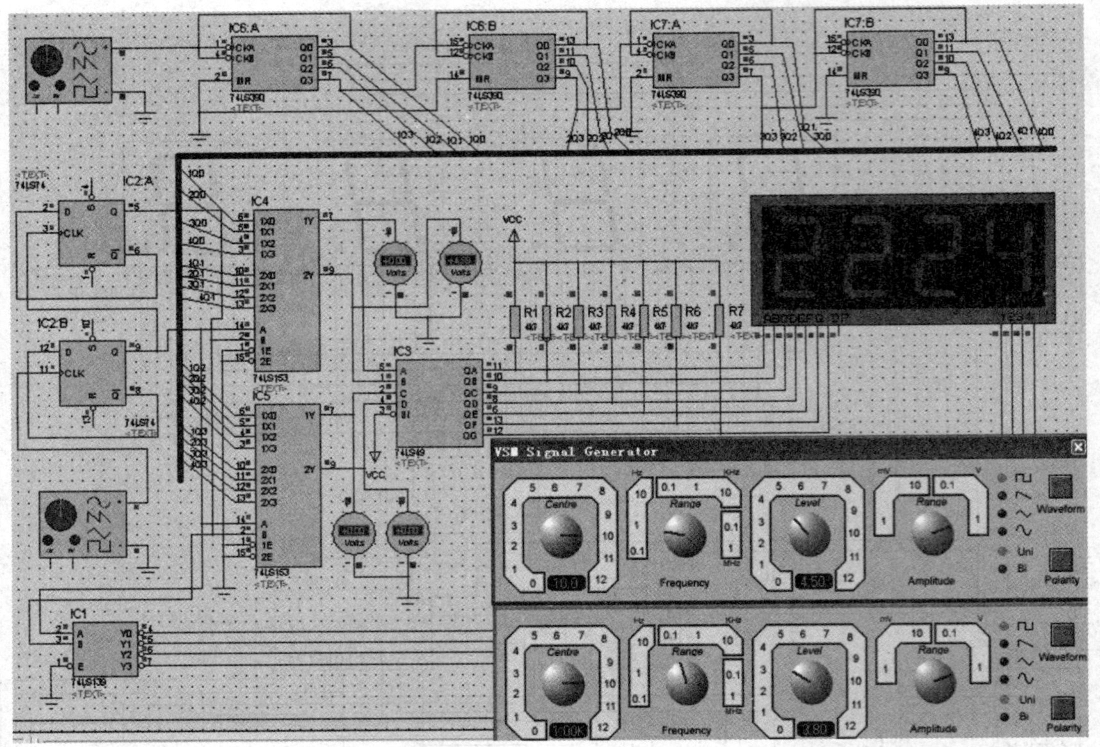

图 3—56　电路的仿真调试

（2）仪表

15 V 直流稳压电源、万用表。

2．核对检测元器件

（1）清点元器件

按元器件明细表 3—16 核对元器件的数量、型号和规格，如有短缺、差错应及时补全和更换。

表 3—16　　元器件明细表

代号	名称	型号	数量
R1 ~ R4	电阻器	2. 7 kΩ	4
R5 ~ R11	电阻器	620 Ω	7
V1 ~ V4	三极管	9012	4
DS1、DS2	数码管	SM4205	2
IC1	多路分配器	74LS139	1
IC2	双上升沿 D 触发器	74LS74	1

续表

代号	名称	型号	数量
IC3	七段译码器	74LS49	1
IC4、IC5	双 4—1 数据选择器	74LS153	2
IC6、IC7	二—五—十进制计数器	74LS390	2
	集成电路插座	24 脚	2
		16 脚	6
		14 脚	2
	试验板	14 × 14（焊点数）	1

（2）检测元器件

用万用表的电阻挡对元器件进行检测，剔除并更换不符合质量要求的元器件。

（3）识别集成电路

双二—五十进制计数器 74LS390 集成电路外形如图 3—57 所示，引脚排列如图 3—58 所示。

图 3—57　74LS390 外形图

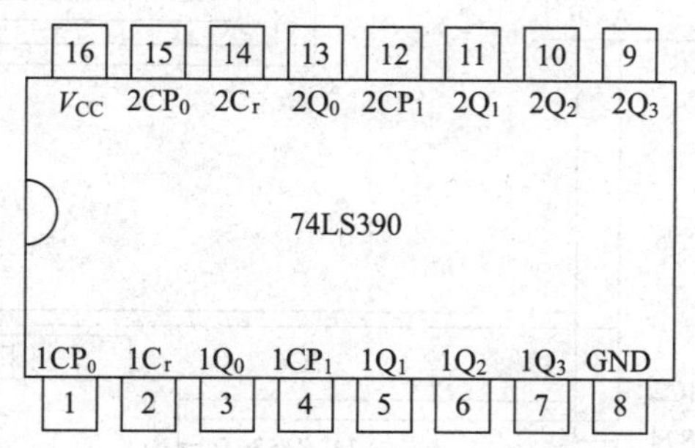

图 3—58　74LS390 引脚排列图

74LS390 各引脚说明：

V_{CC}——电源

GND——地

$1CP_0$——第一个一位二进制计数器的脉冲输入端

$1Q_0$——第一个一位二进制计数器的输出端

$1CP_1$——第一个五进制计数器的脉冲输入端

$1Q_3$、$1Q_2$、$1Q_1$——第一个五进制计数器的输出端

$1C_r$——第一个二—五十进制计数器的复位端

$2CP_0$——第二个一位二进制计数器的脉冲输入端

$2Q_0$——第二个一位二进制计数器的输出端

$2CP_1$——第二个五进制计数器的脉冲输入端

$2Q_3$、$2Q_2$、$2Q_1$——第二个五进制计数器的输出端

2Cr——第二个二—五十进制计数器的复位端

3．装配电路

（1）测试电路图

0～9999 计数显示电路的测试电路如图 3—59 所示。

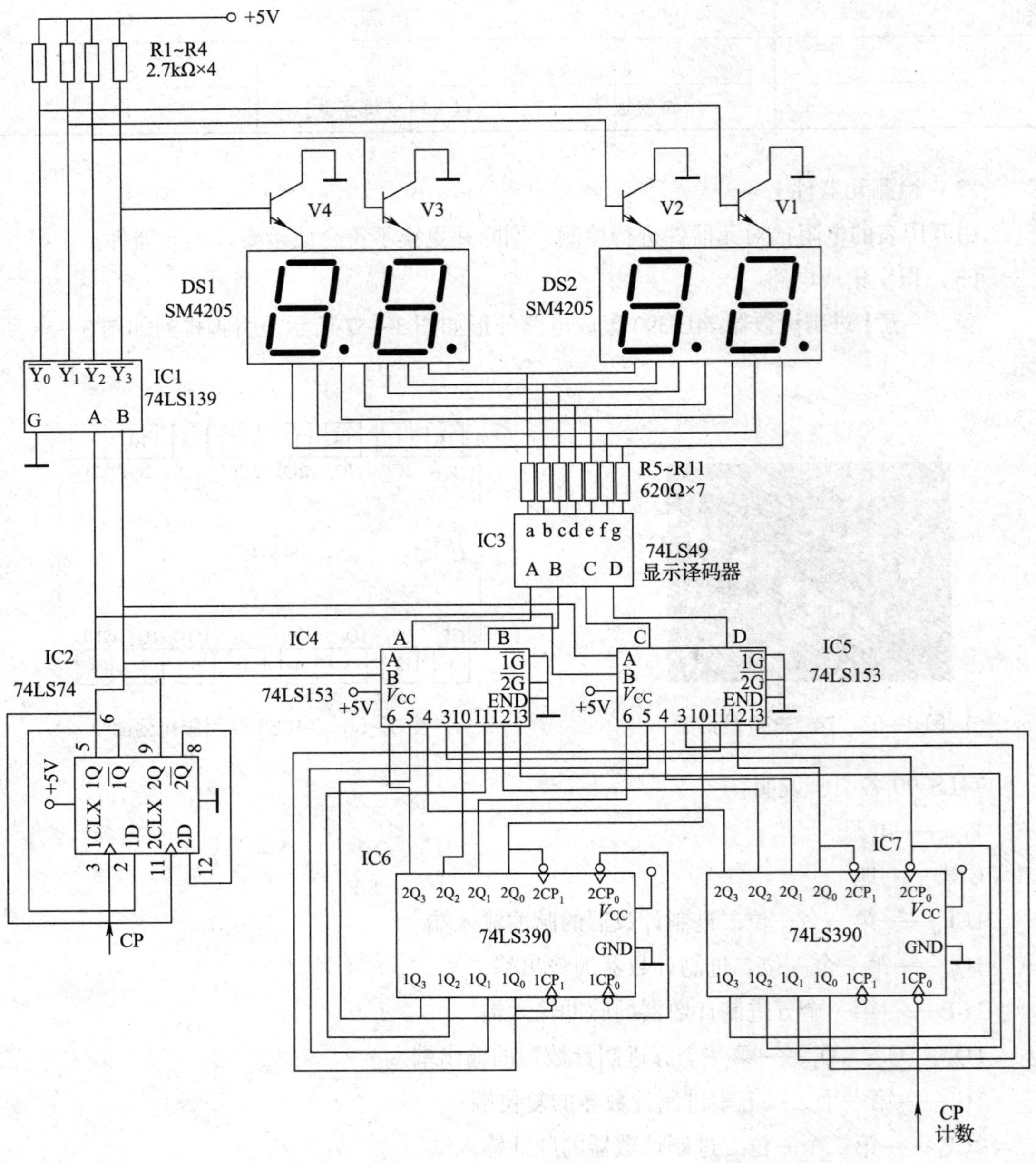

图 3—59 0～9999 计数显示测试电路

（2）电路装配

安装好的电路板如图 3—60 所示。

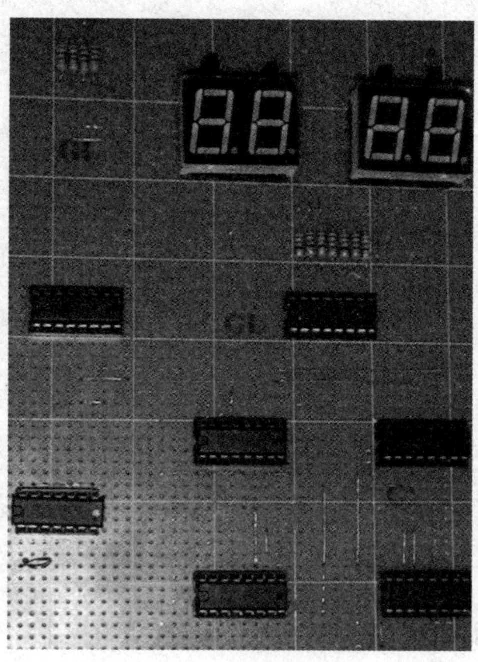

图 3—60　0 ~9999 计数显示电路板

4．测试电路

（1）电路安装完毕后，对照电路图和装配图进行检查，仔细检查电路中各元器件是否安装正确，导线、焊点是否符合要求，检查有极性器件是否安装连接正确。

（2）通电前用万用表 R ×1 挡测电源与地之间的电阻。若发现短路，应先排除短路点。

（3）检测无误后，按集成电路标记口的方向插上集成电路，方可通电测试。

（4）测试内容

由脉冲信号发生器提供触发信号，观察两个双位数码管的变化情况并记录，同时使用万用表测量计数器输出端的变化情况并记录。

任务评价

任务评价表

评价项目	评价标准	配分（分）	自我评价	小组评价	教师评价
职业素养	安全意识、责任意识、服从意识强	5			
	积极参加教学活动，按时完成各项学习任务	5			

续表

评价项目	评价标准	配分（分）	自我评价	小组评价	教师评价
职业素养	团队合作意识强，善于与人交流和沟通	5			
	自觉遵守劳动纪律，尊敬师长，团结同学	5			
	爱护公物，节约材料，工作环境整洁	5			
专业能力	能正确完成电路仿真，仿真结果符合要求	15			
	装配图绘制合理	10			
	元器件布局合理	10			
	装配电路质量符合要求	20			
	电路测试效果符合要求	20			
合计		100			
总评	自我评价×20% + 小组评价×20% + 教师评价×60% =	综合等级	教师（签名）：		

注：学习任务考核采用自我评价、小组评价和教师评价三种方式，考核分为 A（100~90）、B（89~80）、C（79~70）、D（69~60）、E（59~0）五个等级。

思考与练习

1. 什么是计数器？计数器有哪些类型？
2. 三位二进制计数器若初态为“000”，需经过多少个计数脉冲后回到“000”？
3. 十进制递减计数器若初态为“0000”，经过 5 个计数脉冲后计数器应为什么状态？

课题四　A/D 与 D/A 转换器的应用

学习目标

1. 理解 A/D 转换器和 D/A 转换器的原理。
2. 熟悉一般转换电路的分析方法。
3. 能完成数字电压表电路的仿真、安装、测试。

任务描述

在电路中实时测量电压值，通常会使用到电压表。常用的电压表有模拟电压表和数字电压表两种。数字电压表直接显示测试的数字结果，更为直观，如图 4—1 所示。数字电压表对模拟电压数据进行采样，然后通过 A/D 转换器转换成电平信号输出，再通过译码显示器输出显示电压值，示意框图如图 4—2 所示。

图 4—1　数字电压表

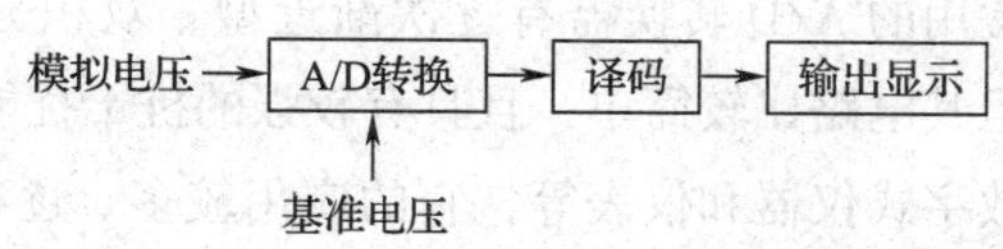

图 4—2　数字电压表示意框图

本任务的主要内容就是在熟悉 A/D 转换器和 D/A 转换器功能的基础上，利用模数转换的原理对数字电压表进行设计、仿真、安装与测试。

相关知识

职业能力培养

随着电子技术的迅速发展，“数字产品”越来越多地出现在了人们的生活中，“模拟转数字”的概念也成了人们经常接触的科技词汇。如最早的“大哥大”手机采用的是模拟制式，而当前使用的 2G、3G 及 4G 手机，则都已变为数字制式；二十年前的电视大多为模拟信号，而现在数字电视已广为普及；做实验时使用的仪器仪表，也都在以往模拟式的基础上发展出了数字式仪表；就连日常生活中使用的体温计、买菜用的弹簧秤，现在都已推出了数字显示的产品。选取一种或几种典型的产品或技术，查阅图书资料或通过互联网检索，简要了解其从“模拟”到“数字”的发展历程，体会数字信号的特点和优势。

通过上面的学习可以了解，模拟信号与数字信号间的相互转换越来越显得普及和重要，从模拟信号到数字信号的转换称模/数转换（又称 A/D 转换），完成 A/D 转换的电路称为 A/D 转换器（简称 ADC）；从数字信号到模拟信号的转换称数/模转换（又称 D/A），完成 D/A 转换的电路称 D/A 转换器（简称 DAC）。例如全自动照相机自动调节光圈的控制，首先将有关光的物理量经光敏传感器变成电压、电流等电模拟量，再经模/数转换变成数字信号，送计算机进行处理，处理后的结果又经数/模转换变成电压、电流等电模拟量，由执行元器件进行调节，从而完成自动调节光圈的控制。其控制过程原理方框图如图 4—3 所示。

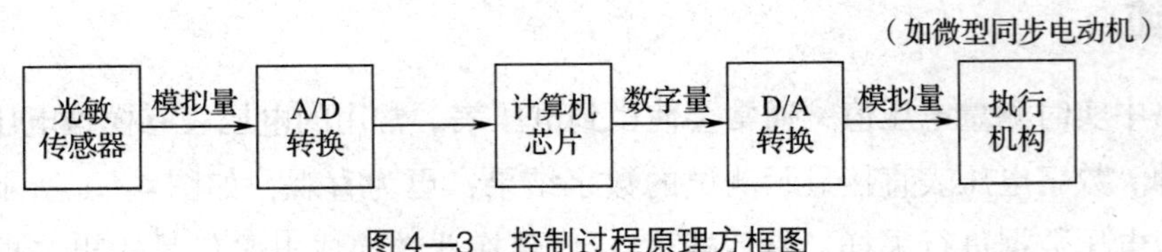

图 4—3　控制过程原理方框图

一、A/D 转换器

常用的 A/D 转换器有逐次渐近型、双积分型等，双积分型 A/D 转换器工作速度较低，但其电路比较简单，且具有较强的抗干扰能力，因而在转换速度要求不高的场合，如普通数字式仪器和仪表等，它的应用较多。逐次渐近型 A/D 转换器因其转换精度高、转换速度快的优点，获得了较为广泛的应用。

1. 转换过程

A/D 转换过程一般需经过采样和保持、量化和编码两大步骤，将模拟量转换成相应的数字量。

（1）采样和保持

由于 A/D 转换需要一定的时间，要将时间上连续变化的模拟量变成时间上离散的数字量，先要对模拟量进行周期性地采样和保持，即每隔一定的时间间隔对模拟信号采样一次，并保持该值直到下一个采样时刻，如图 4—4 所示。

在场效应管 V 的栅极上加上频率为 f_s 的采样脉冲 S，当 S 为高电平时，场效应管导通，模拟信号 V_i 通过场效应管对电容 C 充电，将 V_i 的采样值储存在电容 C 上；当 S 为低电平时，场效应管截止，由于运放输入阻抗很大，V_C 就保持采样结束

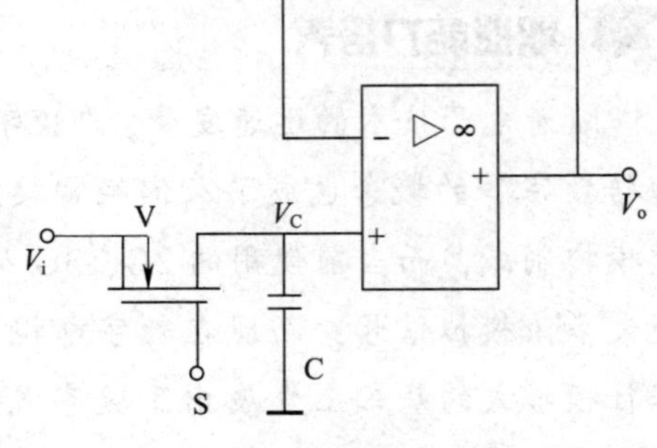

图 4—4　采样—保持原理图

前的值，直到下一个采样脉冲的到来，即 $V_o = V_C$。

根据采样原理采样频率 $f_S \geqslant 2f_{imax}$（f_{imax} 输入 V_i 的最高频率）时，采样信号 V_o 才能表达模拟信号 V_i，为保证信号不失真，通常取 $f_S = (5 \sim 10)\ f_{imax}$。

（2）量化和编码

经过采样—保持后的模拟电压是一个个离散的电压值。对这么多离散电压直接进行数字化（即用有限个 0 和 1 表示）是不可能的，为此需对这些离散电压先进行量化，就是将离散电压幅度值化为某个最小单位电压（称为量化单位 Δ）的整数倍，即进行取整。量化的方法有只舍不入法和有舍有入法两种。

编码就是将量化的数值用二进制代码表示。

1）只舍不入法

例如把 0 ~ 1 V 模拟电压用三位二进制数码来表示，取量化单位 $\Delta = 1/8$ V，三位 A/D 转换器模/数转换关系对应如下：

输入模拟电压	量化值	二进制输出
$0 \leqslant V_o < 1/8$V	0(0Δ)	000
$1/8$ V $\leqslant V_o < 2/8$ V	1/8 V(1Δ)	001
$2/8$ V $\leqslant V_o < 3/8$ V	2/8 V(2Δ)	010
$3/8$ V $\leqslant V_o < 4/8$ V	3/8 V(3Δ)	011
$4/8$ V $\leqslant V_o < 5/8$ V	4/8 V(4Δ)	100
$5/8$ V $\leqslant V_o < 6/8$ V	5/8 V(5Δ)	101
$6/8$ V $\leqslant V_o < 7/8$ V	6/8 V(6Δ)	110
$7/8$ V $\leqslant V_o < 1$ V	7/8 V(7Δ)	111

模拟信号采样值不一定恰好等于某个量化值，总会有偏差，这种偏差称为量化误差。上述量化方法中的最大量化误差为 $\Delta = 1/8$ V。

2）有舍有入法

同样把 0 ~ 1 V 模拟电压用三位二进制数码来表示，取量化单位 $\Delta = 2/15$ V，则三位 A/D 转换器模/数转换关系对应如下：

输入模拟电压	量化值	二进制输出
$0 \leqslant V_o < 1/15$ V	0(0Δ)	000
$1/15$ V $\leqslant V_o < 3/15$ V	2/15 V(1Δ)	001
$3/15$ V $\leqslant V_o < 5/15$ V	4/15 V(2Δ)	010
$5/15$ V $\leqslant V_o < 7/15$ V	6/15 V(3Δ)	011
$7/15$ V $\leqslant V_o < 9/15$ V	8/15 V(4Δ)	100
$9/15$ V $\leqslant V_o < 11/15$ V	10/15 V(5Δ)	101

$11/15\text{ V} \leqslant V_o < 13/15\text{ V}$　　12/15 V(6Δ)　　110

$13/15\text{ V} \leqslant V_o < 1\text{ V}$　　14/15 V(7Δ)　　111

?想一想

有舍有入法的最大量化误差为多少？与只舍不入法相比，哪个量化误差更小？

扫描二维码
查看参考答案

2. 逐次渐近型 A/D 转换器

下面以三位逐次渐近型 A/D 转换器为例来分析 A/D 转换器的工作原理。三位逐次渐近型 A/D 转换器如图 4—5 所示。

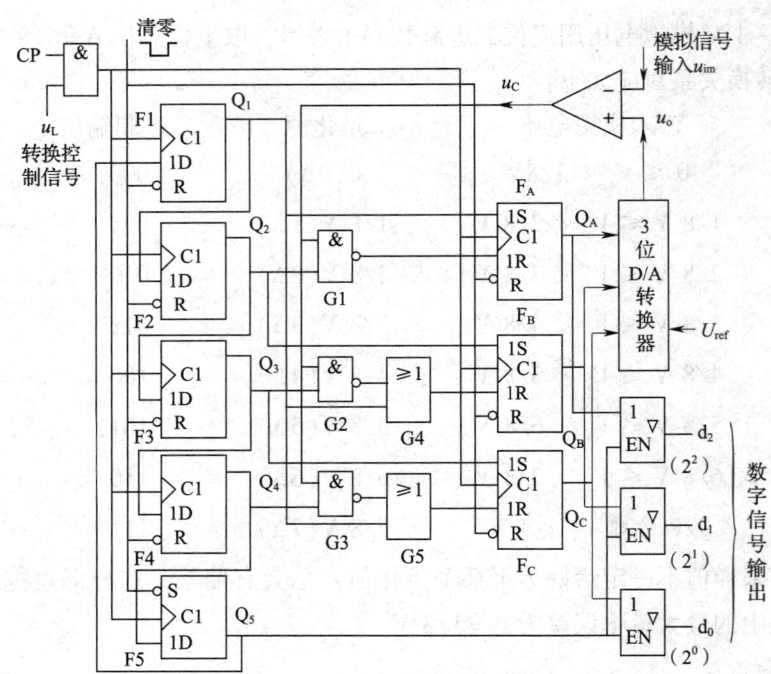

图 4—5　逐次渐进型 A/D 转换器

（1）电路组成

三位逐次渐近型 A/D 转换器主要由寄存器、D/A 转换器、电压比较器、顺序脉冲发生器和控制逻辑门组成。其中，寄存器由 F_A、F_B、F_C 三个同步 RS 触发器组成。顺序脉冲发生器是由 F_1—F_5 构成的环形计数器。

（2）工作原理

设参考电压 $U_{ref}=5\text{ V}$，待转换的电压 $u_{im}=3.8\text{ V}$，转换开始前，先将寄存器 F_A、F_B、F_C 清零，即 $Q_A=Q_B=Q_C=0$，并将环形计数器置成 $Q_1Q_2Q_3Q_4Q_5=00001$，当 u_L 为“1”时，转换开始。

1）当第一个 CP 脉冲的上升沿到来时，环形计数器 $Q_1Q_2Q_3Q_4Q_5=10000$

$$\left.\begin{array}{r}\text{RS 触发器的 CP}=1\\ Q_1=S_A=1\\ Q_2=S_B=0\\ Q_3=S_C=0\end{array}\right\}\rightarrow\left\{\begin{array}{l}Q_A=1\\ Q_B=0\\ Q_C=0\end{array}\right.$$

$$Q_AQ_BQ_C=100\xrightarrow[\text{转换}]{\text{D/A}}u_o=-\frac{U_{ref}}{2^3}\times 2^2=5\times 2^{-1}=2.5\ (\text{V})$$

$u_o<u_{im}$，故 u_C 为低电平“0”。

2）当第二个 CP 脉冲到来后，$Q_1Q_2Q_3Q_4Q_5=01000$

$$\left.\begin{array}{r}\text{RS 的 CP}=1\\ Q_1=S_A=0\\ Q_2=S_B=1\\ Q_3=S_C=0\end{array}\right\}\rightarrow\left\{\begin{array}{l}Q_A=1\ (\text{维持原态})\\ Q_B=1\\ Q_C=0\ (\text{维持原态})\end{array}\right.$$

$$Q_AQ_BQ_C=110\xrightarrow[\text{转换}]{\text{D/A}}u_o=(5\times 2^{-1}+5\times 2^{-2})\ =3.75\ (\text{V})$$

$u_o<u_{im}$，故 u_C 为“0”。

3）当第三个 CP 脉冲到来后，$Q_1Q_2Q_3Q_4Q_5=00100$

$$\left.\begin{array}{r}\text{RS 的 CP}=1\\ Q_1=S_A=0\\ Q_2=S_B=0\\ Q_3=S_C=1\end{array}\right\}\rightarrow\left\{\begin{array}{l}Q_A=1\ (\text{维持原态})\\ Q_B=1\ (\text{维持原态})\\ Q_C=0\end{array}\right.$$

$$Q_AQ_BQ_C=111\xrightarrow[\text{转换}]{\text{D/A}}u_o=(5\times 2^{-1}+5\times 2^{-2}\quad +5\times 2^{-3})\ =4.375\ (\text{V})$$

$u_o>u_{im}$，故 u_o 为“1”。

4）当第四个 CP 脉冲到来后，$Q_1Q_2Q_3Q_4Q_5=00010$

$$\left.\begin{array}{ll}Q_1=S_A=0 & R_A=0\\ Q_2=S_B=0 & R_B=0\\ Q_3=S_C=0 & R_C=1\end{array}\right\}\rightarrow\left\{\begin{array}{l}Q_A=1\ (\text{维持原态})\\ Q_B=1\ (\text{维持原态})\\ Q_C=0\end{array}\right.$$

5）第五个 CP 脉冲到来后，$Q_1Q_2Q_3Q_4Q_5=00001\rightarrow Q_5=1$，打开三态门，输出 A/D 转换的结果：

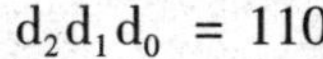

$$d_2d_1d_0\ =\ 110$$

想一想

三位逐次渐次型 A/D 转换器完成一次转换需要经过多少个 CP 周期的时间？查看参考答案

扫描二维码

二、D/A 转换器

D/A 转换器通常由译码网络、模拟开关、求和运算放大器、基准电压源等部分组成，根据译码网络不同，可分为权电阻网络型、T 形电阻网络型、倒 T 形电阻网络型、权电流型等类型，其中倒 T 型电阻网络 D/A 转换器是目前转换速度高且使用很多的一种。

下面以四位例 T 型电阻网络 D/A 转换器为例。

1．电路组成

四位例 T 型电阻网络 D/A 转换器由输入寄存器、电子开关、基准电压、R－2R 倒 T 型电阻译码网络和求和运算放大器构成，如图 4—6 所示。

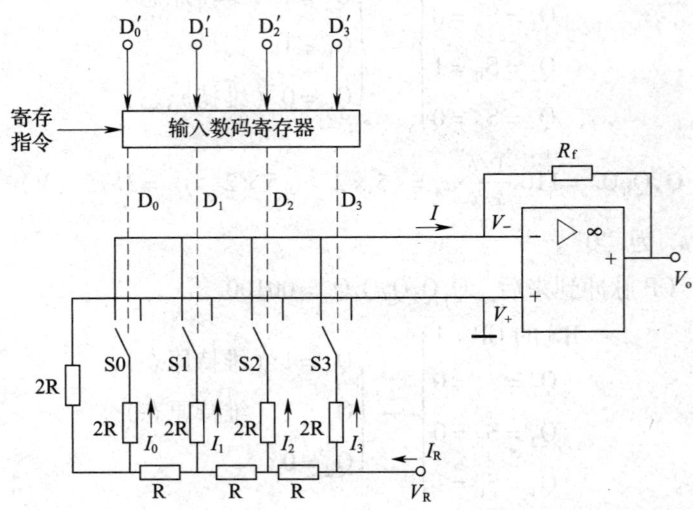

图 4—6　四位例 T 型电阻网络 D/A 转换器

2．工作原理

在寄存指令的作用下，输入的四位二进制数码 $D_3'D_2'D_1'D_0'$ 锁存于寄存器中，寄存器的输出 $D_3D_2D_1D_0$ 等于 $D_3'D_2'D_1'D_0'$，它们分别控制对应的电子开关 S3、S2、S1、S0。

当输入数码的某一位 $D_i=1$ 时，对应 Si 将该位电阻接运放反相输入端；当 $D_i=0$ 时，对应电子开关 Si 将该位 2R 接运放同相输入端。

由集成运放“虚短”特性，有 $V_-=V_+=0$，可见，无论输入什么数码，每条支路不是接地就是接虚地。因此从基准电压 V_R 看进去的电阻总是为 R，总电流 I_R 为一个恒定值 V_R/R。

由电路原理可知，每条支路的电流分别为：

$$I_3=\frac{I_R}{2^1}=\frac{V_R}{2^1R}$$

$$I_2 = \frac{I_R}{2^2} = \frac{V_R}{2^2 R}$$

$$I_1 = \frac{I_R}{2^3} = \frac{V_R}{2^3 R}$$

$$I_0 = \frac{I_R}{2^4} = \frac{V_R}{2^4 R}$$

若输入数码 $D_3D_2D_1D_0 = 0101$，则开关 S_3、S_1 接地；S_2、S_0 接虚地，流入运放虚地的总电流为：

$$I = I_2 + I_0 = \frac{V_R}{R}\left(\frac{1}{2^2} + \frac{1}{2^4}\right)$$

故对于一般情况，流入虚地的总电流为：

$$I = I_3 + I_2 + I_1 + I_0 = \frac{V_R}{2^4 R}(D_3 2^3 + D_2 2^2 + D_1 2^1 + D_0 2^0)$$

输出模拟电压为：

$$I_0 = -I_f = -\frac{V_R R_f}{2^4 R}(D_3 2^3 + D_2 2^2 + D_1 2^1 + D_0 2^0)$$

推广可得：$I_0 = -\frac{V_R R_f}{2^n R}(D_{n-1}2^{n-1} + D_{n-2}2^{n-2} + \cdots + D_1 2^1 + D_0 2^0)$

可见，输出电压与输入的数字量成正比，从而实现了 D/A 转换。

根据 D/A 转换器的位数、速度不同，集成电路可以有多种型号。如常用的 DAC0832 普通型 D/A 转换器是 8 位 D/A 转换器，其结构框图和管脚排列图如图 4—7 所示。

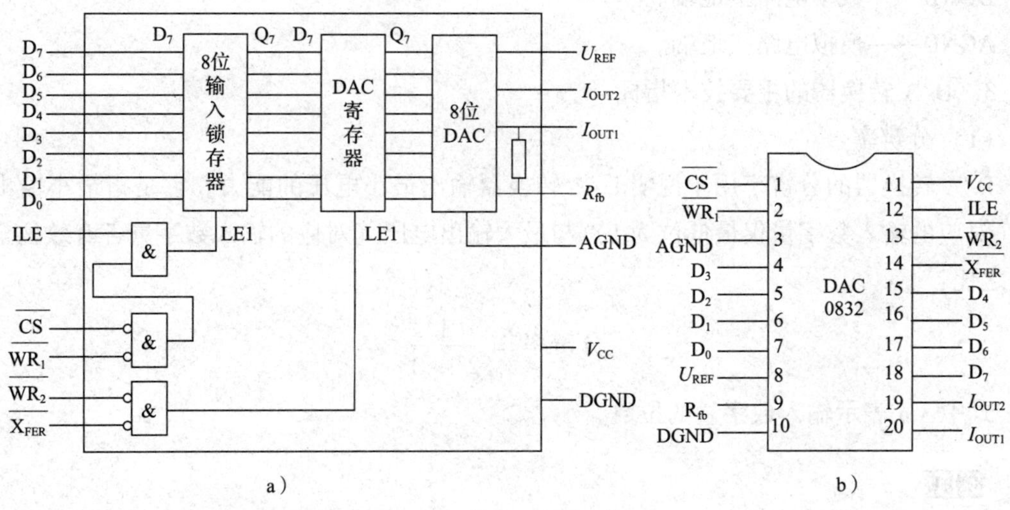

图 4—7　集成 DAC0832

a）结构框图　b）管脚排列图

DAC0832 芯片上各管脚的名称和功能说明如下。

$\overline{CS}$——片选信号，输入低电平有效。

ILE——输入锁存允许信号，输入高电平有效。

$\overline{WR_1}$——输入数据选通信号，输入低电平有效。当$\overline{WR_1}$为低电平时，将输入数据传送到输入锁存器；当$\overline{WR_1}$为高电平时，输入锁存器中的数据被锁存；当 ILE 为高电平，同时$\overline{CS}$和$\overline{WR_1}$均为低电平时，方能将锁存器中的数据更新。

$\overline{X_{FER}}$——数据传送控制信号，输入低电平有效。

$\overline{WR_2}$——数据传送选通信号，输入低电平有效。$\overline{WR_2}$与$\overline{X_{FER}}$配合，可使锁存器中的数据传送到 DAC 寄存器中进行转换。

$D_0 \sim D_0$——八位输入数据信号。

I_{OUT1}——DAC 输出电流 1。此输出信号一般作为运算放大器的一个差分输入信号（一般接反相端）。

I_{OUT2}——DAC 输出电流 2。它为运算放大器的另一个差分输入信号（一般接地）。

R_{fb}——反馈电阻，为外部运算放大器提供一个反馈电压。DAC0832 中采用的是倒 T 型 R—2R 电阻网络，无运算放大器，是电流输出，使用时需外接运算放大器。芯片中已经设置了 R_{fb}，只要将 9 号管脚接到运算放大器输出端即可。但若运算放大器增益不够，还需外接反馈电阻。

U_{REF}——参考电压输入，要求外接一精密电源。一般 U_{REF} 可在 -10 V 到 +10 V 范围内选取。

V_{CC}——数字部分的电源输入端。V_{CC} 可在 +5 V 到 +15 V 范围内选取。

DGND——数字电路接地端。

AGND——模拟电路接地端。

3. D/A 转换器的主要技术指标

（1）分辨率

D/A 转换器的分辨率用于说明 D/A 转换器输出最小电压的能力。它是指最小输出电压（对应的输入数字量仅最低位为 1）与最大输出电压（对应的输入数字量各有效位全为 1）之比：

$$\text{分辨率} = \frac{1}{2^n - 1}$$

式中，n 表示输入数字量的位数。

例题

在图 4—7 的倒 T 型电阻网络 D/A 转换器中，$V_R = 12$ V，$R_f = R_0$，试分别计算 4 位和 8 位 D/A 转换器输出的最大电压（输入数字量的所有位都为 1）和最小电压（输入数字量的最低位为 1，其余各位都为 0），并比较它们的分辨率哪个高。

当 $D_{n-1}D_{n-2}\cdots D_1D_0=11\cdots11$ 时，

$$V_{omax}=-V_RR_f(2^n-1)/(2^nR)$$

当 $D_{n-1}D_{n-2}\cdots D_1D_0=00\cdots01$ 时，

$$V_{omin}=-V_RR_f/(2^nR)$$

故：V_{omax}（4 位）$=-V_RR_f(2^4-1)/(2^4R)=-11.25$ V

V_{omin}（4 位）$=-V_RR_f/(2^4R)=-0.75$ V

V_{omax}（8 位）$=-V_RR_f/(2^8-1)/(2^8R)\approx-11.95$ V

V_{omin}（8 位）$=-V_RR_f/(2^8R)\approx-0.047$ V

可见，位数越多，分辨率越高，分辨最小输出电压的能力也越强。

（2）转换精度

转换精度是指 D/A 转换器实际输出模拟电压值与理论输出模拟电压值之差。显然，这个差值越小，电路的转换精度越高。

（3）建立时间（转换速度）

建立时间是指 D/A 转换器从输入数字信号开始到输出模拟电压或电流达到稳定值时所用的时间。

任务实施

一、软件仿真

1. 数字电压表原理图的绘制

进入 Proteus ISIS，从元器件库中选择对象 A/D 转换器、数码显示器、电阻等，并置入对象选择器窗口，再放置到图形编辑器窗口，在图形编辑窗口中画好数字电压表原理图，如图 4—8 所示。其中数字电压表中所用 A/D 转换芯片采用 TC7107A 3—1/2 位直接显示驱动模数转换器。注意正负号指示分别由红、绿发光二极管表示。

TC7106A 和 TC7107A 3—1/2 位直接显示驱动模数转换器允许升级基于 TC7106/TC7107 的现有系统，TC7107A 使用每段 8 mA 的电流直接驱动共阳极发光二极管（Light Emitting Diode，LED）显示屏。低成本、高分辨率的指示电表只需要 1 个显示屏、4 个电阻和 4 个电容。TC7106A 的低功耗和 9 V 电池操作的特性使其非常适合于便携式应用。TC7106A/TC7107A 可降低线性误差，使其小于 1 个计数。翻转误差（等幅值与极性相反的漏电流输入信号读数之间的差值）小于 ±1 个计数。高阻抗差分输入可提供 1 pA 的漏电流和 1 012 Ω 的输入阻抗。差分参考输入允许进行电阻比例测量或桥式传感器测量。15 μV_{P-P}的噪声性能确保读数非常稳定。自动调零周期确保了输入电压为零时显示屏读数也为零。

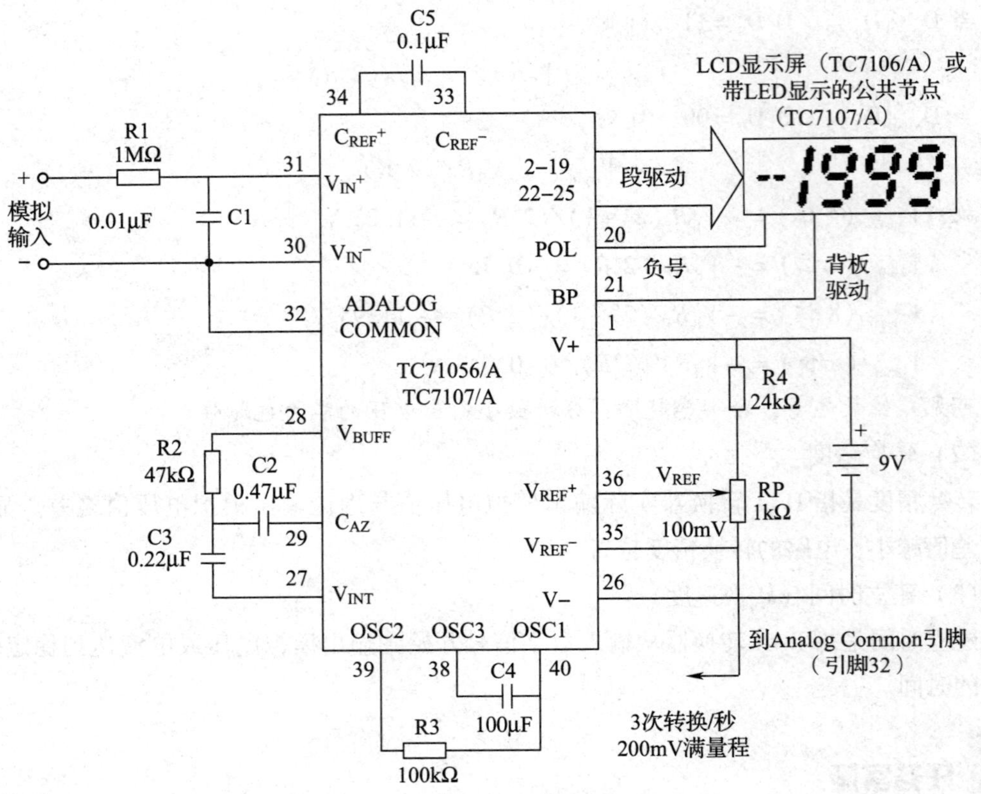

图 4—8　数字电压表控制原理图

TC7106A/TC7107A 的特性如下。

- 低温漂的内部参考电压
- TC7106/TC7107：80 ppm/℃（典型值）
- TC7106A/TC7107A：20 ppm/℃（典型值）
- 直接驱动 LCD（TC7106）或 LED（TC7107）显示屏
- 输入为零时读数为零
- 噪声低，显示稳定
- 自动调零周期免除了调零需要
- 用于精密零检测应用的真正极性指示
- 方便的 9 V 电池操作（TC7106A）
- 高阻抗 CMOS 差分输入：1012 Ω
- 差分参考输入简化比例测量
- 低功耗运行：10 mW

TC7106A/TC7107A 的主要应用场合如下。

- 温度测量
- 桥式读数：应变计、负载传感器和零值检波器
- 数字电表：测量电压、电流、电阻、功率以及 pH
- 数字秤和进程监视器
- 便携式装置

TC7107A 引脚功能表见表 4—1。

表 4—1　　TC7107A 引脚功能表

引脚号正常	引脚号反向	符号	说　明
1	(40)	V+	正供电电压
2	(39)	D1	激活个位显示的 D
3	(38)	C1	激活个位显示的 C
4	(37)	B1	激活个位显示的 B
5	(36)	A1	激活个位显示的 A
6	(35)	F1	激活个位显示的 F
7	(34)	G1	激活个位显示的 G
8	(33)	E1	激活个位显示的 E
9	(32)	D2	激活十位显示的 D
10	(31)	C2	激活十位显示的 C
11	(30)	B2	激活十位显示的 B
12	(29)	A2	激活十位显示的 A
13	(28)	2	激活十位显示的 F
14	(27)	E2	激活十位显示的 E
15	(26)	D3	激活百位显示的 D
16	(25)	B3	激活百位显示的 B
17	(24)	F3	激活百位显示的 F
18	(23)	E3	激活百位显示的 E
19	(22)	AB4	激活千位显示 1
20	(21)	POL	激活负极性显示
21	(20)	BP/GND	LCD 背板驱动输出/数字地
22	(19)	G3	激活百位显示的 G
23	(18)	A3	激活百位显示的 A
24	(17)	C3	激活百位显示的 C

续表

引脚号正常	引脚号反向	符号	说　明
25	(16)	G2	激活十位显示的 G
26	(15)	V	负供电电压
27	(14)	VINT	积分器输出。积分电容的连接点
28	(13)	VBUFF	连接积分电阻。满量程范围为 200 mV
29	(12)	CAZ	自动调零电容的容量对系统噪声会有影响。满量程为 200 mV
30	(11)	VIN −	此引脚连接模拟低电平输入信号
31	(10)	VIN +	此引脚连接模拟高电平输入信号
32	(9)	ANALOG COMMON	此引脚主要用来设置模拟共模电压，用于电池操作或那些输入信号以电源为基准的系统。它还可充当参考电压源
33	(8)	CREF −	见引脚 34
34	(7)	CREF +	大部分应用中使用 0.1 μF 的电容。如果存在大共模电压（例如 VIN − 引脚位不与模拟公共端相连）且使用了 200 mV 的量程，推荐使用 1 μF 的电容，这样会将翻转误差保持为 0.5 个计数
35	(6)	VREF −	见引脚 36
36	(5)	VREF +	需要此模拟输入引脚以生成满量程输出（1 999 个计数）。在引脚 35 和 36 之间放置 100 mV 电压，其满量程为 199.9 mV。在引脚 35 和 36 之间放置 1 V 电压，其满量程为 2 V
37	(4)	TEST	灯测试。拉高（至 V +）时，所有段将导通，显示屏读数为—1 888。也可用作外部生成小数点的负供电电压
38 39 40	(3) (2) (1)	OSC3 OSC2 OSC1	引脚 38、39 和 40 组成振荡器部分。对于 48 kHz 时钟（每部分三个读数），引脚 40 同时连接 100 kΩ 电阻和 100 pF 电容。100 kΩ 电阻的另一端连接到引脚 39，而 100 pF 电容的另一端连接到引脚 38

2. 仿真调试

点击虚拟仪表按钮，在对象选择器找到“Signal Generator（信号发生器）”，添加到原理图编辑区按照如图 4—9 所示的布置，并连接好。按下仿真按钮，通过电位器 RP 的改变，使信号发生器模拟电压的输入值为 0 时，数码管显示“000”。改变信号发生器模拟电压的输入值，观察记录 LED 发光二极管和数码管的状态。

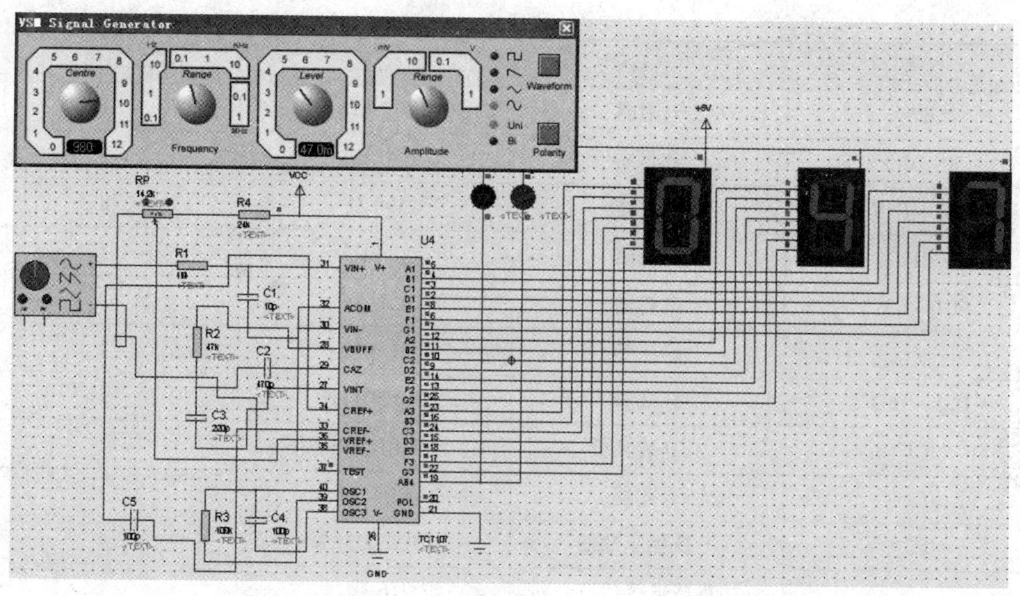

图 4—9　数字电压表电路的仿真调试

二、实际操作

1．准备工具、仪表器材

（1）工具

钳子、电烙铁、镊子等常用电子组装工具一套。

（2）仪表

15 V 直流稳压电源、万用表。

2．核对检测元器件

（1）清点元器件

按元器件明细表 4—2 核对元器件的数量、型号和规格，如有短缺、差错应及时补全和更换。

表 4—2　　　　元器件明细表

代号	名称	型号	数量
R1	电阻器	1 800 kΩ	1
R2	电阻器	200 kΩ	1
R3	电阻器	47 kΩ	1
R4、R5	电阻器	510 Ω	2
R6	电阻器	150 Ω	1

续表

代号	名称	型号	数量
R7	电阻器	4.7 kΩ	1
R8、R9	电阻器	470 kΩ	2
R10 ~ R17	电阻器	390 Ω	8
RP	电位器	1 kΩ	1
C1 ~ C3	电容器	0.1 μF	3
V	稳压管	2CW52	1
DS1 ~ DS3	数码管	TBC5011H	3
IC1	A/D 转换器	MC14433	1
IC2	译码器	CD4511	1
IC3	七反相驱动器	ULN2003AN	1
	集成电路插座	16 脚	2
		24 脚	3
	试验板	28 × 56（焊点数）	1

（2）检测元器件

用万用表的电阻挡对元器件进行检测，剔除并更换不符合质量要求的元器件。针对不同电阻，先读色环，再用不同电阻挡位测量阻值是否在允许偏差范围内。用万用表的 1 kΩ 或100 Ω 挡对三极管的极性和质量进行判别。

（3）识别集成电路

认识集成 A/D 转换器、译码器、七反相驱动器的外形及引脚排列。A/D 转换器 MC14433 外形图如图 4—10 所示。CD4511 BCD 锁存/七段译码/驱动器的外形图如图 4—11 所示，引脚排列图如图 4—12 所示。CD4511 有拒绝伪码的特点，当输入数据超过十进制数 9（1001）时，显示字形将自行消隐，也就是低电平时所有的段均自行消隐。

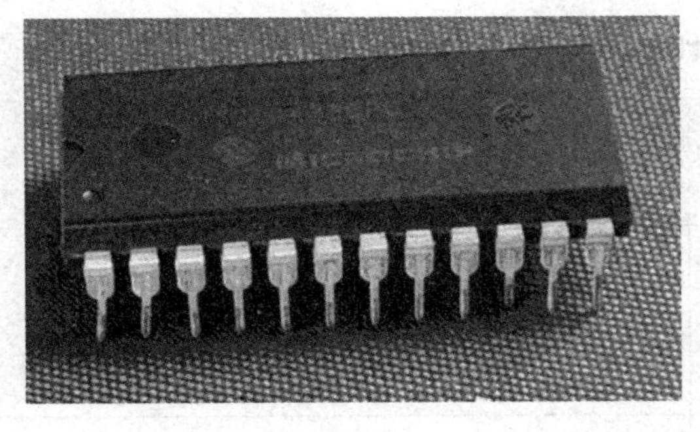

图 4—10　A/D 转换器 MC14433 外形图

图 4—11　CD4511 外形图

CD4511 各引脚说明：

• A、B、C、D——BCD 码输入，最低位，D 为最高位。

• LT——灯测试端，加高电平时，显示器正常显示，加低电平时，显示器一直显示数码“8”，各段都被点亮，以检查显示器是否有故障。

• BI——消隐功能端，加低电平时所有笔段均消隐，BI 端应加高电平显示正常。

• LE——锁定控制器端，高电平时锁定，低时传输数据。

• a、b、c、d、e、f、g——7 段输出，可驱动共阴级 LED 数码管。

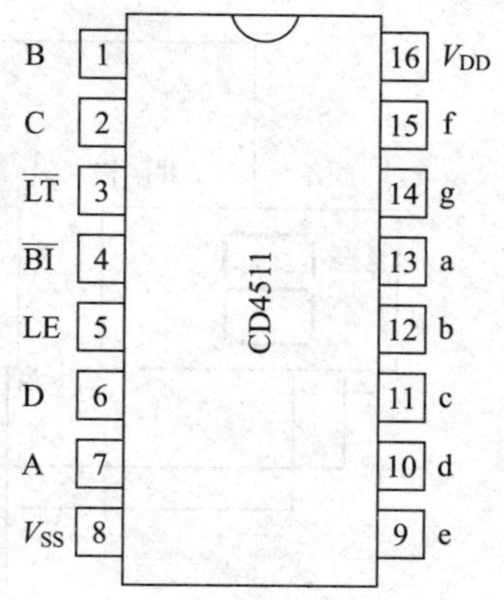

图 4—12　CD4511 引脚排列图

3. 装配电路

（1）测试电路

如图 4—13 所示为数字电压表的测试电路，主要由 MC14433 模数转换器、CD4511 BCD 锁存/七段译码/驱动器、ULN2003AN 反向驱动器、共阴极 LED 发光数码管等器件组成。

电路中采用了动态扫描逐位显示技术，V_X 信号经 MC14433 进行 A/D 转换，MC14433 把转换后的数字信号采用多路调制方式输出。由 MC14433 的位选通信号 DS1 ~ DS4 依次输出高电平去控制反向驱动器 ULN2003AN 选通相应的千位、百位、十位和个位数码管；与此同时，由 MC14433 的 Q3 ~ Q0 同步输出各位计数器的 BCD 码，在通过 CD4511 输出的译码驱动信号驱动相应的数码管显示出四位十进制数字。本电路采用三个数码管分别用来显示输入电压值的十位、个位、小数点后一位，一共只要显示三个十进制数字，所以，只需用 MC14433 上的 DS1、DS2、DS3 就能满足要求，DS4 不用，小数点直接由 +5 V 电源供电。

当 MC14433 的输入电压 V_X 大于参考电压时，$\overline{OR}$过量程标志输出低电平，使连接的 CD4511 的消隐端$\overline{BI}$为低电平，就迫使显示器消隐，不显示任何字形，而小数点依然点亮。为了控制电路成本，没有像常见电路那样采用基准电源集成电路作为参考电压源，而是采用通过两个 510 Ω、一个 150 Ω、一个 1 kΩ 电位器和稳压管 2CW52 接 +5 V 电源分压而成的，使参考电压控制在 2 V。由于 MC14433 量程电压输入端的最大输入电压不能超过 1.999 V，而被测输入电压在 1.2 ~ 20 V，所以被测输入的电压需要经过分压才能接入，量程电压输入端前必须用 1 800 kΩ 和 200 kΩ 的电阻分压，4.7 kΩ 和 47 kΩ 的电阻限流，使输入的电压大约为原来电压的十分之一，使之与 2 V 的参考电压匹配。

?想一想

对比装配电路和前面的仿真电路，二者在 A/D 转换芯片的选用上有什么不同？两种芯片各有什么特点？

扫描二维码
查看参考答案

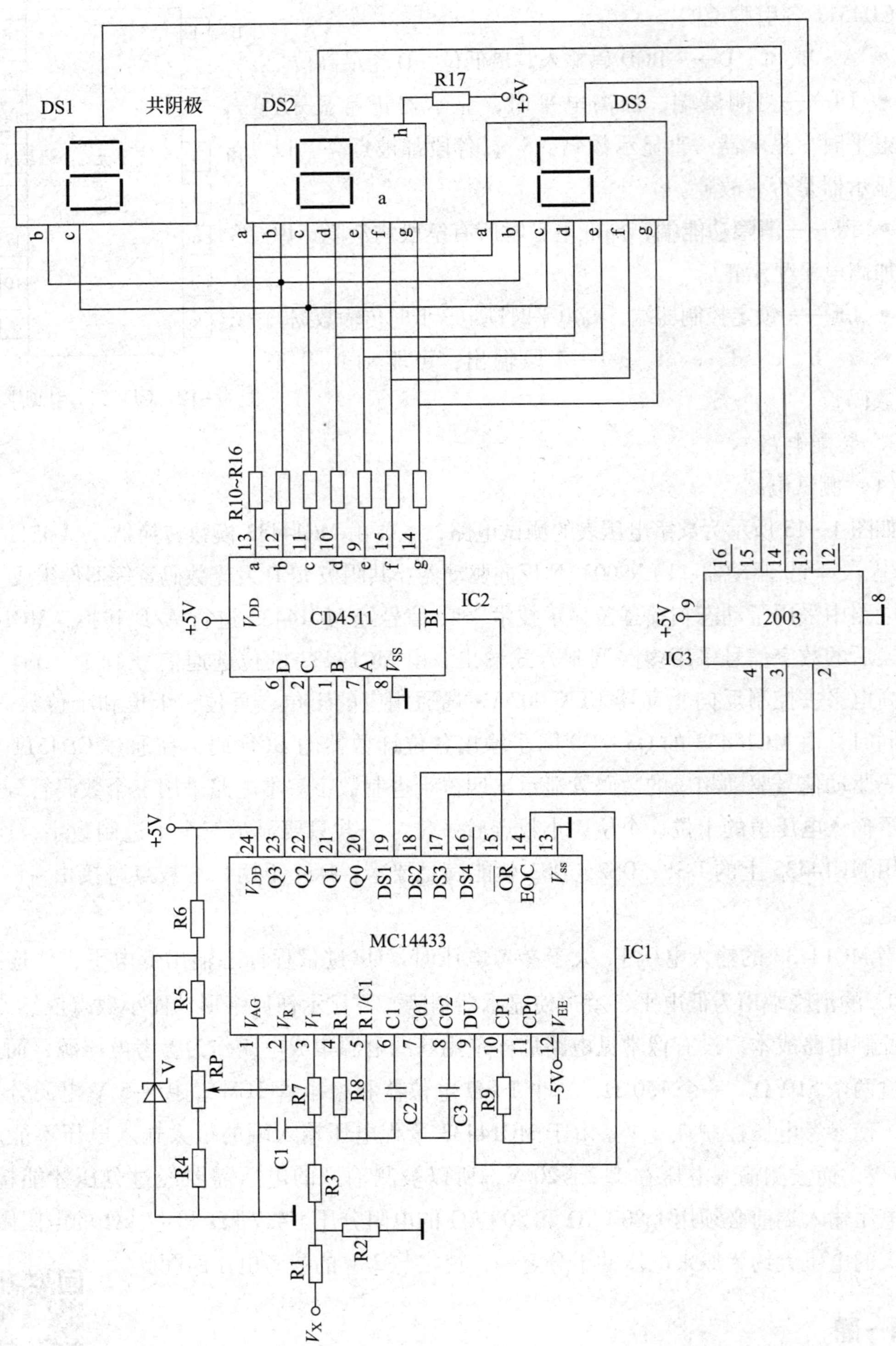

图 4—13　数字电压表的测试电路

（2）画出装配图

根据电路原理图正确进行装配图的设计，可以两面布线，以焊点一面为主，图中焊点、连接线、元器件都是安装时的实际位置，实线表示焊点一面的连接线，虚线表示元器件一面的连接线，连接线画的要平直，不能交叉。

（3）试验板的插装与焊接

用试验板安装好的电路板如图 4—14 所示。

图 4—14　数字电压表电路板

4. 测试电路

（1）电路安装完毕后，对照电路图和装配图进行检查，仔细检查电路中各元器件是否安装正确，导线、焊点是否符合要求，检查有极性器件是否安装连接正确。

（2）通电前用万用表 R ×1 挡测电源与地之间的电阻。若发现短路，应先排除短路点。

（3）检测无误后，按集成电路标记口的方向插上集成电路，方可通电测试。

（4）测试内容

1）将基准电压调至 2 V，输入模拟电压分别调至 0、2 V，观察数码管变化，并记录至表 4—3 中。

2）任意改变基准电压，调整输入模拟电压，观察数码管变化并记录至表 4—3 中。

表 4—3　测试记录表

基准电压	输入模拟电压	数码管显示输出情况
2 V	0	
	2 V	

任务评价

任务评价表

评价项目	评价内容	配分（分）	自我评价	小组评价	教师评价
职业素养	安全意识、责任意识、服从意识强	5			
	积极参加教学活动，按时完成各项学习任务	5			
	团队合作意识强，善于与人交流和沟通	5			
	自觉遵守劳动纪律，尊敬师长，团结同学	5			
	爱护公物，节约材料，工作环境整洁	5			
专业能力	能正确完成电路仿真，仿真结果符合要求	15			
	装配图绘制合理	10			
	元器件布局合理	10			
	装配电路质量符合要求	20			
	电路测试效果符合要求	20			
合计		100			
总评	自我评价×20%+小组评价×20%+教师评价×60%=	综合等级	教师（签名）：		

注：学习任务考核采用自我评价、小组评价和教师评价三种方式，考核分为 A（100~90）、B（89~80）、C（79~70）、D（69~60）、E（59~0）五个等级。

思考与练习

1. A/D 转换器的功能是什么？
2. D/A 转换器的功能是什么？
3. 数字电压表的分辨率是多少？

课题五　综合与拓展任务

任务1　综合任务——定时器

学习目标

1. 熟悉集成组合逻辑电路译码器和显示器的使用。
2. 掌握0~99 s定时控制电路的原理。
3. 能正确分析、安装、调试和测量0~99 s定时控制电路。

任务描述

在生活和生产实际中，经常要用到定时控制，如用微波炉加热食物时，先进行时间设定，启动后微波炉自动加工，时间到，它会自动停止。本任务的内容就是完成0~99 s定时器电路的分析、安装、调试和测量，0~99 s定时控制电路板如图5—1所示。

图5—1　0~99 s定时控制电路板

0~99 s定时控制电路板功能如下：

按复位按钮，数码管显示“00”，设定定时时间，按启动按钮，定时器开始计时，同时黄色发光二极管亮，当计时到设定时间，定时器停止计时，黄色发光二极管熄灭。

如图5—2所示为定时控制电路的示意框图，由设定电路设定定时时间，启动定时器，计数器开始计数，并由译码显示电路进行显示，当定时时间到，计数器停止计数。设定电路的定时时间可以用前面所学的编码器输入，这个值由比较器与计数器的计数值相比较，当两个值相等时，比较器发出一控制信号封锁计数脉冲，从而使计数器停止计数，同时作用于被控对象。计数器的计数脉冲由脉冲产生电路提供，可以采用常用的555定时器构成。

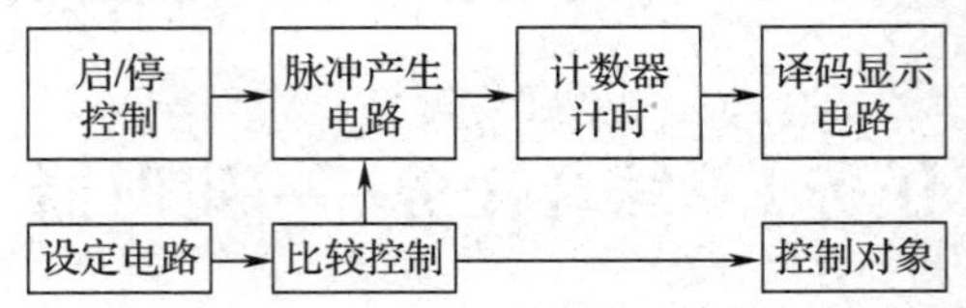

图5—2　定时控制电路的示意框图

一、脉冲产生电路

脉冲产生电路是一个由555定时器构成的振荡器，如图5—3所示，振荡器输出的脉冲周期为0.5 s。

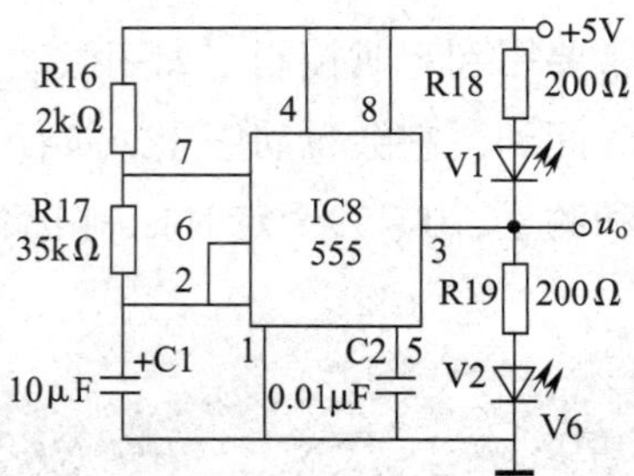

图5—3　555定时器构成的振荡器

分析该振荡器的工作原理，画出输出 u_o 的波形，并计算输出脉冲周期。

扫描二维码
查看参考答案

二、计时电路

计时电路由双二—五十进制计数器74LS390组成。

74LS390构成100进制的计数器，如图5—4所示，S2为复位按钮，当按下时，正脉冲加在计数器的复位端，使计数器复位。复位按钮断开，当有计数脉冲时，按十进制规律进行计数，最大计到99。

三、设定电路

设定电路由编码器构成。编码器的作用由编码开关来实现，将0～9转换成8421码，如图5—5所示，当编码开关拨到显示某一数字，S1～S4会相应打开或闭合。

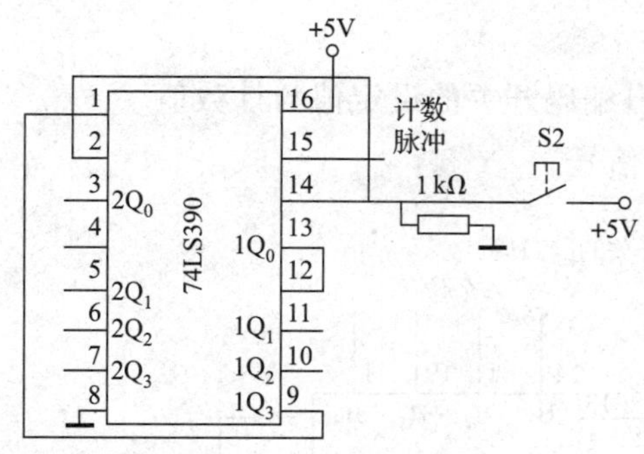

图 5—4 100 进制计数器

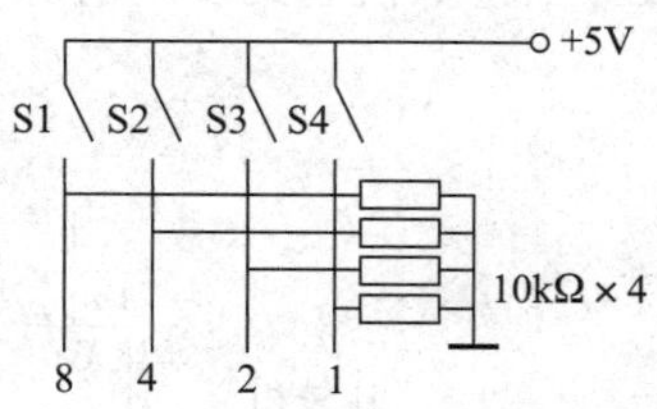

图 5—5 编码开关原理图

想一想

扫描二维码
查看参考答案

图 5—5 所示电路中，如编码开关拨到显示数字 5，S1、S2、S3 和 S4 分别是打开还是闭合状态？输出的 8421 码为多少？

四、译码显示电路

译码显示电路如图 5—6 所示。

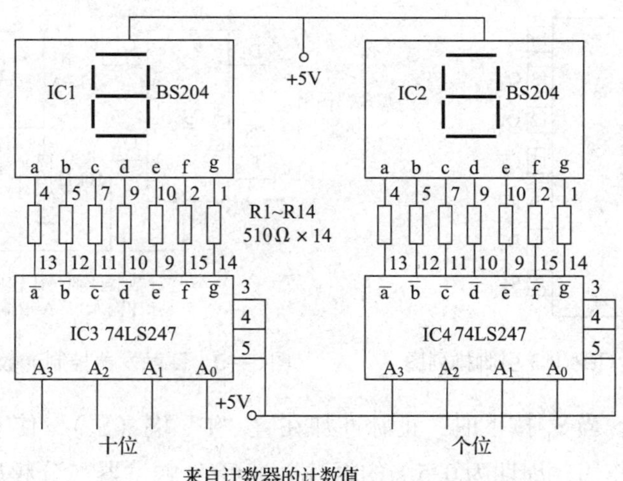

图 5—6 译码显示电路

想一想

扫描二维码
查看参考答案

如图 5—6 所示的译码显示电路中译码显示器是共阴极还是共阳极的？

五、比较控制电路

比较控制电路由比较器和触发器组成。

1．比较器

如图 5—7 所示为比较器控制原理图，来自编码开关的设定值与计数值相比较，当计数值达到设定值时，输出一控制信号。

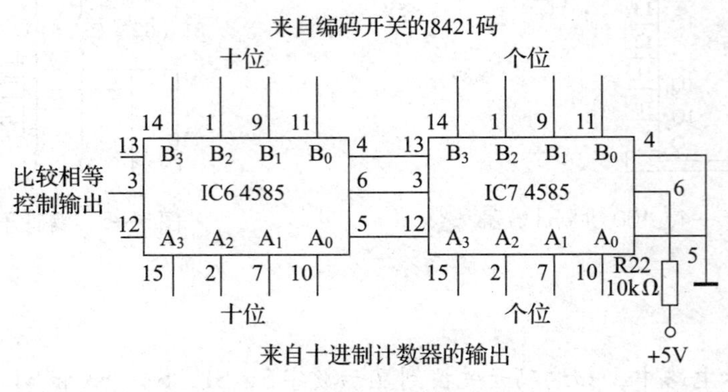

图 5—7　比较器控制原理图

2．触发器控制电路

如图 5—8 所示为双 D 触发器 CD4013 引脚排列图，可以利用 D 触发器来控制计数脉冲的通过和封锁，控制原理图如图 5—9 所示。

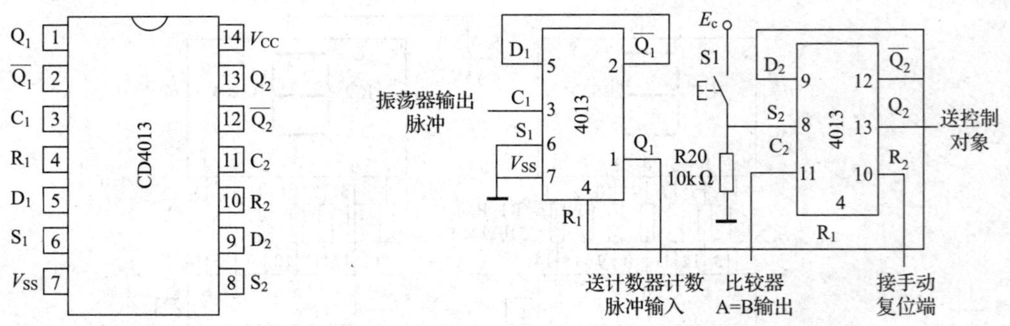

图 5—8　双 D 触发器 CD4013 引脚排列图　　图 5—9　D 触发器控制计数脉冲原理图

S1 为启动按钮，当 S_1 按下时，正脉冲加在置“1”端（S_2），使 $Q_2=1$，$\overline{Q_2}=0$，置“0”端 $R_1=0$ 不起作用，周期为 0.5 s 的振荡脉冲经 D 触发器二分频后，Q_1 输出周期为 1 s 的脉冲作为计数器的计数脉冲。当计数值和设定值相等时，比较器的相等控制输出送到 D 触发器的脉冲输入端，使 D 触发器翻转，即：$Q_2=0$，$\overline{Q_2}=1$，使 $R_1=1$，则 $Q_1=0$，封锁计数脉冲。

当手动复位时，$R_2=1$，则 $Q_2=0$，$\overline{Q_2}=1$，又使 $R_1=1$，故 $Q_1=0$，封锁计数脉冲。

从上述分析可以得出如图 5—10 所示，0 ~ 99 s 定时器由振荡、复位、预置、启动、定时计数、译码显示等几部分电路组成。

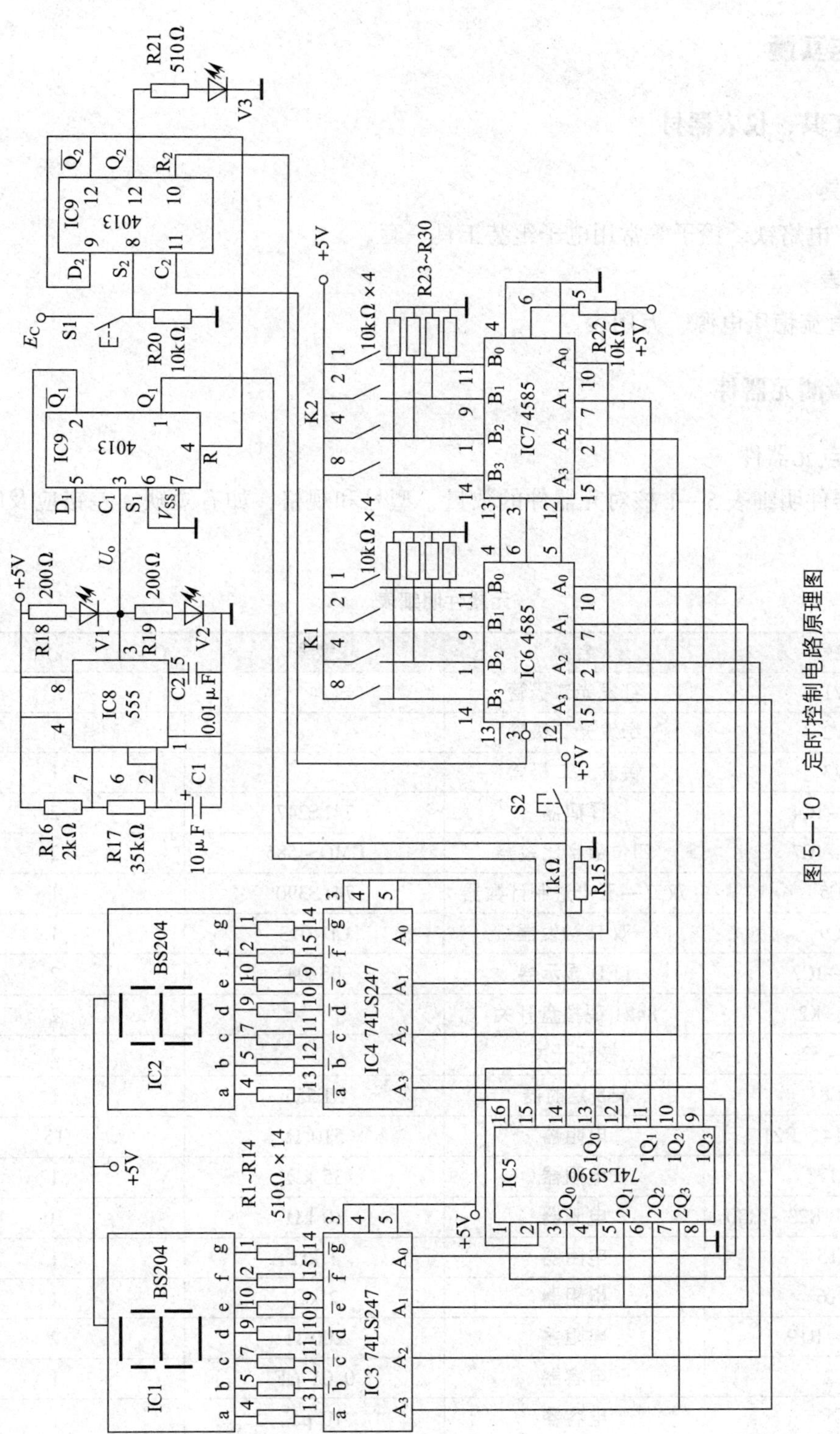

图 5—10　定时控制电路原理图

任务实施

一、准备工具、仪表器材

1．工具

钳子、电烙铁、镊子等常用电子组装工具一套。

2．仪表

15 V 直流稳压电源、万用表。

二、核对检测元器件

1．清点元器件

按元器件明细表 5—1 核对元器件的数量、型号和规格，如有短缺、差错应及时补缺和更换。

表 5—1　　元器件明细表

代号	名称	型号	数量
V1	红发光二极管		1
V2	绿发光二极管		1
V3	黄发光二极管		1
IC3 ~ IC4	译码器	74LS247	2
IC6 ~ IC7	四位数字比较器	CMOS4585	2
IC5	双二—五十进制计数器	74LS390	1
IC9	双 D 触发器	CD4013	1
IC1 ~ IC2	LED 显示器	BS204	2
K1、K2	8421 码拨盘开关		2
S1 ~ S2	按钮开关		2
IC8	555 定时器	NE555	1
R1 ~ R14、R21	电阻器	510 Ω	15
R17	电阻器	35 kΩ	1
R20、R22、R23 ~ R30	电阻器	10 kΩ	10
R15	电阻器	1 kΩ	1
R16	电阻器	2 kΩ	1
R18 ~ R19	电阻器	200 Ω	2
C2	电容器	0.01 μF	1
C1	电容器	10 μF	1
	试验板		1

2. 检测元器件

用万用表的电阻挡对元器件进行检测，剔除并更换不符合质量要求的元器件。针对不同电阻，先读色环，再用不同电阻挡位测量阻值是否在允许偏差范围内。用万用表的 1 kΩ 或100 Ω 挡对三极管的极性和质量进行判别。

三、装配电路

1. 测试电路

定时器测试电路如图 5—10 所示。

2. 装配图

试验板装配图如图 5—11 所示。

3. 插装与焊接试验板

（1）按装配图将元器件插装在试验板上，安装原则是先低后高、先里后外、上道工序不得影响下道工序的安装。

（2）电阻器采用无间隙的水平插装方式，色标法电阻的色环标志顺序方向一致。

（3）电容器、发光二极管采用垂直安装方式，高度要求为元器件的底部离试验板 8 mm。

（4）集成电路插座贴紧试验板安装，并注意集成电路插座缺口的朝向。将集成电路插入插座时，应避免插反及引脚未完全插入插座等现象。

（5）所有焊点均采用直脚焊，焊后剪去多余引脚。

（6）试验板的布线用镀银导线连接，线要拉直，连接时防止出现短路。

四、测试电路

1. 电路安装完成后，对照电路图和装配图进行检查。

2. 用万用表检测电源是否有短路问题，检测无误后插上集成电路，方可通电。

3. 测试要求

（1）置拨码开关至显示数字 99。按下按钮 S1，测试比较器 IC6 的输出 13、3、12 脚的电位，观察 LED 显示器、发光二极管的变化，并记录。

（2）置拨码开关为另一数字，按（1）的要求重复进行观察测试记录。

（3）置拨码开关为非零数字。按下按钮 S_2，测试比较器 IC6 的输出 13、3、12 脚的电位，观察 LED 显示器、发光二极管的变化，并记录。

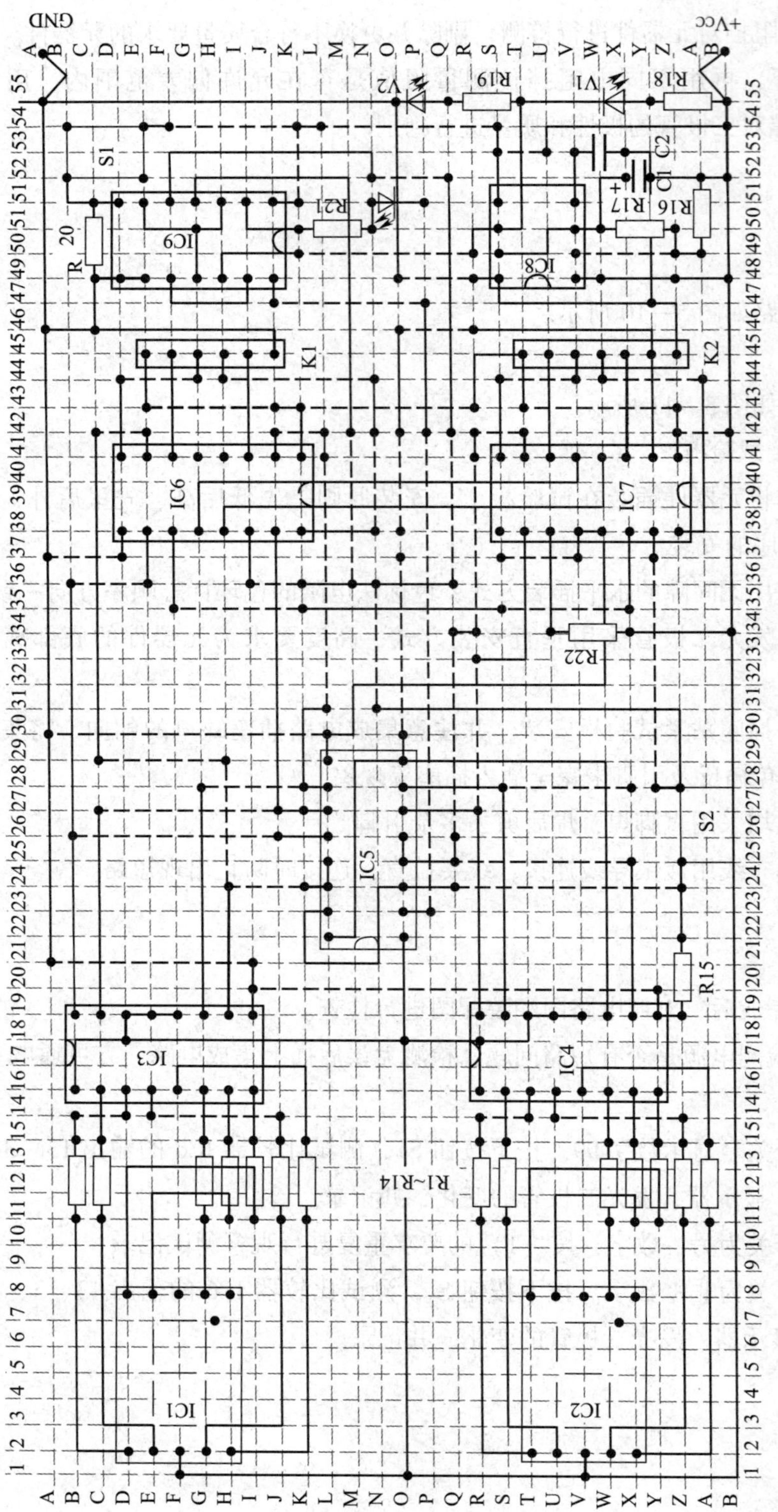

图 5—11 0~99 s 定时器装配图

任务评价

任务评价表

评价项目	评价内容	配分（分）	自我评价	小组评价	教师评价
职业素养	安全意识、责任意识、服从意识强	5			
	积极参加教学活动，按时完成各项学习任务	5			
	团队合作意识强，善于与人交流和沟通	5			
	自觉遵守劳动纪律，尊敬师长，团结同学	5			
	爱护公物，节约材料，工作环境整洁	5			
专业能力	能正确完成电路仿真，仿真结果符合要求	15			
	装配图绘制合理	10			
	元器件布局合理	10			
	装配电路质量符合要求	20			
	电路测试效果符合要求	20			
合计		100			
总评	自我评价×20%＋小组评价×20%＋教师评价×60%＝	综合等级	教师（签名）：		

注：学习任务考核采用自我评价、小组评价和教师评价三种方式，考核分为A（100～90）、B（89～80）、C（79～70）、D（69～60）、E（59～0）五个等级。

思考与练习

1．555定时器在定时控制电路中的作用是什么？

2．双二—五十进制计数器74LS390在定时控制电路中的作用是什么？

3．双D触发器CD4013在定时控制电路中的作用是什么？

任务2　拓展任务——基于 FPGA 的数字时钟

学习目标

1. 认识可编程逻辑器件。
2. 了解数字时钟功能模块的设计与仿真。
3. 了解基于 FPGA 的数字时钟的制作与调试。

任务描述

数字时钟通过数码管静态显示走时结果，如图 5—12 所示。数字钟可以利用数字逻辑电路制作，本任务采用现在应用非常广泛的可编程逻辑器件实现。可编程逻辑器件具有易学、方便、新颖、有趣、直观、设计与实验成功率高、理论与实践结合紧密、体积小、器件规模大、I/O 口丰富、编程语句简洁易懂等特点，并且它还具有开放的界面、丰富的设计库、模块化的工具以及开发软件自带的 LPM（Library of Parameterized Modules，参数化模块库）定制等优良性能，应用非常方便。

图 5—12　数字时钟

相关知识

一、FPGA 的基本知识

1. 可编程逻辑器件的概况

可编程逻辑器件主要分为 FPGA 和 CPLD 两种，FPGA 是现场可编程门阵列（Field Programmable Gate Array）的简称，与之相应的 CPLD 是复杂可编程逻辑器件（Complex Programmable Logic Device）的简称，两者的功能基本相同，只是实现原理略有不同，有时可以忽略这两者的区别，统称为可编程逻辑器件。FPGA 和 CPLD 几乎能实现任何数字器件的功能，上至高性能 CPU，下至简单的 TTL74 系列逻辑门电路组成的数字电路。它如同一张白纸或是一堆积木，工程师可以通过传统的原理图输入或硬件描述语言自由的设计一个数字系统。通过软件仿真可以事先验证设计的正确性，在 PCB 完成以后，利用

FPGA 的在线修改功能，随时修改设计而不必改动硬件电路。使用 FPGA 和 CPLD 开发数字电路，可以大大缩短设计时间，减少 PCB 面积，提高系统的可靠性。

2. FPGA 芯片及其最小系统

（1）FPGA 芯片

如图 5—13 所示为一款 Altera 公司的 FPGA 芯片实物，它的外形与普通嵌入式处理器芯片相同，采用 PGA（Organic Pin Grid Array，有机管脚阵列）的封装形式，但可以通过烧写特殊程序改变其内部结构，实现专门的电路功能。

（2）FPGA 最小系统

FPGA 最小系统是可以使 FPGA 正常工作的最简单的系统。它的外围电路尽量最少，只包括 FPGA 必要的控制电路，一般来说主要包括：FPGA 芯片、下载电路、外部时钟、复位电路和电源。如果需要使用 NIOSII 软嵌入式处理器还要包括：SDRAM（Synchronous Dynamic Random Access Memory，同步动态随机存储器）和 Flash（Flash EEPROM Memory，快速上电可擦除只读存储器），一般以上这些组件是 FPGA 最小系统的组成部分，如图 5—14 所示为一般 FPGA 最小系统示意图，其中外部 SDRAM 与 FLASH 是针对较复杂的 FPGA 最小系统而设计的。

图 5—13　FPGA 芯片实物图

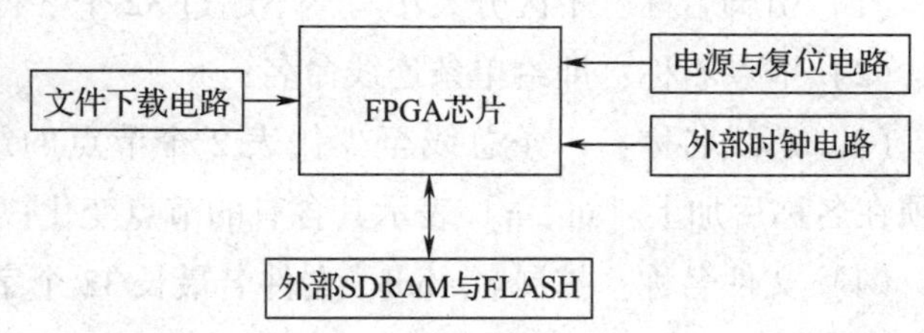

图 5—14　FPGA 最小系统示意图

3. FPGA 开发的方法

硬件设计需要根据各种性能指标、成本、开发周期等因素，确定最佳的实现方案，画出系统框图，选择芯片，设计 PCB 并最终形成样机。

FPGA 软件设计可分为两大块：编程语言和编程工具。编程语言主要有 VHDL 和 Verilog 两种硬件描述语言；编程工具主要是两大厂家 Altera 和 Xilinx 的集成综合 EDA 软件 QuartusII 以及第三方工具。

？想一想

用可编程逻辑器件设计数字逻辑电路时，如果要改变电路设计，是否需要改动电路硬件？

扫描二维码
查看参考答案

二、FPGA 的设计方法

1．编程语言

FPGA 的主流程序设计语言主要有 VHDL 语言与 Verilog 语言两种。

VHDL 具有功能强大的语言结构，可以用简洁明确的源代码来描述复杂的逻辑控制。它具有多层次的设计描述功能，层层细化，最后可直接生成电路级描述。VHDL 支持同步电路、异步电路和随机电路的设计，这是其他硬件描述语言所不能比拟的。VHDL 还支持各种设计方法，既支持自底向上的设计，又支持自顶向下的设计；既支持模块化设计，又支持层次化设计。因此，FPGA 具有功能强大、设计灵活、支持广泛、易于修改、很强的移植能力等特点。

Verilog 是一种基本语法与 C 语言相近，但也存在一些差别的硬件描述语言。具备 C 语言的设计人员将能够很快掌握 Verilog 硬件描述语言。

2．图形化程序设计

图形化程序设计法的主要内容是元器件引入和线的连接，适用于对系统很了解且对系统速率要求较高时，或设计大系统中对时间特性要求较高时，原理图输入法设计效率较低，但易仿真，便于对信号的观察及电路的调整。

其编辑规则主要有以下几点。

（1）引脚名称：不区分大小写，不超过 32 个字符；

（2）节点名称：即给单条连线命名；

（3）总线名称：一条总线至少代表 2 个节点的组合，最多为 256 个节点；命名时，必须在名称后加上［m..n］表示其含有的节点变化；

（4）文件名称：扩展名 .bdf，文件名最长 32 个字符；

（5）项目名称：项目包含所有的从设计文件编译后产生的文件。项目名必须与顶层设计文件名相同。

三、软件开发环境

Quartus II 是 Altera 提供的 FPGA 开发集成环境，它提供了一种与结构无关的设计环境，使设计者能方便地进行设计输入、快速处理和器件编程。它完全支持 VHDL 设计流程，其内部嵌有 VHDL 逻辑综合器。同时，Quartus II 也可以利用第三方的综合工具，如 FPGA Compiler II，并能直接调用这些工具，Quartus II 具备仿真功能，同时也支持第三方的仿真工具。此外，Quartus II 与 MATLAB 和 DSP Builder（一个系统级或算法级设计工具）结合，可以进行基于 FPGA 的 DSP 系统开发，是 DSP 硬件系统实现的关键 EDA（Electronic Design Automatic，电子设计自动化）技术。

如图 5—15 所示为 Quartus II 的图形用户界面，其基本功能说明如下：

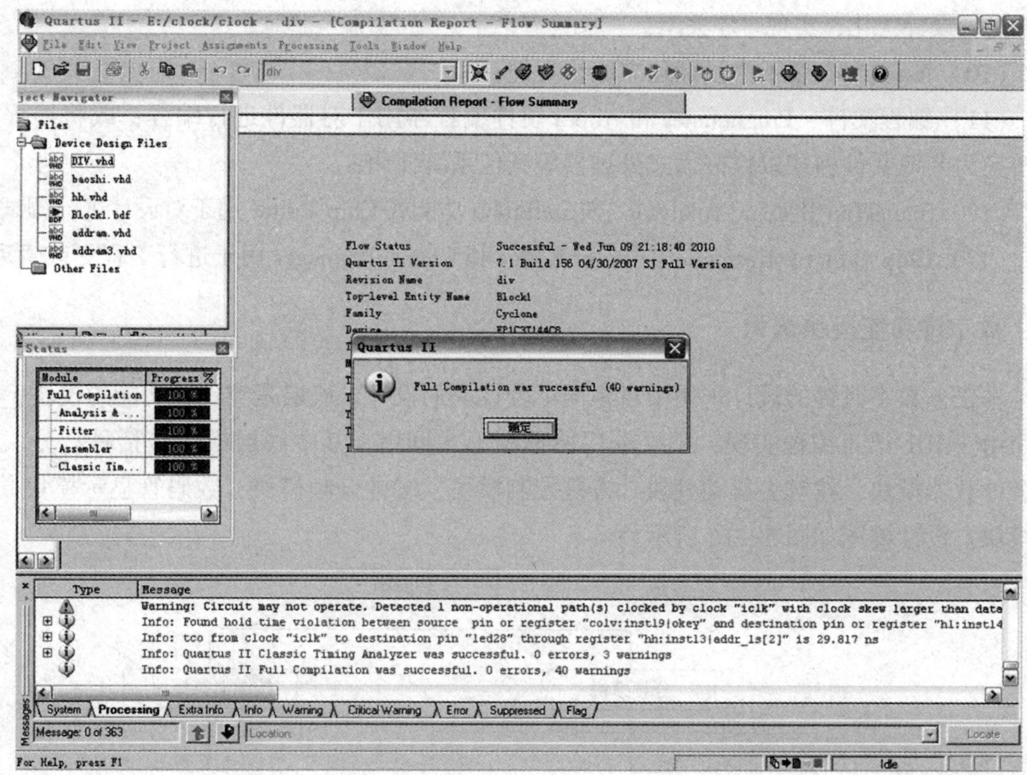

图5—15　QuartusII 编译主界面

（1）New Project Wizard（File 菜单）用于建立新工程并指定目标器件或器件系列；

（2）Text Editor（文本编辑器）用于建立 Verilog HDL、VHDL 或 Altera 硬件描述语言（AHDL）设计；Block Editor（原理图编辑器）用于建立流程图或原理图，流程图中可以包含代表其他设计文件的符号；MegaWizard Plug－In Manager 用于生成宏功能模块和 IP 内核的自定义变量，在设计中将它们实例化；

（3）Assignment Editor、Settings 对话框（Assignments 菜单）、Floorplan Editor 或 LogicLock 功能用于指定初始设计的约束条件；

（4）SOPC Builder 或 DSP Builder 用于建立系统级设计；

（5）Software Builder 为 Excalibur 器件处理器或 Nios 嵌入式处理器用于建立软件和编程文件；

（6）Analysis & Synthesis 用于对设计进行综合；

（7）Fitter 用于对设计执行布局布线，在对源代码进行少量更改之后，还可以使用增量布局布线；

（8）Timing Analyzer 用于对设计进行时序分析；

（9）物理综合、时序底层布局图、LogicLock 功能、Settings 对话框和 Assignment Editor

用于进行设计优化，实现时序关闭；

（10）Assembler 用于为设计建立编程文件；

（11）编程文件、Programmer 和 Altera 硬件编程器用于对器件进行编程；或将编程文件转换为其他文件格式以供嵌入式处理器等其他系统使用；

（12）SignalTap II Logic Analyzer、SignalProbe 功能或 Chip Editor 用于对设计进行调试；

（13）Chip Editor、Resource Property Editor 和 Change Manager 用于进行工程更改管理。

四、数字钟功能模块认识

本任务数字时钟的设计采用了自顶向下分模块的设计。底层是实现各功能的模块，各模块由 VHDL 语言编程实现，顶层采用原理图形式调用。其中底层模块包括秒、分、时三个计数器模块、按键去抖动模块、按键控制模块、时钟分频模块、数码管显示模块共 7 个模块。设计框图如图 5—16 所示。

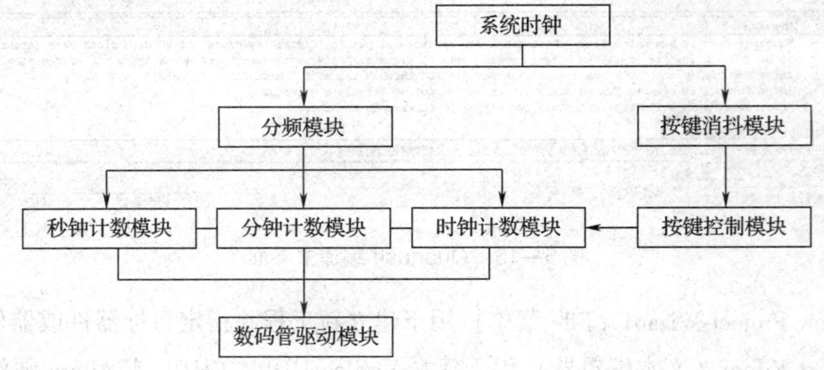

图 5—16　数字时钟系统设计框图

（1）在七段数码管上具有时—分—秒的依次显示；

（2）时、分、秒的个位记满十向高位进一，分、秒的十位记满五向高位进一，小时按 24 进制计数，分、秒按 60 进制计数；

（3）整点报时，当计数到整点时扬声器发出响声；

（4）时间设置：可以通过按键手动调节秒和分的数值。此功能中可通过按键实现整体清零和暂停的功能。

系统时钟 50 MHz 经过分频后产生 1 s 的时钟信号，1 s 的时钟信号作为秒计数模块的输入信号，秒计数模块产生的进位信号作为分计数模块的输入信号，分计数模块的进位信号作为时计数模块的输入信号。秒计数模块、分计数模块、时计数模块的计数输出分别送到显示模块。由于设计中要使用按键进行调节时间，而按键的动作过程中存在产生得脉冲的不稳定问题，所以就牵扯到按键去抖动的问题，对此系统中设置了按键去抖动模块，按键去抖动模块产生稳定的脉冲信号送入按键控制模块，按键控制模块根据按键的动作对秒、分、时进行调节。

任务实施

一、数字时钟的设计与仿真

1. 模块设计与实现

（1）建立工程

1）建立工程文件，双击桌面上的 Quartus II 的图标运行此软件，其操作界面如图 5—17 所示，左侧部分包括工程信息栏、文件信息栏，右侧区域是文件编辑区域。

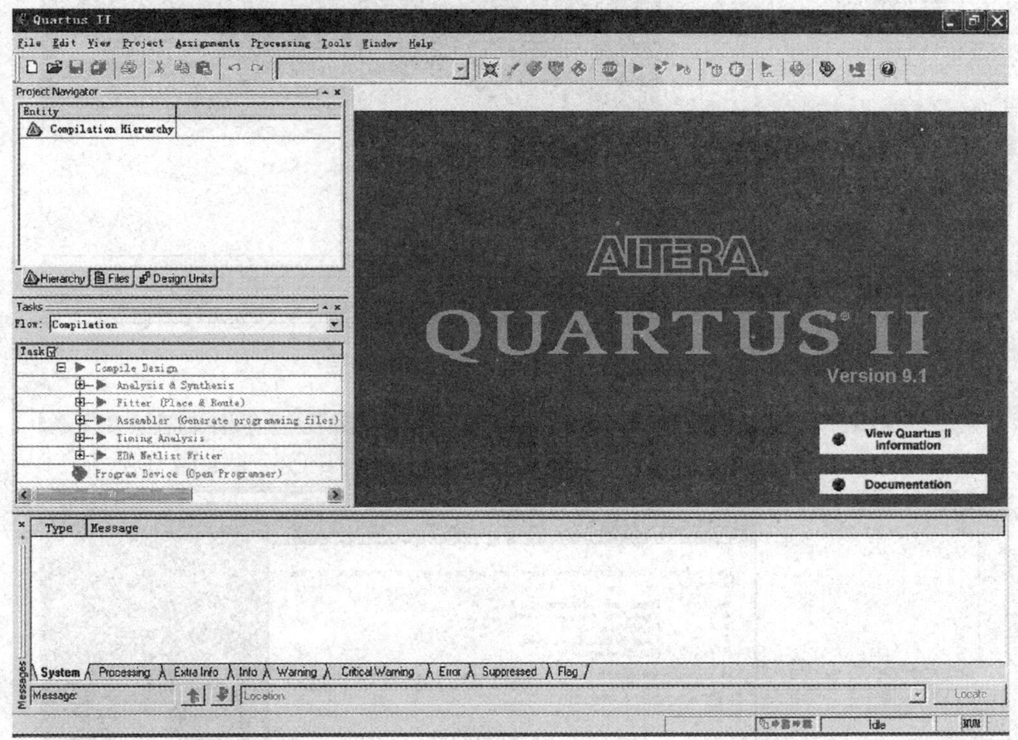

图 5—17　Quartus II 开始界面

2）选择“File”下拉菜单中的“New Project Wizard”，新建一个工程，如图 5—18 所示。

3）进入工作目录，进入工程文件的配置选项，依次点击“Next”，如图 5—19 所示。

4）第一个输入框为工程目录输入框，用来指定工程存放路径，可根据自己需要更改路径，若直接使用默认路径，可能造成默认目录下存放多个工程文件影响自己的设计，本步骤结束后系统会有提示。第二个输入框为工程名称输入框。第三个输入框为顶层实体名称输入框，一般情况下保证工程名称与顶层实体名称相同，设定完成后点击“next”，如图 5—20 所示。

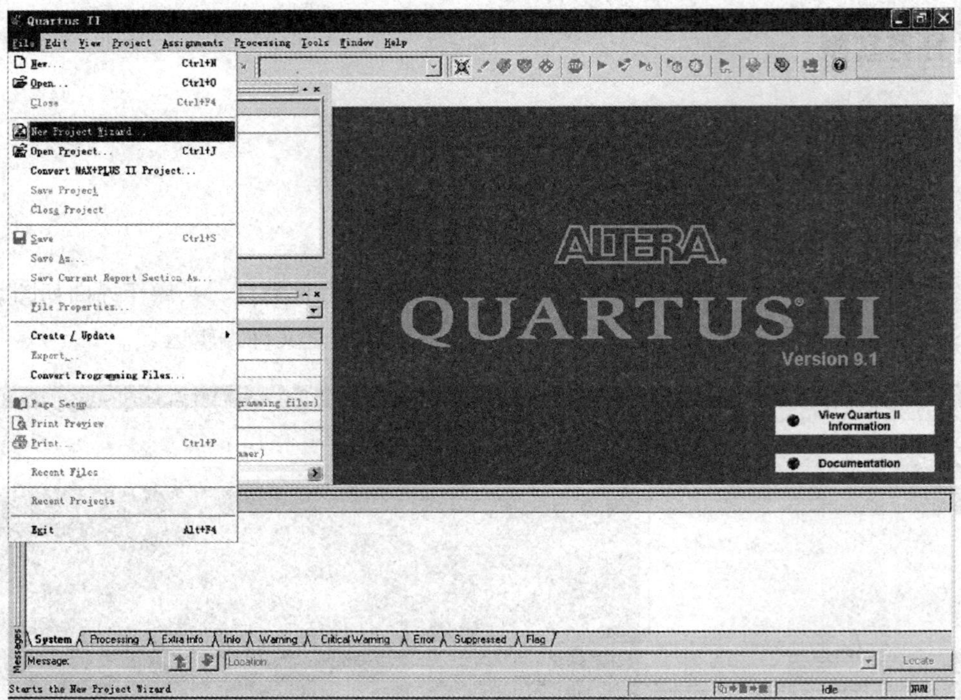

图 5—18　Quartus II 新建工程向导

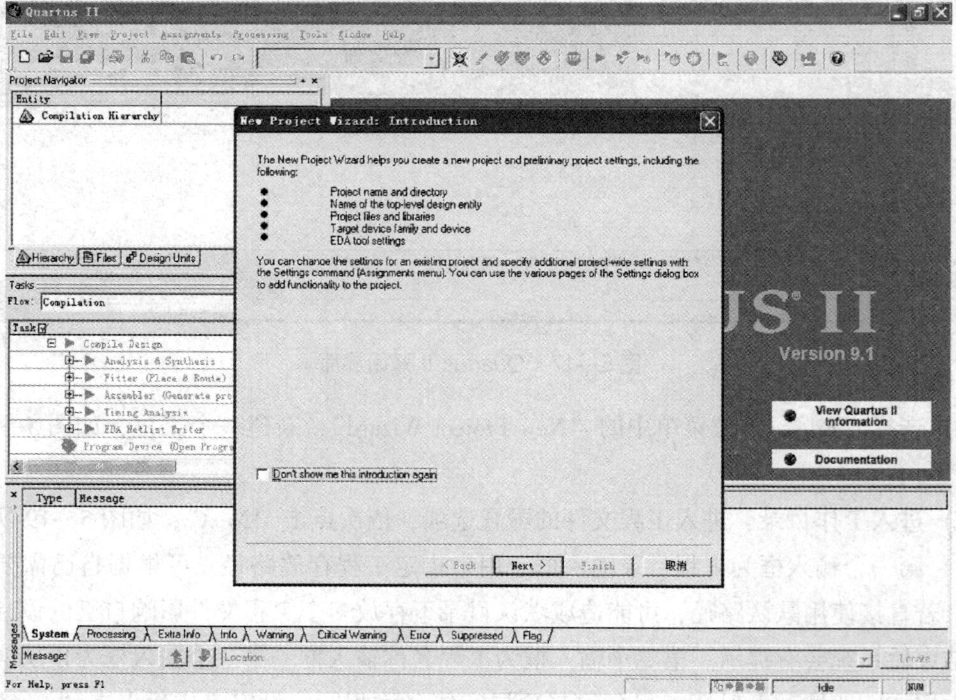

图 5—19　Quartus II 新建工程对话框

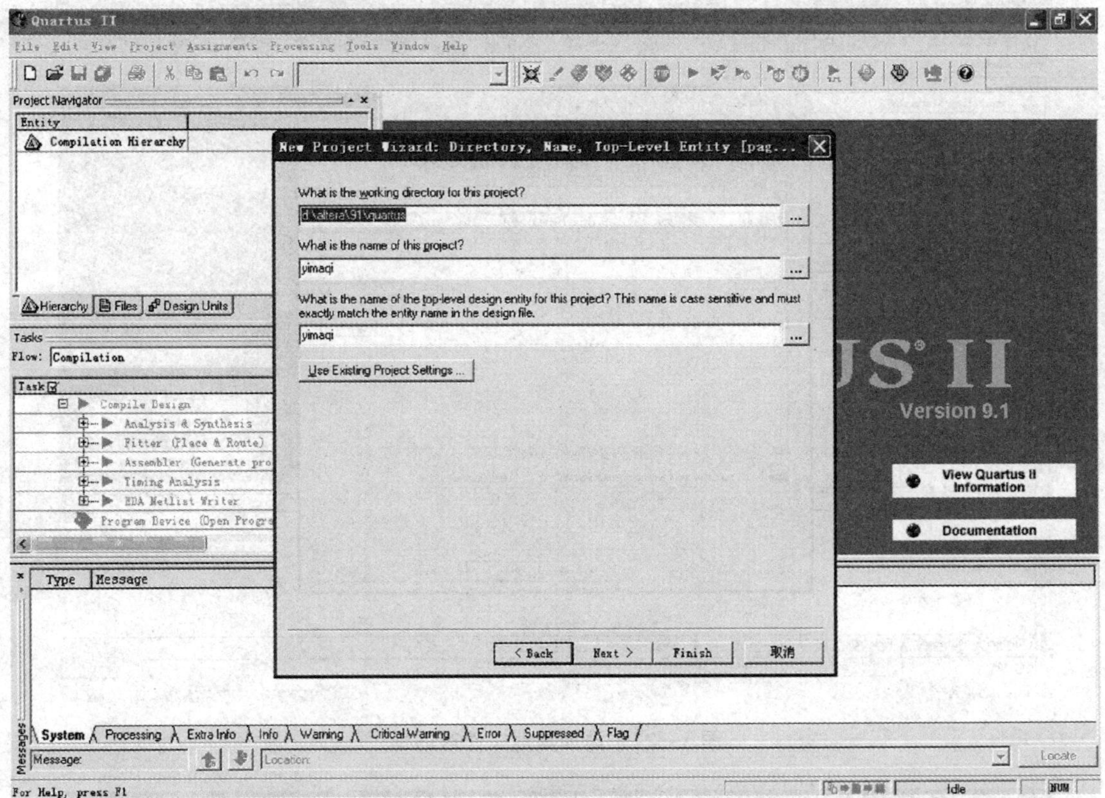

图5—20　指定工程路径与名称

5）设计中需要包含的其他设计文件，在此对话框中不做任何修改，直接点击“next”，如图5—21所示。

6）在弹出的对话框中进行器件的选择。在Device Family框中选用“Cyclone II”，然后在Available device框中选择具体的芯片型号，点击“next”进入下一步，如图5—22所示。

7）如图5—23所示的对话框提示可以勾选其他的第三方EDA设计、仿真的工具，暂时不作任何选择，在对话框中按默认选项，点击“next”。

8）出现新建工程以前所有的设定信息后，点击“finish”完成新建工程的建立，如图5—24所示。

（2）建立图形设计文件

1）在创建好设计工程后，选择“File”下拉菜单中“New”，如图5—25所示。

2）在New对话框中选择“Device Design Files”页下的“Block Diagram/Schematic File”，点击“OK”，出现原理图编辑窗口，如图5—26、图5—27、图5—28所示。

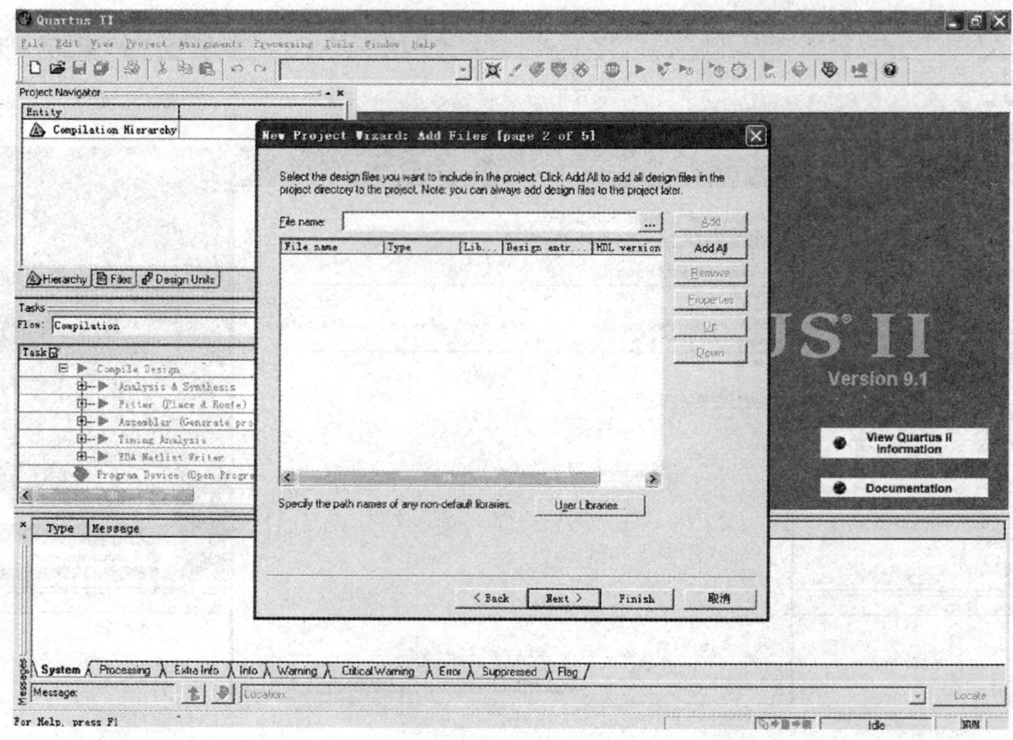

图 5—21　添加其他文件对话框

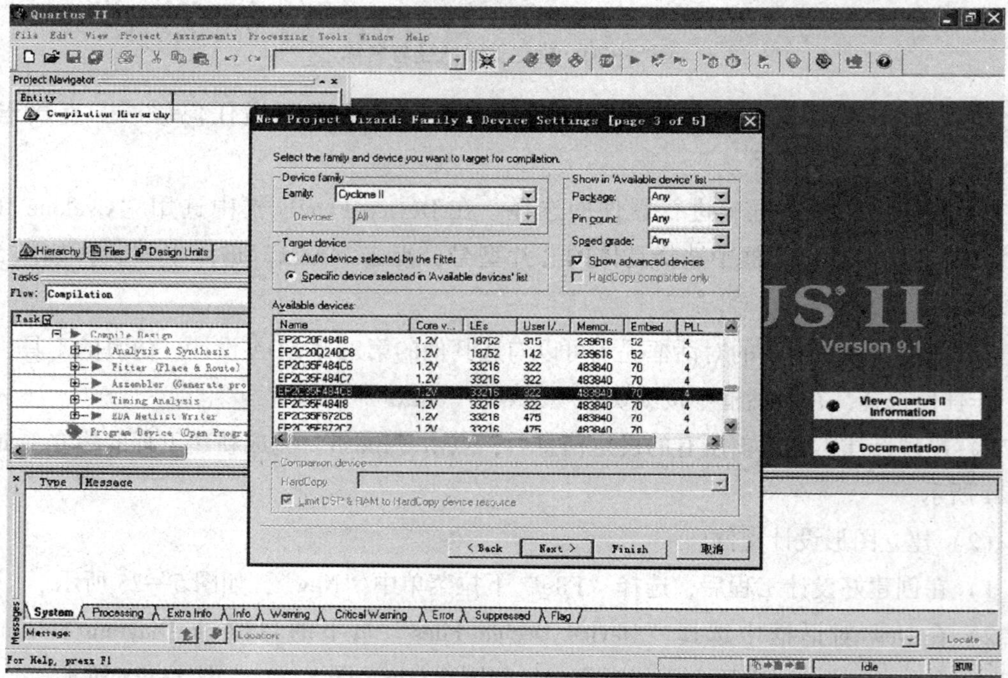

图 5—22　器件选择界面

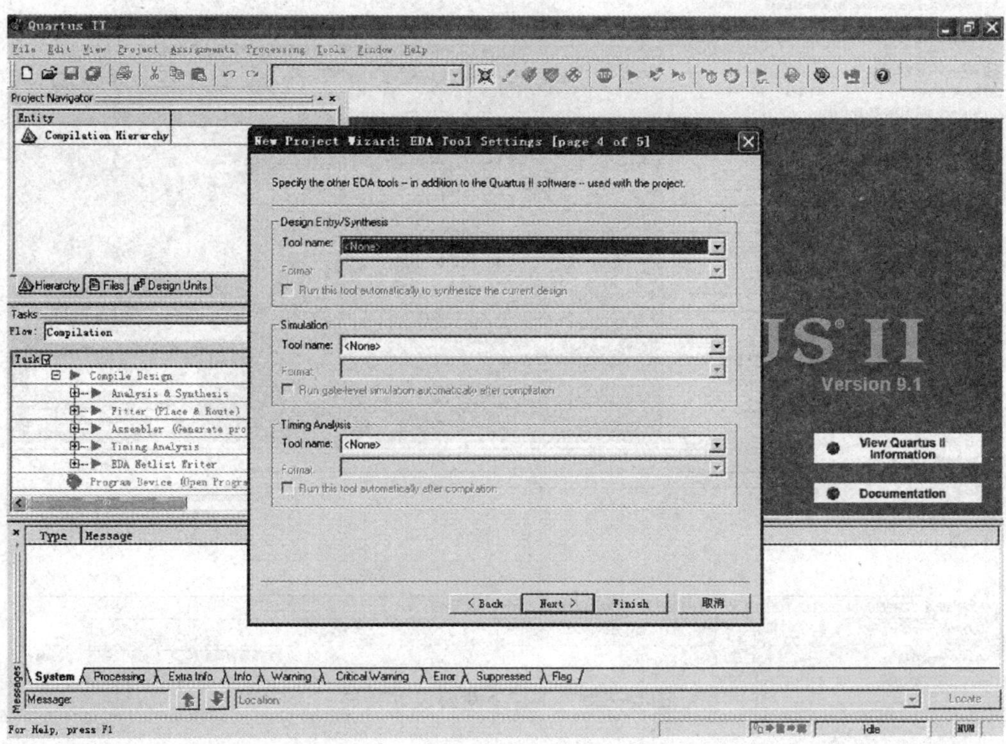

图 5—23　第三方 EDA 工具选择

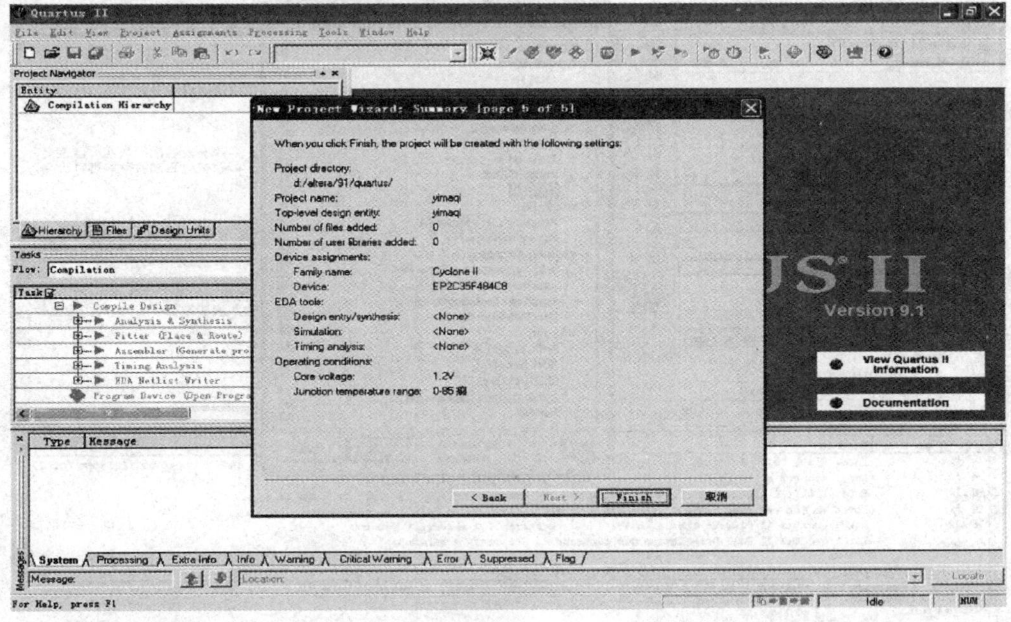

图 5—24　工程信息对话框

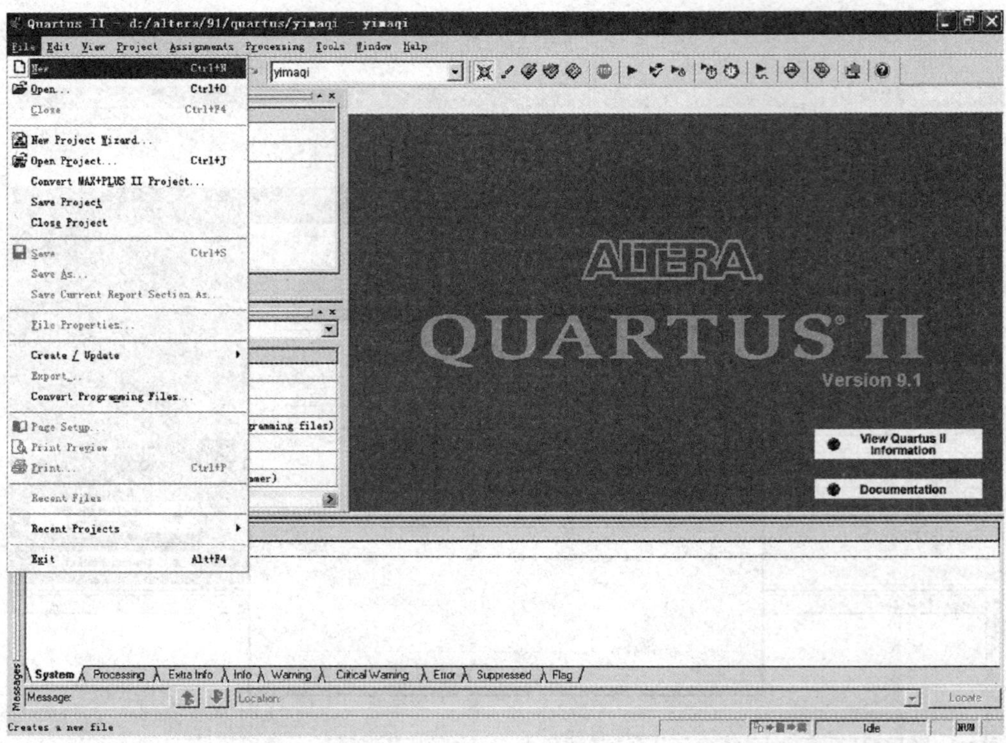

图 5—25　工程下新建设计文件

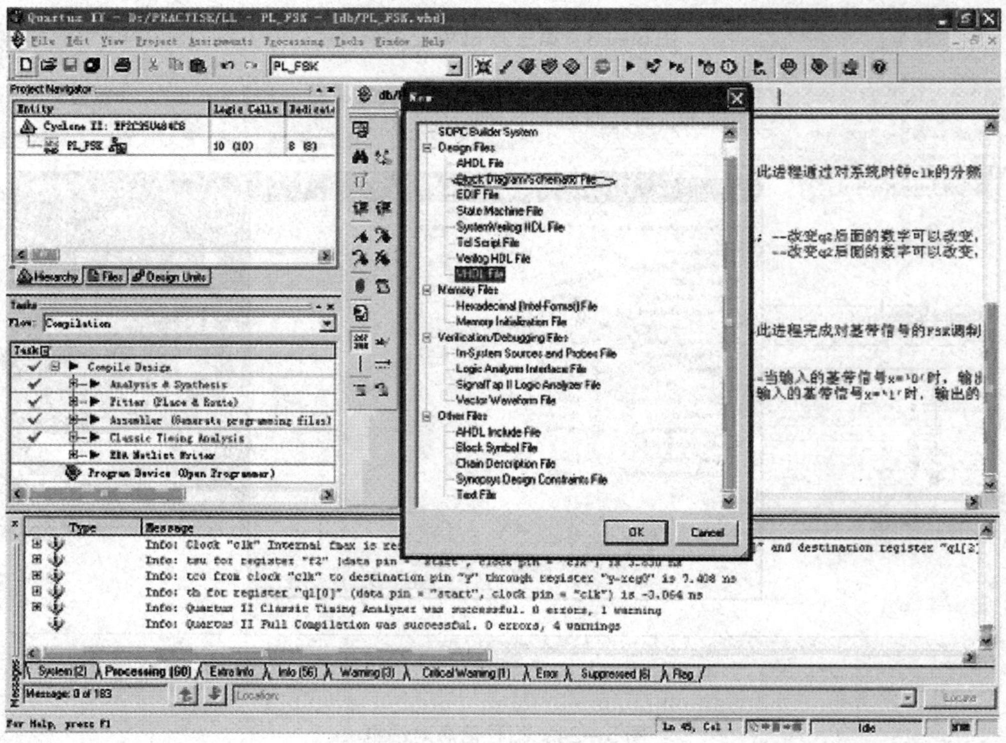

图 5—26　建立 Block Diagram/Schematic File

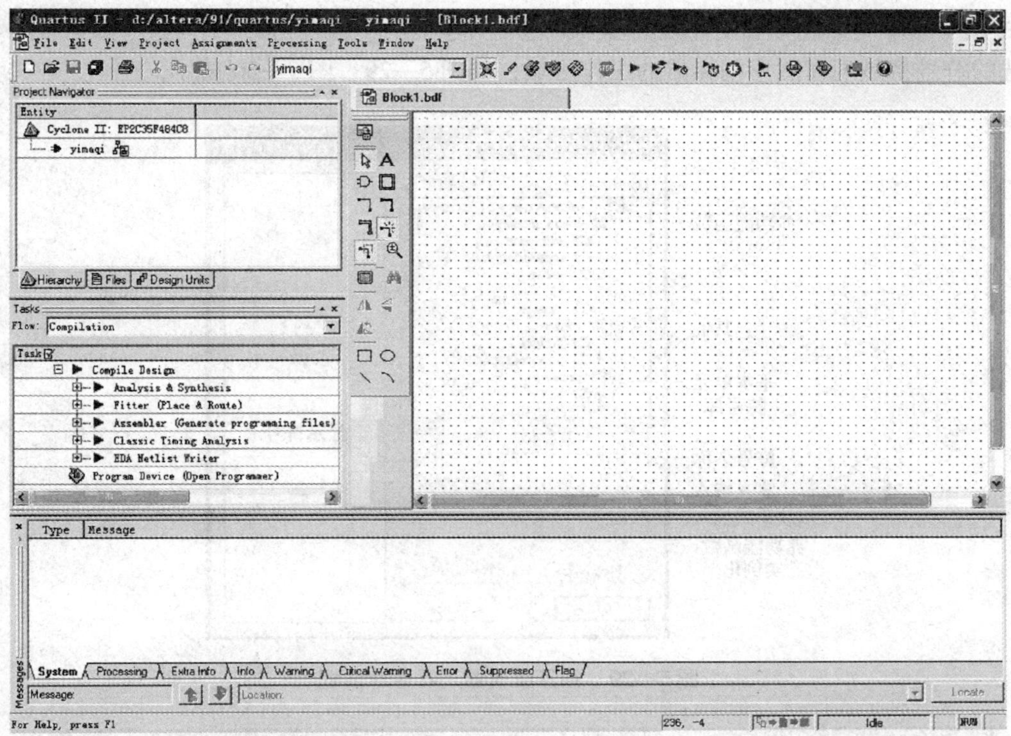

图 5—27　原理图编辑界面

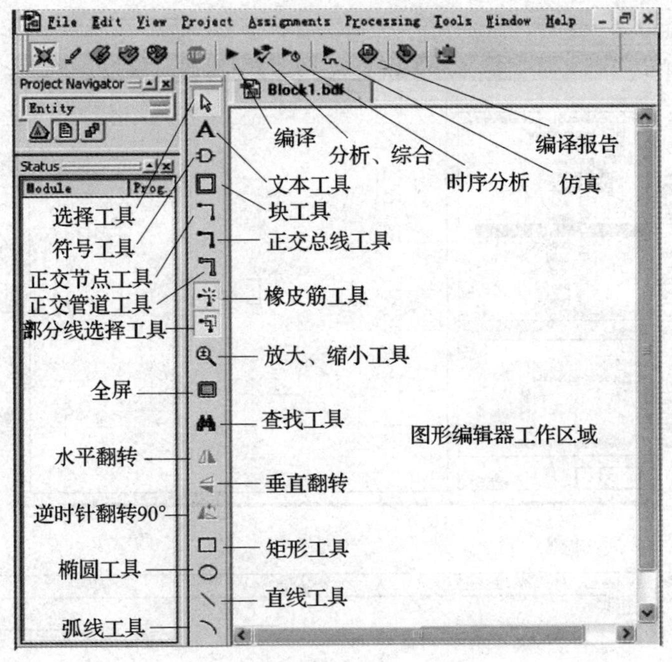

图 5—28　图形编辑器工具

3）在图形编辑器窗口的工作区双击鼠标左键，或点击图中的符号工具按钮，用鼠标点击单元库前面的“+”号，展开元器件库，选择所需要的元器件，点击“OK”按钮，所选的符号将显现在图形编辑器的工作区域，如图5—29、图5—30所示。

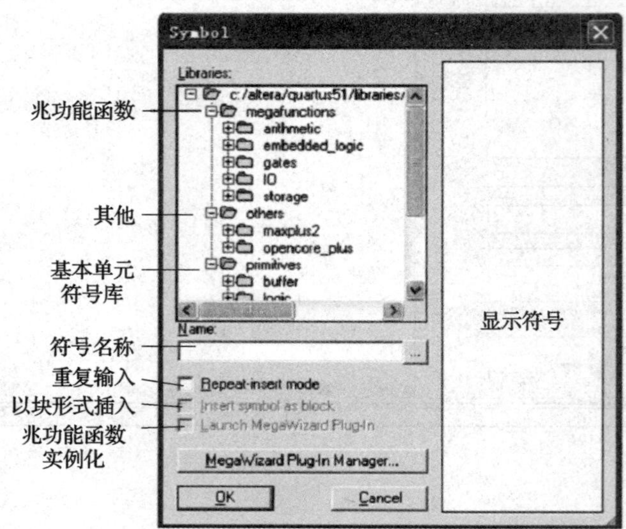

图5—29　图形编辑器元器件对话框

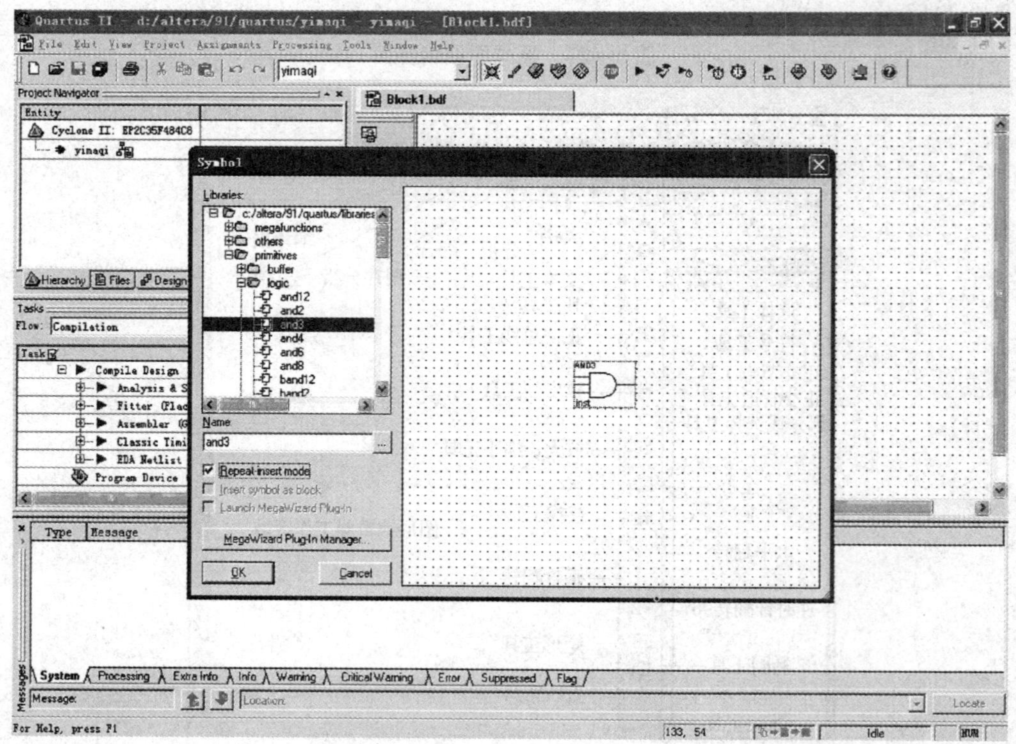

图5—30　元器件选择界面

?想一想

QuartusⅡ中用于输入设计原理图的编辑器是哪个？

扫描二维码
查看参考答案

(3) 数字时钟各模块图形

由数字时钟的顶层设计原理图可知：系统的外部输入即为系统的时钟信号CLK=50 MHz，系统的外部输出有蜂鸣器信号buzzer，LED显示信号LED［3..1］和shan（与按键去抖动模块的o3相连），数码管显示信号xianshi［7..0］，数码管位选信号xuanze［7..0］。

下面将对内部功能模块进行详细说明，相关程序代码见附表8。

1）分频模块pinlv。对系统的时钟50 MHz进行分频，设置不同长度的计数值，当系统时钟clk有变化时计数器开始计数，当计数到某个值时输出一个信号，计数值不同输出信号的周期也就不同，从而实现了对系统时钟进行不同的分频，产生不同频率的信号。

由VHDL语言生成的模块图如图5—31所示，其中“clk”为系统时钟输入端，“clk2ms”为2 ms频率的输出信号，“clk500ms”为500 ms频率的输出信号，“clk1s”为1 s频率的输出信号。

2）按键去抖动模块qudou。本设计用到FPGA开发板上的四个按键，由于按键有反应时间、抖动的问题，可能当按键被按一次时而系统感应到几次，造成误差。所以应该进行按键消抖的处理，让每按一次键系统只感应到一次按键。可以采用软件延时、触发反相器等方式进行消除抖动，本设计中采用软件延时的方式。由VHDL语言生成的模块图如图5—32所示。其中“clk”为系统频率的输入信号，“k1”“k2”“k3”“k4”为四个按键的输入信号，“o1”“o2”“o3”“o4”为四个按键消抖后的输出信号。

3）按键控制模块self1。本设计中使用了两个按键进行对时钟的暂停和调秒操作，当ok2按下时时钟暂停，再按ok3则进行秒个位的加一计数，每按一次进行加一处理。当调节好时间后，在按ok2键重新开始计数。由VHDL语言生成的模块图如图5—33所示，其中“c”“ok2”“ok3”为按键控制的输入信号，“ck”为按键控制的响应信号。

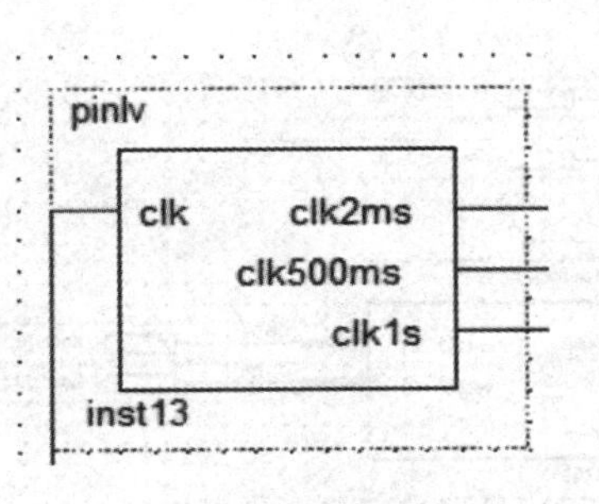

图5—31　分频模块

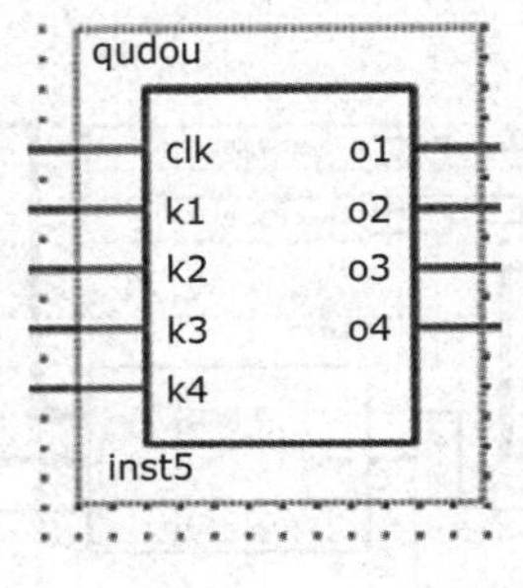

图5—32　按键消抖模块

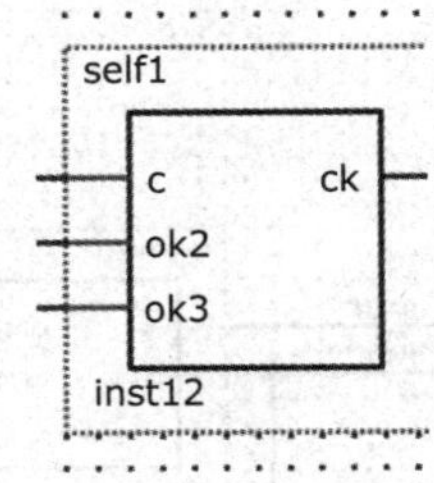

图5—33　按键控制模块

4）秒、分六十进制模块cantsixty。本设计中秒、分的六十进制是由个位的十进制和十位的六进制进行组合实现的。当个位记到9时自动向高位进一，同时个位自动清零。当十位记到 5 并且个位记到 9 时，自动产生一个进位脉冲，同时个位和十位分别从零开始重新计数，由 VHDL 语言生成的模块图如图 5—34 所示，其中“clk”表示系统的时钟信号，“reset”表示时钟的复位信号，“out1”“out2”表示秒钟、分钟的输出信号，“c”表示进位信号。

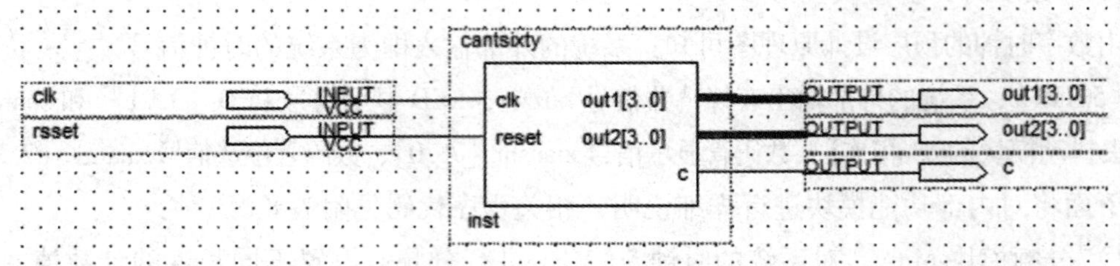

图 5—34　秒、分六十进制模块

5）时计数模块 hourtwenty。时计数模块是二十四进制相对复杂一点，因为当十位 0 或着 1 时个位需要记到 9 并产生进位信号，当十位是 2 时，个位记到 3 时，就全部从零开始重新计数。即是在十位为不同值时个位两种计数过程，由 VHDL 语言生成的模块图如图 5—35 所示，其中“clk”表示系统的时钟信号，“rsset”表示时钟的复位信号，“out1”“out2”表示时钟的输出信号。

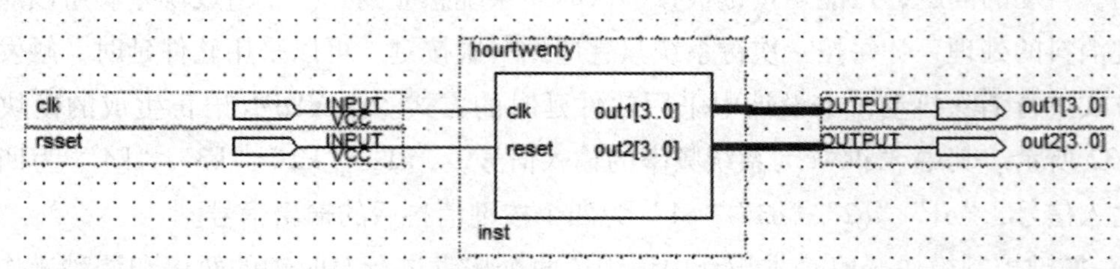

图 5—35　时计数模块 hourtwenty

6）秒、分、时组合后的仿真验证把设计的秒、分、时模块连接起来，再通过仿真验证，各模块间的进位是否正确，连接后的原理图如图 5—36 所示。

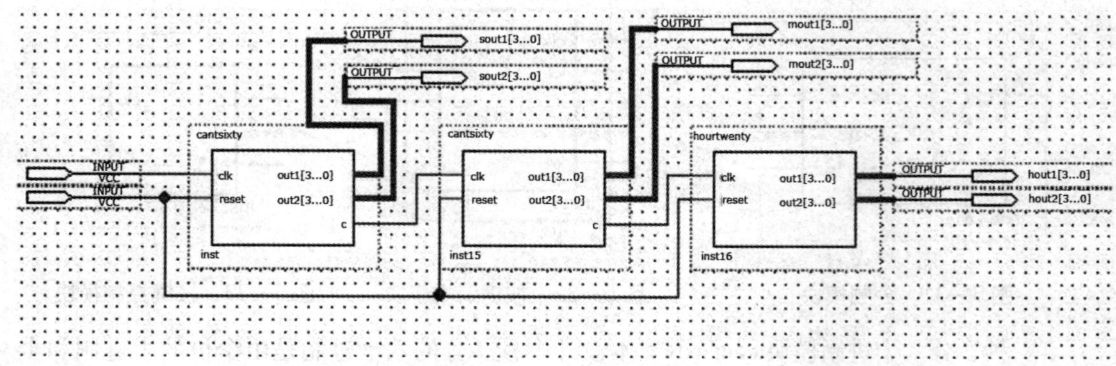

图 5—36　秒、分、时组合模块

7）数码管驱动模块，本模块中包含数码管的段选和位选设计，LED 灯循环设计，以及整点报时的设计。模块的输入信号有数码管扫描频率 clk 2 ms，秒、分、时各模块的个位和十位输入，以及由分模块向时模块产生的进位脉冲信号。由 VHDL 语言生成的模块图如图 5—37 所示，其中“s1”“s2”“m1”“m2”“h1”“h2”表示时、分、秒的控制信号，“clk2ms”“xiang”分别表示 LED 闪烁和蜂鸣器的控制信号，“led”表示 LED 闪烁输出信号，“buzzer”表示蜂鸣器控制信号，“xianshi”“xuanze”分别表示数码管的位信号和段信号，其生成的模块图如图 5—37 所示。

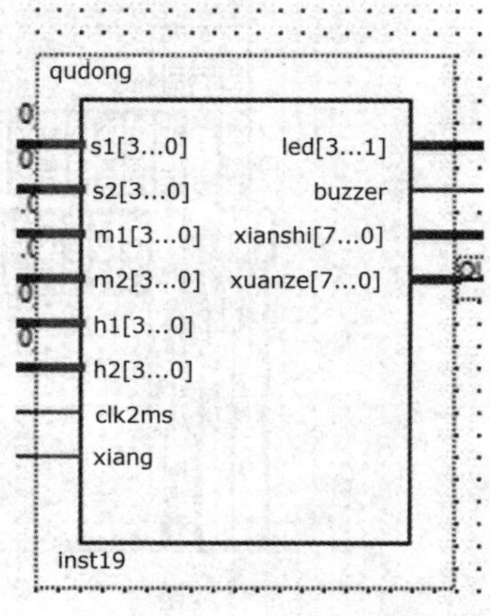

图 5—37　数码管驱动模块

2. 模块集成与仿真综合调试

（1）图形文件集成与编译

整个数字时钟工程在图形编辑界面的总图形文件如图 5—38 所示。

点击菜单栏中的“Start compiler”按钮进行设计文件的全编译。如果文件有错，在软件的下方会提示错误的原因和位置。整个编译完成，软件会提示编译成功，如图 5—39 所示。

（2）设计文件仿真

1）创建一个波形文件，在“File”下拉菜单中选择“New”，选取对话框的“Other File”标签下的“Vector Waveform File”，点击“OK”，打开一个空的波形编辑器窗口，如图 5—40、图 5—41 所示。

2）加入输入、输出端口，在波形编辑器窗口的左边端口名列表区双击，在弹出的菜单中选择“Node Finder”按钮，如图 5—42 所示。

（3）出现“Node Finder”界面后，在“Filer”列表中选择“Pins：all”，点击“List”，在“Node Finder”窗口出现所有的信号名称，点击中间的“ >> ”按钮则“Selected Nodes”窗口下方出现被选择的端口名称，点击“OK”，如图 5—43 所示。

（4）在 quartus II 开发环境中进行仿真验证。

由仿真结果图 5—44 可以看到，秒模块向分钟模块的正常进位，以及分模块的正常计数，所以各模块连接后的计数状态也符合设计的要求，实现了正常计数。

?想一想

Quartus Ⅱ 中用于产生传真文件的编辑器是哪个？编译仿真中发现的错误由哪个编辑器提示？

扫描二维码
查看参考答案

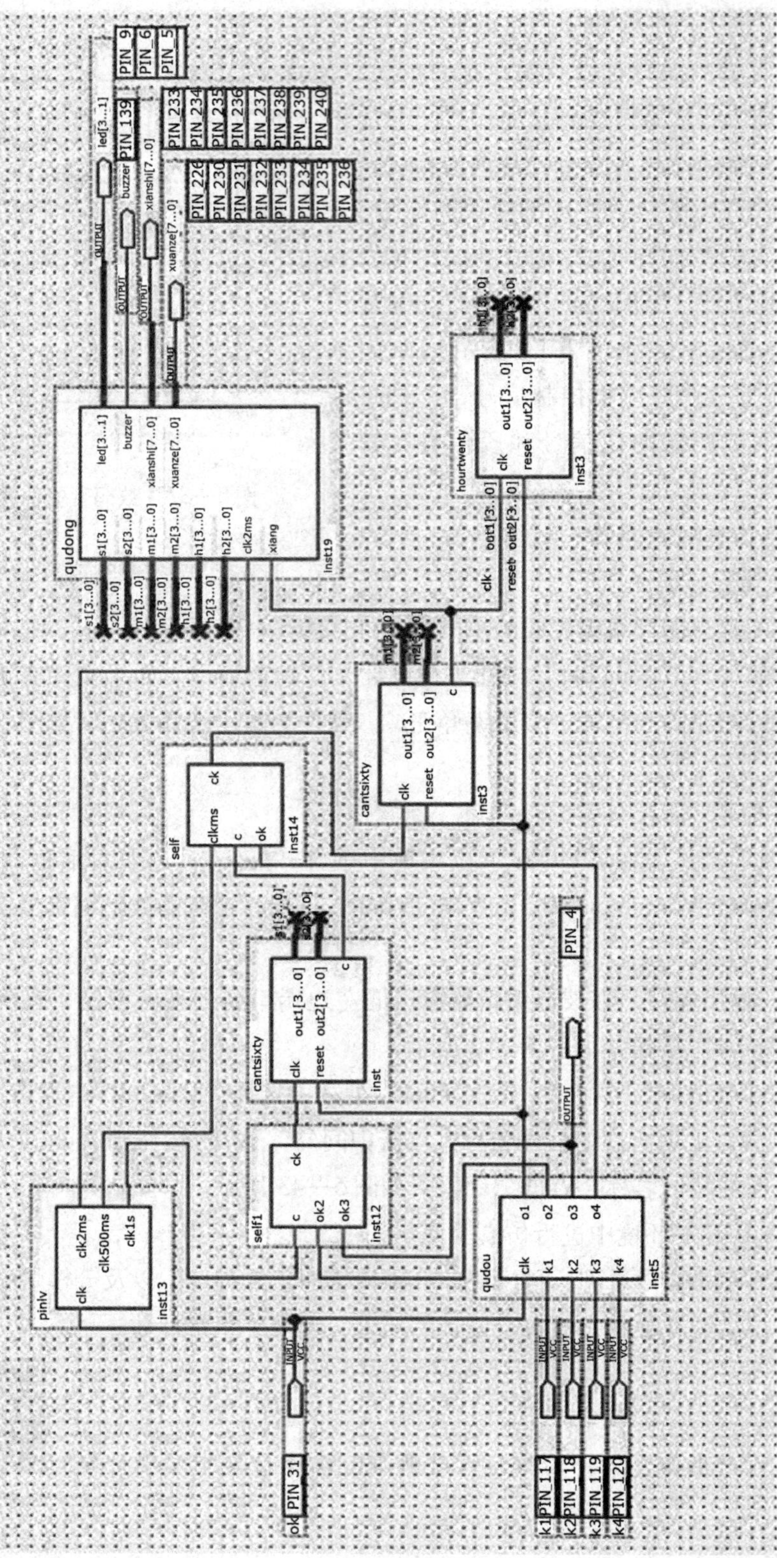

图 5—38 数字时钟总图形文件

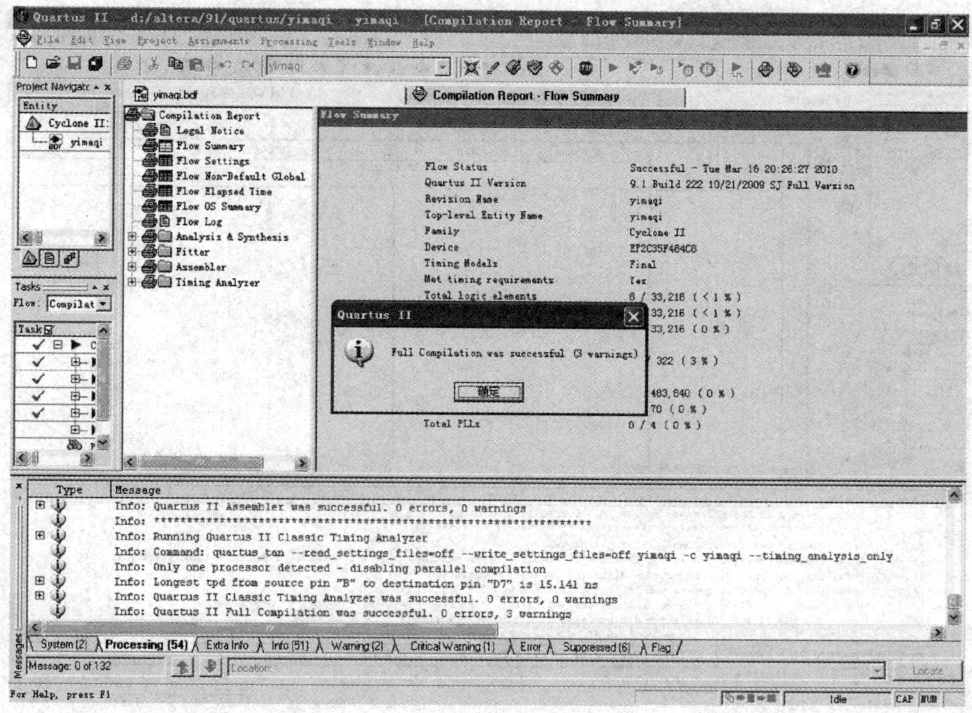

图 5—39　编译工程文件

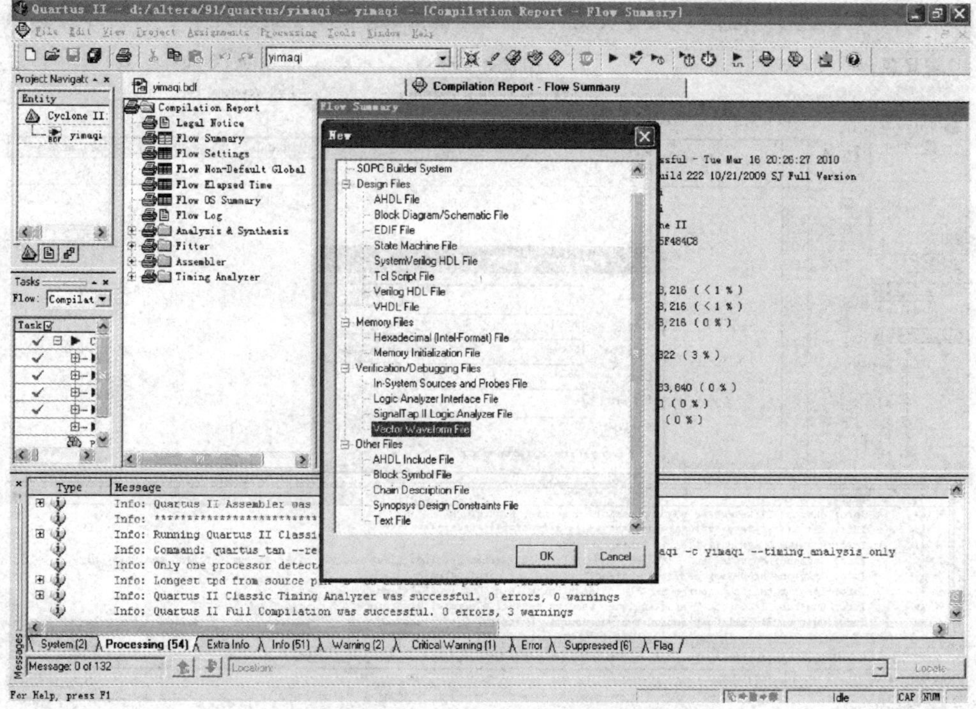

图 5—40　建立一个仿真波形文件

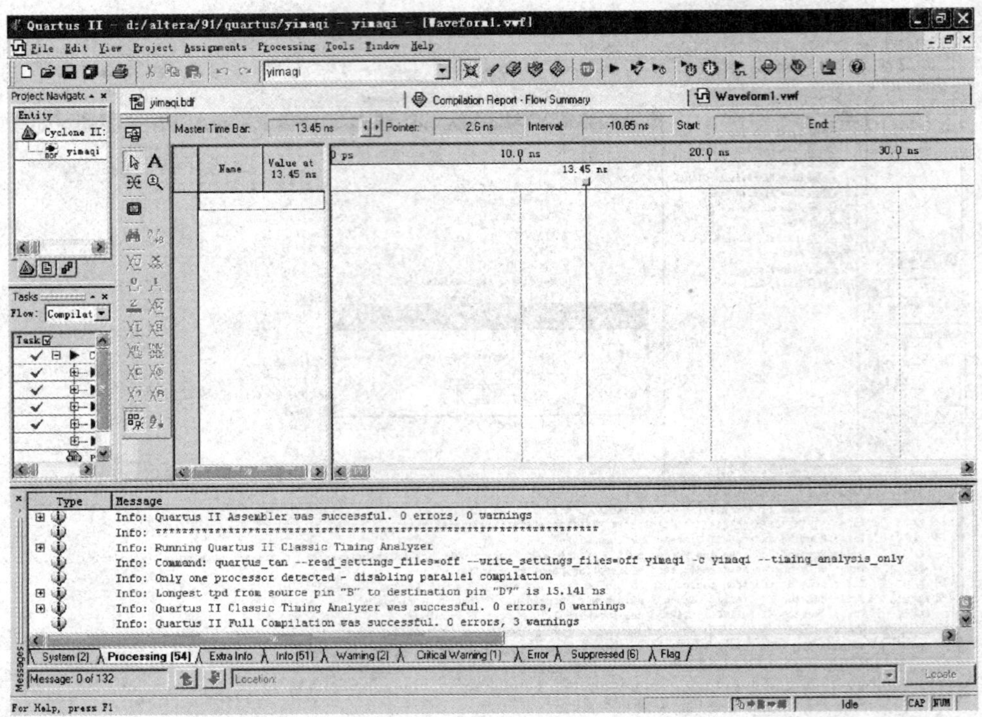

图 5—41　波形文件设置界面

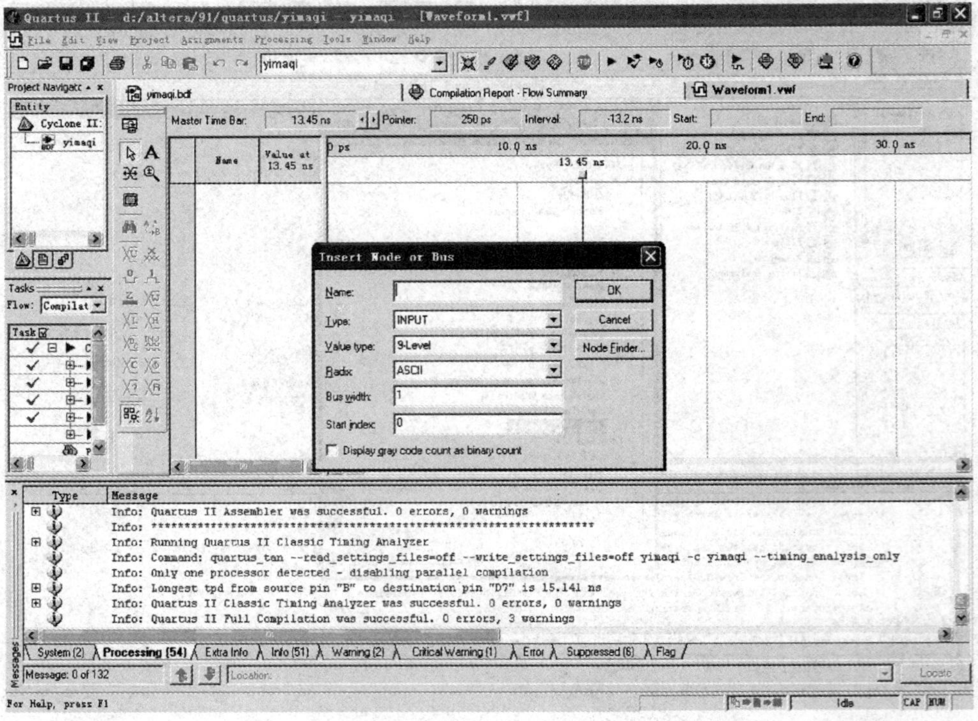

图 5—42　波形文件总线或节点设置对话框

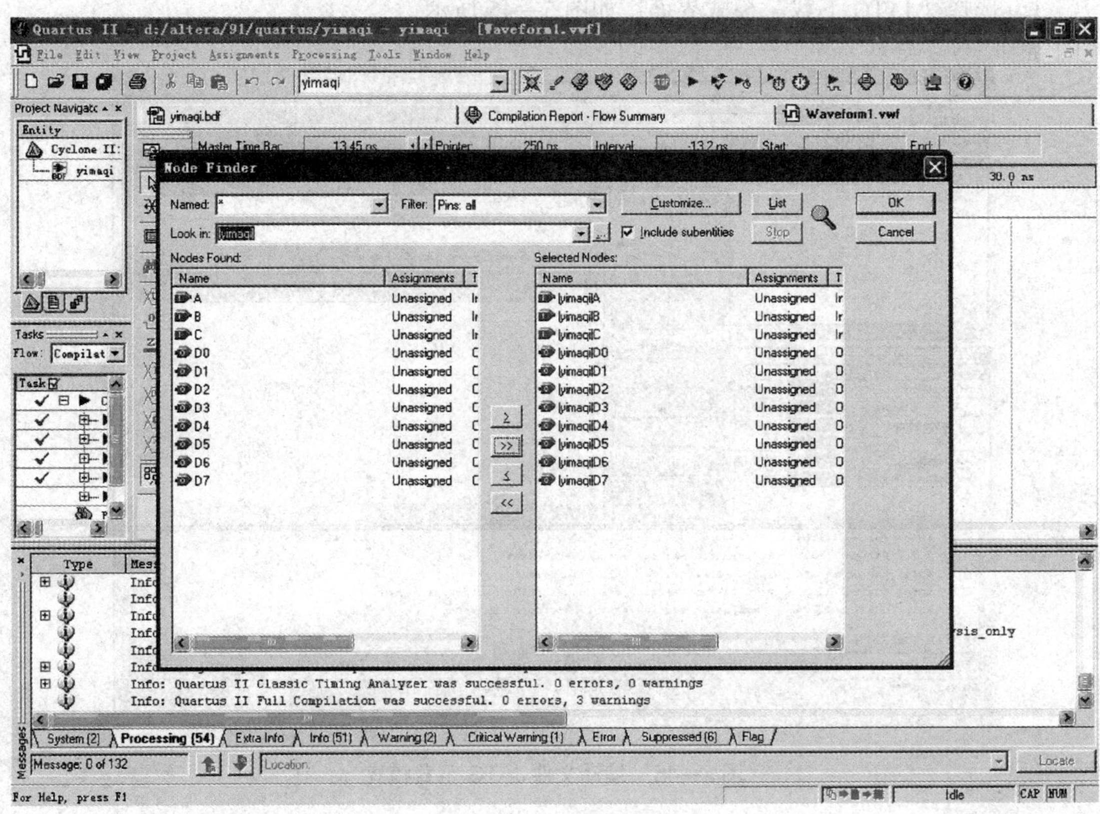

图 5—43　波形文件 Node Finder 对话框

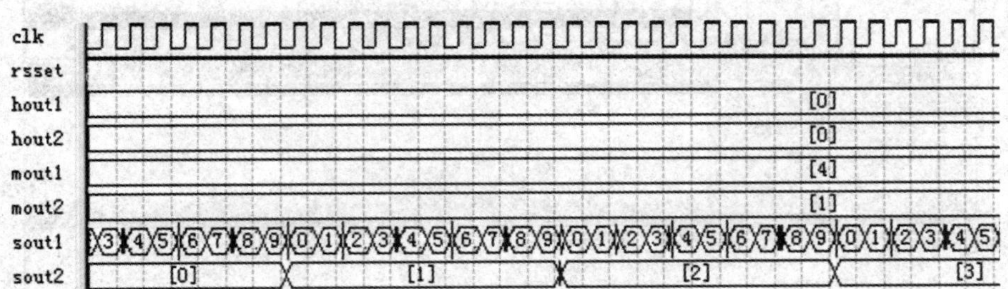

图 5—44　数字时钟仿真波形图

二、数字时钟程序下载

1. 选择“JATG 下载”模式界面，如图 5—45 所示。

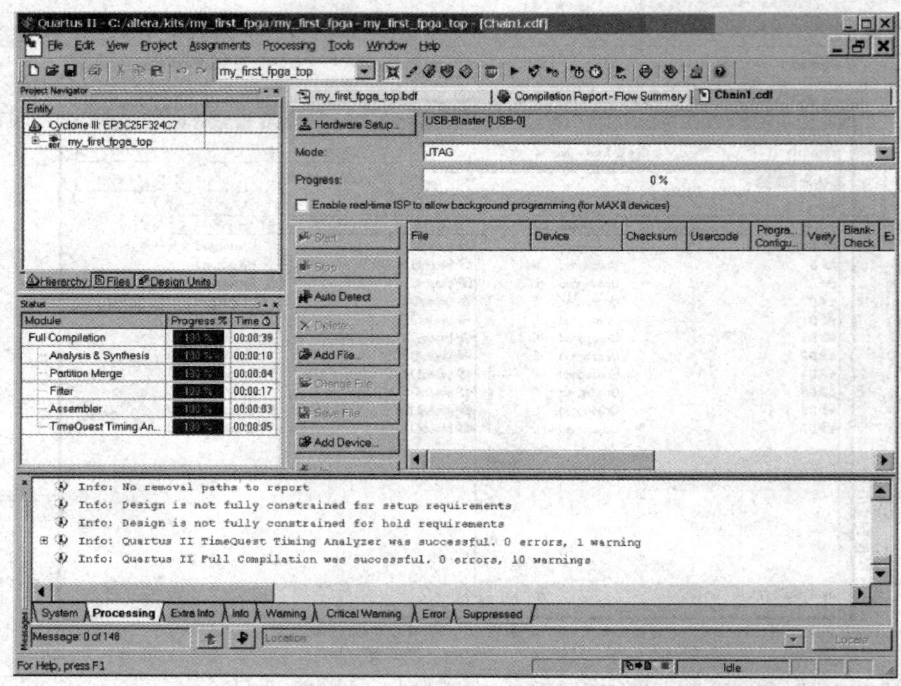

图 5—45　编译文件 JATG 下载模式

2. 连接 FPGA 开发板，选择对应的设备如图 5—46 所示。

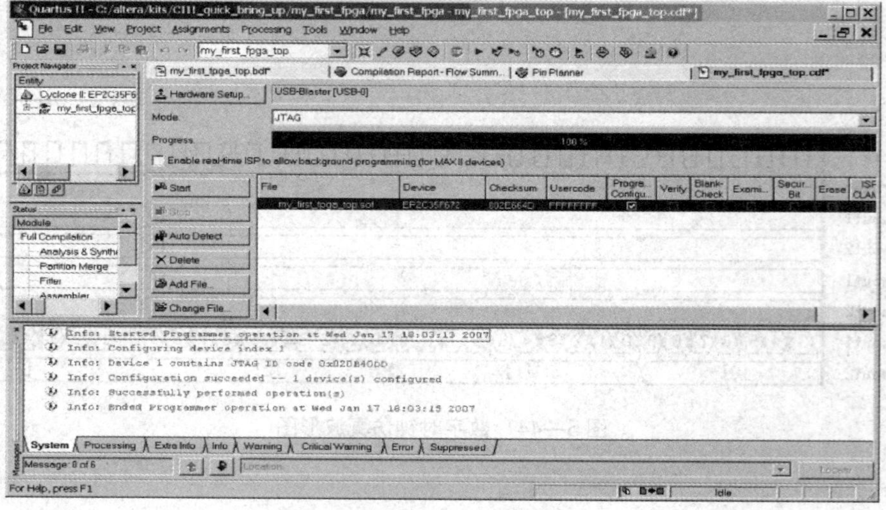

图 5—46　选择下载目标

3．选择 USB 转 JATG 下载程序，如图 5—47 所示。

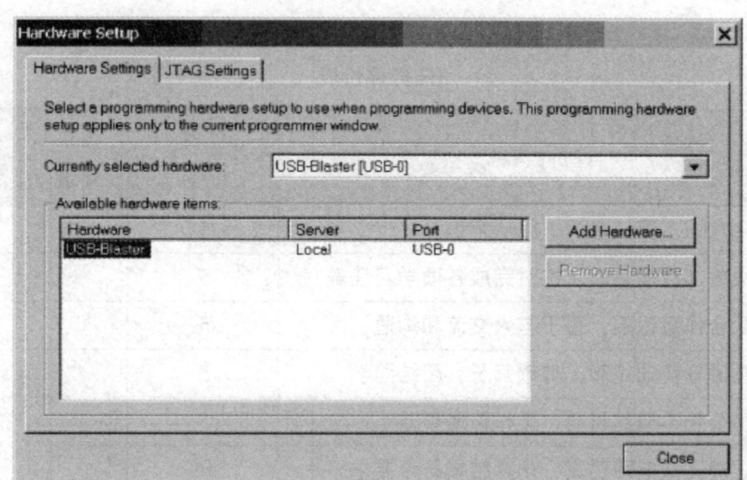

图 5—47　USB 转 JATG 下载

FPGA 实物如图 5—48 所示。

图 5—48　USB 转 JATG 下载

职业能力培养

本任务旨在对 FPGA 做基本的了解，实训中所需程序均在附录中直接给出。如通过其他课程的学习已掌握了程序设计的基本知识，可通过相关图书或技术资料，进一步学习相关编程语言的知识和程序设计方法。

任务评价

任务评价表

评价项目	评价内容	配分（分）	自我评价	小组评价	教师评价
职业素养	安全意识、责任意识、服从意识强	5			
	积极参加教学活动，按时完成各项学习任务	5			
	团队合作意识强，善于与人交流和沟通	5			
	自觉遵守劳动纪律，尊敬师长，团结同学	5			
	爱护公物，节约材料，工作环境整洁	5			
专业能力	能正确完成电路仿真，仿真结果符合要求	15			
	装配图绘制合理	10			
	元器件布局合理	10			
	装配电路质量符合要求	20			
	电路测试效果符合要求	20			
合计		100			
总评	自我评价×20%＋小组评价×20%＋教师评价×60%＝	综合等级	教师（签名）：		

注：学习任务考核采用自我评价、小组评价和教师评价三种方式，考核分为 A（100～90）、B（89～80）、C（79～70）、D（69～60）、E（59～0）五个等级。

思考与练习

1. 什么是可编程逻辑器件？
2. 基于 FPGA 的数字时钟有哪几个模块组成？

附　录

附表 1　　TTL 器件型号组成的符号及意义

第 1 部分		第 2 部分		第 3 部分		第 4 部分		第 5 部分	
型号前级		工作温度符号范围		器件系列		器件品种		封装形式	
符号	意义	符号	意义	符号	意义	符号	意义	符号	意义
CT	中国制造的 TTL 类	54	-55 ~ +125℃		标准	阿拉伯数字	器件功能	W	陶瓷扁平
SN	美国德州仪器公司产品	74	0 ~ +70℃	H	高速			B	塑封扁平
				S	肖特基			F	全密封扁平
				LS	低功耗肖特基			D	陶瓷双列直插
				AS	先进肖特基			P	塑料双列直插
				ALS	先进低功耗肖特基			J	黑陶瓷双列直插
				FAS	快捷肖特基				

附表 2　　CMOS 器件型号组成符号及意义

第 1 部分		第 2 部分		第 3 部分		第 4 部分	
产品制造单位		器件系列		器件系列		工作温度范围	
符号	意义	符号	意义	符号	意义	符号	意义
CC	中国制造的 CMOS 类	40	系列符号	阿拉伯数字	器件功能	C	0 ~ 70℃
CD	美国无线电公司产品	45				E	-40 ~ 85℃
TC	日本东芝公司产品	145				R	-55 ~ 85℃
						M	-55 ~ 125℃

附表 3　　几家国外公司 CMOS 产品代号

国别	公司名称	简称	型号前级
美国	美国无线电公司	RCA	CD××
	摩托罗拉公司	MOTA	MC××
	国家半导体公司	NSC	CD××
	德州仪器公司	TI	TP××
日本	东芝公司	TOSJ	TC××
	日立公司		HD××
	富士通公司		MB××
荷兰	飞利浦公司		HFE××
加拿大	密特尔公司		MD××

附表 4　　常用 TTL、CMOS 集成与非门、或非门电路

	品种名称	型号举例
TTL集成门电路	四 2 输入与非门	54/7400、74LS00、74HC00、CT400D
	三 3 输入与非门	54/7410、74LS10、CT4010
	双 4 输入与非门	54/7420、74HC20、74LS20
	8 输入与非门	54/7430、CT4030、74LS29
	13 输入与非门	SN54S133、SN74S133、T1133
	四 2 输入或非门	54/7402、74LS02、74HC02、CT2002
	三 3 输入或非门	54/7427、74LS27、HO74LS27
	双 5 输入或非门	54/74S260、SN54/74S260
	双 2 路 2—2 输入与或非门	CT1051、CT4051、74LS51
	4 路 2—2—2—2 输入与或非门	CT5454、SN74LS54、T4054
	4 路 4—2—3—2 输入与或非门	CT54/74S64、SN54/74S64
	四异或/异或非门	CT3135、74S135、54S135
	四 2 输入异或门	54/7486、74LS86、SN54L86
	四 2 输入与非门（OC）	54/74H01、74LS01、74HC00、CT4001
	四 2 输入与门（OC）	54/7409、74LS09、CT4009
	四 2 输入与门（OC）	54/7409、74LS09、CT4009
	三 3 输入与非门（（OC）	54/7412、74LS12、CT4012
	三 3 输入与门（OC）	54/7415、CT4015、CT2015
	双 4 输入与非门（OC）	54/7422、74LS22、CT4022

续表

	品种名称	型号举例
CMOS集成电路	四 2 输入与非门	CD4011
	三 3 输入与非门	CD4023
	双 4 输入与非门	CD4012
	四 2 输入或非门	CD4001B
	六 2 输入或非门	CD4502
	双 3 输入或非门	CD4000B
	三 3 输入或非门	CD4025B
	双 4 输入或非门	CD4002B
	2 ×2 输入双与或非门	CD4085B
	4 ×2 输入与或非门	CD4086B
	四 2 输入异或门	CD4070B
	四 2 输入异或非门	CD4077B
	四异或门	4030
	8 路模拟开关	CC4051
	8 输入或非/或门	CD4078B

附表 5　　常用组合逻辑电路

	品种名称		型号举例
编码器	8—3 线编码器		LS/HC148、348、CC4532B
	BCD 编码器		LS/HC147、CC40147、C304
	TTL 优先编码器	8—3 线优先编码器	CT1148、SN54/74148、HD74LS148
		10—4 线优先编码器（BCD 输出）	CT1147、SN54/74147、HD74LS147
	CMOS 优先编码器	8—3 线优先编码器	CC4532
		10—4 线优先编码器（BCD 输出）	CC40147
比较器	二进制译码器	双 2—4 线译码器	LS139、CC4556、CC4555
		3—8 线译码器	LS137、LS138、LS231
		4—16 线译码器	C4514、LS154、CC4515
	8421BCD 码译码器		74LS42、CC4028B、C301
译码器	共阴极显示译码器		T337、T339、T1048、T4048、T1248、T4248、T1249、T4249、T1049、CC4511、CC14513
	共阳极显示译码器		T1247、T4247、T338
	液晶显示译码器		C306、CC4055、CC14543

附表 6　常用集成寄存器

分类	电路	型号
数码寄存器	四位 D 触发器	T451、T3175、T4175、T1173、T4173、CC4042、C421
	六位 D 触发器	T11174、T3174、T4174、CC40174
	八位 D 触发器	T4377、T3374、T4374
	四位 D 锁存器	T452、T4375
	双四位 D 锁存器	T1116
	八位锁存器	T3373、T4373
单向移位寄存器	四位	CT5495、SN74LS95B、HD74LS95
	双四位	C423、CC4015
	五位	7496、CT4096、SN74LS96
	八位	T456、T1164、T1166、T457、T1199
	十八位	C424、CC14006
双向移位寄存器	四位	T1194、T3194、C40194、C422、CC4035
	八位	T458、T1198、CC4034

附表 7　常用 TTL、CMOS 集成计数器

	品种名称	型号举例
TTL 电路	4 位同步二进制计数器（直接清零）	SN74161、SN54LS161A、CT4161
	4 位二进制同步计数器（同步清零）	HD74LS163、SN74S163、HD74S163
	4 位二进制同步加/减计数器	CT3169、CT4168、SN74LS169A、CT1191、SN54/74191、CT1193、CT4193
	4 位二进制同步计数器（3S）	75LS561
	双 4 位二进制计数器（异步清除）	SN54/74393、SN54/74LS393
	二—八—十六进制计数器（可预置）	54/74177、SN54/74177、
	二—五—十进制计数器（可预置）	CT1196、SN54/74LS196、CT1290、
	4 位同步十进制计数器（直接清零）	SN54160、SN74LS160A、CT4160
	4 位十进制同步计数器（同步清零）	CT4162、SN74S162、HD74LS162
	4 位十进制同步加/减计数器	CT4192、SN54/74192
	4 位十进制同步计数器（3S）	74LS560
	双 4 位十进制计数器	54490、SN54/74LS490
	十进制同步加/减计数器	CT3168、CT4168、SN74S168、
	8 位二进制计数器（OC，到带输出寄存）	74LS591
	8 位二进制计数器（带输入寄存）	74LS592

续表

	品种名称	型号举例
CMOS电路	可预置 1/N 计数器	CD4018A
	可预置二进制加减计数器	CD4516B
	14 位二进制串行计数器（带振荡器）	CC4060B
	7 级二进制计数器	CD4024B
	十进制同步加/减计数器	CD4510B、CC40192
	4 位同步十进制计数器	CC40160
	4 位同步二进制计数器	CC40161
	十进制同步计数器	CC40162
	二—N—十进制减计数器（有预置）	CC14522
	二—N—十六进制减计数器（有预置）	CC14526

附表 8　　数字钟各模块实现代码

数字钟模块	代　码

1. 分频模块 pinlv	library ieee;
	use ieee. std_logic_1164. all;
	use ieee. std_logic_unsigned. all;
	entity pinlv is
	port(clk:in std_logic; --系统时钟输入端口
	clk2ms:out std_logic;
	clk500ms:out std_logic;
	clk1s:out std_logic); --各频率信号的输出端口
	end;
	architecture beh of pinlv is
	begin
	p1:process(clk) -进程 p1
	variable count1:integer range 0 to 49999999;
	begin
	if(clk'event and clk='1')then count1:=count1+1; --在 clk 的上升沿计数
	if count1 <=24999999 then clk1s <='0';
	elsif count1 <=49999999 then clk1s <='1';
	else count1:=0;
	--产生周期为 1s 的时钟信号
	end if;

续表

<table>
<tr><th>数字钟模块</th><th>代　码</th></tr>
<tr><td>1. 分频模块 pinlv</td><td><pre>
end if;
end process p1; --结束进程 p1
p2:process(clk) --进程 p2
variable count2:integer range 0 to 99999;
begin
if(clk'event and clk='1')then count2:=count2+1; --在 clk 上升沿计数
if count2<=49999 then clk2ms<='0';
   elsif count2<=99999 then clk2ms<='1';
   --产生周期为 2ms 的扫描信号
end if;
end if;
end process p2; --结束进程 p2
p3:process(clk) --进程 p3
variable count3:integer range 0 to 24999999;
begin
if(clk'event and clk='1')then count3:=count3+1;在 clk 上升沿计数
if count3<=12499999 then   clk500ms<='0';
   elsif count3<=24999999 then clk500ms<='1';
    else count3:=0;
    产生周期为 500ms 的时钟信号
end if;
end if;
end process p3;
end beh;
</pre></td></tr>
<tr><td>2. 按键去抖动模块 qudou</td><td><pre>
library ieee;
use ieee.std_logic_1164.all;
use ieee.std_logic_unsigned.all;
entity qudou is
    port(clk,k1,k2,k3,k4:in std_logic;
            o1,o2,o3,o4:out std_logic); --设置按键输入信号输出端口
end;
architecture beh of qudou is
begin
</pre></td></tr>
</table>

续表

数字钟模块	代　　码

2. 按键去抖动模块
qudou
	process(clk,k1,k2,k3,k4)
	variable cant1:integer;
	variable cant2:integer;
	variable cant3:integer;
	variable cant4:integer;
	begin
	if clk'event and clk ='1'then
	if k1 ='1'then cant1: =0;
	end if; --设置计数初值
	if k2 ='1'then cant2: =0;
	end if; --设置计数初值
	if k3 ='1'then cant3: =0;
	end if;
	if k4 ='1'then cant4: =0;
	end if; --设置计数初值
	if cant1 >2499999 then o1 <='0';
	else o1 <='1'; --延时 0.5s
	end if;
	if cant2 >2499999 then o2 <='0';
	else o2 <='1'; --延时 0.5s
	end if;
	if cant3 >2499999 then o3 <='0';
	else o3 <='1'; --延时 0.5s
	end if;
	if cant4 >2499999 then o4 <='0';
	else o4 <='1'; --延时 0.5s
	end if;
	cant1: =cant1 +1; --加一计数
	cant2: =cant2 +1; --加一计数
	cant3: =cant3 +1; --加一计数
	cant4: =cant4 +1; --加一计数
	end if;
	end process;
	
	end beh; --设置计数初值

续表

<table>
<tr><th>数字钟模块</th><th>代码</th></tr>
<tr><td>3. 按键控制模块 self1</td><td><pre>library ieee;
use ieee. std_logic_1164. all;
use ieee. std_logic_unsigned. all;
entity self1 is
    port(
        c:in std_logic;
        ok2:in std_logic;
        ok3:in std_logic;
        ck:out std_logic);
end; --设置端口
architecture bea of self1 is
signal m:std_logic;
signal t:std_logic;
begin
p1:process(ok2,ok3,c)—ok2 和 ok3 触发进程
    begin
    if ok2'eventand   ok2 ='0'then m <= not m; --由 ok2 的动作产生 m 的电平信号
            end if;
        if m ='1'then   ck <= not(ok3); --把按键 ok3 的脉冲信号给输出
        else ck <= c; --否则把正常计数时钟输出
    end if;
end process p1; --结束进程
end bea;</pre></td></tr>
<tr><td>4. 秒、分六十进制模块 cantsixty</td><td><pre>library ieee;
use ieee. std_logic_1164. all;
use ieee. std_logic_unsigned. all;
entity cantsixty is
port(clk:in std_logic;
    reset:in std_logic;
    out1:out std_logic_vector(3 downto 0);
    out2:out std_logic_vector(3 downto 0);
    c:out std_logic);
    end;</pre></td></tr>
</table>

续表

<table>
<tr><th>数字钟模块</th><th>代　　码</th></tr>
<tr><td>4. 秒、分六十进制模块 cantsixty</td><td>architecture beh of cantsixty is
signal ss1,ss2:std_logic_vector(3 downto 0);
begin
p1:process(clk,reset)
begin
if(reset='0')then ss1<="0000";ss2<="0000";
elsif(clk'event and clk='1')then
if ss1="1001"and ss2="0101"then c<='1'; --当计数到59时产生进位信号
else c<='0'; --否则不产生
end if;
if ss1="1001"then ss1<="0000";
if ss2="0101"then ss2<="0000";
else ss2<=ss2+1;
end if;
else ss1<=ss1+1; --计数过程

end if;

end if;
end process p1; --结束进程
out1<=ss1;out2<=ss2; --把信号送输出

end beh;</td></tr>
<tr><td>5. 时计数模块 hourtwenty</td><td>use ieee.std_logic_unsigned.all;
use ieee.std_logic_arith.all;
entity hourtwenty is
port(clk_1s : in std_logic;
rsset : in std_logic;
out1,out2: out std_logic_vector(3 downto 0));
end entity hourtwenty;
architecture behave of hourtwenty is
signal bitco:std_logic;
signal temp:std_logic_vector(7 downto 0);</td></tr>
</table>

续表

数字钟模块	代　码

5. 时计数模块 hourtwenty	begin
	process(clk_1s,rsset) is
	begin
	if rsset ='0' then temp(3 downto 0) < = "0000";
	elsif clk_1s'event and clk_1s ='1' then
	if temp(7 downto 4) =2 and temp(3 downto 0) =3 then
	temp(3 downto 0) < = "0000";
	elsif temp(3 downto 0) <9 then
	temp(3 downto 0) < = temp(3 downto 0) +1;
	else temp(3 downto 0) < = "0000";
	end if;
	if temp(3 downto 0) =8 then bitco < ='1';
	else bitco < ='0';
	end if;
	end if;
	out1 < = temp(3 downto 0);
	end process;
	process(temp(3 downto 0),bitco,clk_1s,rsset) is
	begin
	if rsset ='0' then temp(7 downto 4) < = "0000";
	elsif clk_1s'event and clk_1s ='1' then
	if temp(7 downto 4) =2 and temp(3 downto 0) =3 then
	temp(7 downto 4) < = "0000";
	elsif bitco ='1' then
	if temp(7 downto 4) <2 then temp(7 downto 4) < =temp(7 downto 4) +1;
	else temp(7 downto 4) < = "0000";
	end if;
	end if;
	end if;
	out2 < = temp(7 downto 4);
	end process;
	end architecture behave;

6. 数码管驱动模块	library ieee; use ieee. std_logic_1164. all;

续表

<table>
<tr><th>数字钟模块</th><th>代　　码</th></tr>
<tr><td>6. 数码管驱动模块</td><td><pre>use ieee. std_logic_unsigned. all;
entity qudong is
port(s1 ,s2 ,m1 ,m2 ,h1 ,h2 :in std_logic_vector(3 downto 0) ;
        clk2ms :in std_logic;
        xiang :in std_logic;
        led :out std_logic_vector(3 downto 1) ;
        buzzer :out std_logic;
        xianshi :out std_logic_vector(7 downto 0) ;
        xuanze :out std_logic_vector(7 downto 0)) ;
        end qudong;
  architecture behav of qudong is
signal sel :std_logic_vector(2 downto 0) ;
signal A :std_logic_vector(3 downto 0) ;
signal t :std_logic_vector(11 downto 0) ;
signal f :std_logic_vector(1 downto 0) ;
signal count1 :std_logic_vector(1 downto 0) ;
begin
p1 :process(clk2ms)
begin
if clk2ms'event and clk2ms ='1'then sel <= sel +1 ;t <=t +1 ;
  if t ="110010000000" then t <= (others =>'0') ;
end if;
end if;
f <=t(11)&t(10) ;
if f ="01"   then led(3) <='0';else led(3) <='1';
end if;
if f ="10"   then led(2) <='0';else led(2) <='1';
end if;
if f ="11" then led(1) <='0';else led(1) <='1';
end if; --led 的循环显示设计
end process p1 ;
p2 :process(sel ,s1 ,s2 ,m1 ,m2 ,h1 ,h2)
begin
case sel is</pre></td></tr>
</table>

续表

数字钟模块	代　　码

6. 数码管驱动模块	when"000" => xuanze <= "11111110"; A <= s1;
	--秒个位在数码管 1 上显示
	when"001" => xuanze <= "11111101"; A <= s2;
	--秒十位在数码管 2 上显示
	when"010" => xuanze <= "11111011"; A <= "1010"; --数码管 3 上显示横杠
	when"011" => xuanze <= "11110111"; A <= m1;
	--分个位在数码管 4 上显示
	when"100" => xuanze <= "11101111"; A <= m2;
	--分十位在数码管 5 上显示
	when"101" => xuanze <= "11011111"; A <= "1011"; --数码管 6 上显示横杠
	when"110" => xuanze <= "10111111"; A <= h1;
	--时个位在数码管 7 上显示
	when"111" => xuanze <= "01111111"; A <= h2;
	--时十位在数码管 8 上显示
	when others => null;
	end case;
	end process p2;
	p3: process(A)
	begin
	case A is
	when"0000" => xianshi <= "11000000"; --显示 0
	when"0001" => xianshi <= "11111001"; --显示 1
	when"0010" => xianshi <= "10100100"; --显示 2
	when"0011" => xianshi <= "10110000"; --显示 3
	when"0100" => xianshi <= "10011001"; --显示 4
	when"0101" => xianshi <= "10010010"; --显示 5
	when"0110" => xianshi <= "10000010"; --显示 6
	when"0111" => xianshi <= "11111000"; --显示 7
	when"1000" => xianshi <= "10000000"; --显示 8
	when"1001" => xianshi <= "10010000"; --显示 9
	when"1010" => xianshi <= "10111111"; --显示 --
	when"1011" => xianshi <= "10111111"; --显示 --
	when others => null; --数码管的段选设计
	end case;

续表

数字钟模块	代　码

6. 数码管驱动模块	end process p3;
	P4:process(xiang)
	begin
	if xiang ='1'then buzzer <='0';　--当进位信号 xiang 为 1 时就把低电平给 buzzer 让蜂鸣器响
	else buzzer <='1';　--否则把高电平给 buzzer 不给蜂鸣器触发信号
	end if;
	end process p4;　--结束进程
	end　behav;